海关"12个必"之国门生物安全

进出境动植物检疫实务

粮食 篇

总策划◎韩 钢
总主编◎顾忠盈
主 编◎吴新华　副主编◎高振兴　张 浩

中国海关出版社有限公司
中国·北京

图书在版编目（CIP）数据

进出境动植物检疫实务. 粮食篇/吴新华主编.
—北京：中国海关出版社有限公司，2024.3
ISBN 978－7－5175－0759－8

Ⅰ.①进… Ⅱ.①吴… Ⅲ.①动物检疫—国境检疫—中国 ②植物检疫—国境检疫—中国 Ⅳ.①S851.34 ②S41

中国国家版本馆 CIP 数据核字（2024）第 048740 号

进出境动植物检疫实务：粮食篇
JINCHUJING DONGZHIWU JIANYI SHIWU：LIANGSHI PIAN

总 策 划：韩 钢	
主　　编：吴新华	
责任编辑：孙 倩	
责任印制：赵 宇	
出版发行：中国海关出版社有限公司	
社　　址：北京市朝阳区东四环南路甲 1 号　　邮政编码：100023	
网　　址：www.hgcbs.com.cn	
编 辑 部：01065194242－7534（电话）	
发 行 部：01065194221/4238/4246/5127（电话）	
社办书店：01065195616（电话）	
https：//weidian.com/? userid＝319526934（网址）	
印　　刷：北京联兴盛业印刷股份有限公司　　经　销：新华书店	
开　　本：710mm×1000mm　1/16	
印　　张：20.5　　　　　　　　　　　　　　字　数：336 千字	
版　　次：2024 年 3 月第 1 版	
印　　次：2024 年 3 月第 1 次印刷	
书　　号：ISBN 978－7－5175－0759－8	
定　　价：68.00 元	

海关版图书，版权所有，侵权必究
海关版图书，印装错误可随时退换

本书编委会

总 策 划：韩 钢
总 主 编：顾忠盈
主　　编：吴新华
副 主 编：高振兴　张 浩
编　 者：阮祺琳　吴翠萍　张 浩　张金栋　张振民
　　　　　陈 宇　陈永青　薛 腾　敖 苏　蔡 波
参与人员：李 彬　马洪辉　胡长松　张士超　杨 静
　　　　　周密密　刘晓宇　于敬沂

前　言

　　悠悠万事，吃饭为大。粮食安全事关国运民生，也是世界和平与发展的重要保障。我国是粮食生产大国，同时也是全球最大的粮食进口国。多年来，海关动植物检疫工作在统筹用好国内国际两个市场、两种资源，防范化解外部风险，保障我国粮食安全，参与全球粮食治理等方面发挥重要作用。

　　本书介绍了全球主要粮食产量与贸易概况，阐述了粮食检疫与国门生物安全的关系，系统梳理了国际国内粮食检疫监管体系，重点介绍了我国粮食检疫监管要求和有害生物鉴定技术，可为从事粮食检疫工作的海关关员、开展粮食国际贸易的企业以及相关研究人员提供参考。

编者

2023 年 12 月

CONTENTS
目录

001　第一章
CHAPTER 1　粮食及粮食贸易概述

第一节　粮食的概念　003
第二节　主要粮食种类简介　007
第三节　粮食生产概况　016
第四节　粮食国际贸易形势　027
第五节　我国粮食进出口贸易发展变化　036

041　第二章
CHAPTER 2　粮食检疫与国门生物安全

第一节　粮食安全形势　043
第二节　进口粮食与粮食安全战略　051
第三节　粮食检疫与国门生物安全　058

071　第三章
CHAPTER 3　进出境粮食检疫监管体系

第一节　机构与历史沿革　073
第二节　我国进出境粮食检疫法律法规　078
第三节　《进出境粮食检验检疫监督管理办法》解读　083

097 第四章
CHAPTER 4
国际组织及主要国家（地区）粮食检疫要求

第一节　进出境粮食相关国际规则及检疫要求　099
第二节　主要贸易国家（地区）粮食检疫程序和要求　105

119 第五章
CHAPTER 5
进境粮食检疫监管实务

第一节　进境粮食监管目标　121
第二节　进境粮食检疫监管程序　122
第三节　进境粮食检疫监管要点　128

147 第六章
CHAPTER 6
出境粮食检验检疫监管措施

第一节　出境粮食生产加工企业监督管理　149
第二节　出境粮食检验检疫监管程序　156

163 第七章
CHAPTER 7
粮食重要有害生物及检疫鉴定技术

第一节　粮食有害生物检疫鉴定常用技术与方法　165
第二节　进境粮食检疫性有害生物　178

247　附　录

附录1　进境大豆双边议定书中需关注的检疫性有害生物　249
附录2　我国口岸从进境大豆中检出的检疫性有害生物　254

附录 3　进境大麦双边议定书中需关注的检疫性有害生物　262
附录 4　我国口岸从进境大麦中检出的检疫性有害生物　268
附录 5　进境小麦双边议定书中需关注的检疫性有害生物　272
附录 6　我国口岸从进境小麦中检出的检疫性有害生物　276
附录 7　进境高粱双边议定书中需关注的检疫性有害生物　280
附录 8　我国口岸从进境高粱中检出的检疫性有害生物　282
附录 9　进境油菜籽双边议定书中需关注的检疫性有害生物　285
附录 10　我国口岸从进境油菜籽中检出的检疫性有害生物　288
附录 11　进境玉米双边议定书中需关注的检疫性有害生物　290
附录 12　我国口岸从进境玉米中检出的检疫性有害生物　295
附录 13　进出境粮食检验检疫监督管理办法　299
附录 14　进出境转基因产品检验检疫管理办法　309
附录 15　进境动植物检疫审批管理办法　312

参考文献　315

第一章
粮食及粮食贸易概述
CHAPTER 1

第一节
粮食的概念

一、古今中外的"粮食"

粮食是人类生存所必需的物质基础,也是国家重要战略物资,中国自古以来就有"民以食为天""兵马未动,粮草先行"等说法,而其中的"粮"和"食"各有不同的含义。《周礼·地官·廪人》中有记载,"凡邦有会同、师役之事,则治其粮与其食。"东汉郑玄作注:"行道曰粮,谓糒也;止居曰食,谓米也。"也就是说,古时人们将路上带的干粮叫粮,而家里吃的有水分的食物叫食。因此,粮食的概念在最初可以理解为供食用的谷类、豆类和薯类等原粮和成品粮。

随着现代经济社会的发展,养殖业、工业等领域也开始使用粮食类原料。例如谷物中的玉米、大麦、高粱、小麦、稻谷以及豆类中的大豆、豌豆等都是养殖业饲料配方中重要的蛋白质来源,而玉米和薯类中的木薯被用来制作工业酒精,小麦和玉米淀粉被用于造纸、制陶等工艺之中,所以现代经济社会对粮食概念的定义,在不同行业、不同领域中存在一定的差异。联合国粮农组织(Food and Agriculture Organization of the United Nations,FAO),从该组织的名称上即可看出,其对粮食的定义主要为"Food",更接近于我们所说的食物、食品,而在 FAO 的文件报告以及欧美国家相关部门的表述中,经常会采用"Grain"即"谷物"来表示粮食。以美国农业部(USDA)为例,其相关统计中的"Grain"主要包括小麦(Wheat)、大麦(Barley)、玉米(Corn)、高粱(Sorghum)、燕麦(Oats)、黑麦(Rye)等禾本科作物的籽实,而花生、大豆、油菜籽、葵花籽、棉籽、棕榈仁等均一起归为"Oilseed",即"油籽"类。

我国不同部门对于粮食的定义也有所不同。作为农业行政主管部门,农业农村部在其官方网站提供的数据查询统计板块中,"粮食"类项下有小麦（含冬小麦、春小麦）、稻谷（含早稻、中稻和一季晚稻、双季晚稻）、大豆、红小豆、绿豆、马铃薯、玉米、大麦、高粱、谷子、其他谷物等农作物。国家统计局 2019 年在其官方网站公布的"农业"统计数据指标解释中，将"粮食产量"定义为"指农业生产经营者日历年度内生产的全部粮食数量。按收获季节包括夏收粮食、早稻和秋收粮食，按作物品种包括谷物、薯类和豆类"，其中粮食包含了谷物、薯类和豆类；将"油料产量"定义为"指全部油料作物的生产量。包括花生、油菜籽、芝麻、向日葵籽、胡麻籽（亚麻籽）和其他油料。不包括大豆、木本油料和野生油料"。由此可见农业农村部和国家统计局对"粮食"的定义相对一致，主要是指谷物、薯类和豆类三大类作物。但另一方面，2021 年 1 月 4 日国务院第 121 次常务会议修订通过，并于 2021 年 4 月 15 日起施行的《粮食流通管理条例》第二条中明确指出，"前款所称粮食，是指小麦、稻谷、玉米、杂粮及其成品粮"，这里的"粮食"则不再包含豆类和薯类。可见在不同管理要求下，对"粮食"的定义有着不同的规定。

二、中国海关的"粮食"

海关总署在对产品进行分类时，依照国际贸易通行规则，根据世界海关组织（WCO）协调制度（Harmonized System，HS）对商品类别进行细分，其中没有专门的"粮食"章节，而是将豌豆、马铃薯等编入第七章"食用蔬菜、根及块茎"，将小麦、大麦、玉米、高粱等编入第十章"谷物"，将大豆、油菜籽等编入第十二章"含油子仁及果实"。这种分类也是美国等西方国家主要采用的分类方式。无论是出于管理上的需要，还是为了更好地将进出口贸易和国内的国民生产以及经济运行数据实现有效的关联，海关总署对"粮食"的概念和范围作出的规定，归纳起来主要有两种。之所以存在两个不同概念和范围的"粮食"，这与中国海关所担负的职能密不可分。

（一）海关统计中的"粮食"

海关总署承担着海关统计的重要职能，根据《中华人民共和国海关统计条例（国务院令第 454 号）》第二条"海关统计是海关依法对进出口货物贸易的统计，是国民经济统计的组成部分"，海关统计必须和国民经济挂钩，因此目前海关统计中对"粮食"的定义为："根据国家统计局《中国主要统计指标诠释》，粮食包括谷物、薯类和豆类。谷物包括稻谷、小麦、玉米、谷子、高粱以及其他谷类和谷物粉；豆类包括大豆、绿豆、红小豆等，根据国家统计局《2017 国民经济行业分类注释》，豆类包括 0713 的豆类；薯类包括马铃薯和甘薯，木薯属于农作物但不属于粮食和蔬菜，其他薯类属于蔬菜。也不包括粮食种子。从国内市场供应角度考虑，除国家统计局粮食分类中的谷物、豆类、薯类外，还包括其经加工所得的粗粉、细粉、颗粒等，但不包括以其作为原料制得的淀粉。"

从这个定义可以看出，海关统计所指的"粮食"包括豆类、谷物、薯类等，也包括部分谷物加工产品以及油料类中的大豆（如表 1-1 所示）。

表 1-1　海关统计涉及粮食的产品范围

编码	产品范围
07019/07101	其他鲜或冷藏的马铃薯/冷冻马铃薯
0713109/0713209	其他干豌豆/其他干鹰嘴豆
0713319/0713329/0713339	其他干绿豆/其他干赤豆/其他干芸豆
071334/071335/071339	干巴姆巴拉豆/干牛豆（豇豆）/其他干豇豆属及菜豆属
0713409/0713509/0713609/0713909	其他干扁豆/其他干蚕豆/其他干木豆（木豆属）/其他干豆
07142019/0714202/0714203	其他非种用鲜甘薯/干甘薯/冷或冻的甘薯
100119/100199	其他硬粒小麦/其他小麦及混合麦
10029/10039/10049/10059	其他黑麦/其他大麦/其他燕麦/其他玉米
1006108/10062/10063/10064	其他长粒米稻谷、糙米、精米、碎米/其他稻谷、糙米、精米、碎米
10079/10081/100829	其他食用高粱/荞麦/其他谷子
1008409/1008509/1008609/1008909	其他直长马唐（马唐属）/其他昆诺阿藜/其他黑小麦/其他谷物
1101	小麦或混合麦的细粉
1102	玉米细粉/长粒米大米细粉/其他大米细粉/其他谷物细粉

续表

编　码	产品范围
1103	小麦粗粒及粗粉/玉米粗粒及粗粉/燕麦粗粒及粗粉 长粒米大米粗粒及粗粉/其他大米粗粒及粗粉/其他谷物粗粒及粗粉 小麦团粒/其他谷物团粒
1104	滚压或制片的燕麦/滚压或制片的大麦/滚压或制片的玉米 滚压或制片的其他谷物/经其他加工的燕麦/经其他加工的玉米 经其他加工的大麦/经其他加工的其他谷物/整粒或经加工的谷物胚芽
1105	马铃薯细粉、粗粉及粉末/马铃薯粉片、颗粒及团粒
11061	干豆细粉、粗粉及粉末/西谷茎髓粉、木薯粉及类似粉 水果及坚果的细粉、粗粉及粉末
12019	非种用黄大豆

（二）海关动植物检疫中的"粮食"

　　2018年4月20日，根据国务院机构改革方案，国家质量监督检验检疫总局（简称国家质检总局）的出入境检验检疫管理职责和队伍划入海关总署，动植物检疫成为海关总署重要的职能之一。粮食是动植物检疫中十分重要的一类商品，在2001年国家质检总局发布的《出入境粮食和饲料检验检疫管理办法》（第7号令）中，将粮食定义为"禾谷类（如小麦、玉米、稻谷、大麦、黑麦、燕麦、高粱等）、豆类（如大豆、绿豆、豌豆、赤豆、蚕豆、鹰嘴豆等）、薯类（如马铃薯、木薯、甘薯等）等粮食作物的籽实（非繁殖用）及其加工产品（如大米、麦芽、面粉等）"。这个定义中既包含了农业农村部对粮食的定义即包括谷物、豆类、薯类，也涵盖了海关统计中的部分粮食加工产品。此后在2016年国家质检总局对此做了修订，在《进出境粮食检验检疫监督管理办法》（第177号令）中将粮食定义为"用于加工、非繁殖用途的禾谷类、豆类、油料类等作物的籽实以及薯类的块根或者块茎等"。目前该管理办法在机构改革后仍然是海关对进出境粮食进行检验检疫监督管理的主要依据。这一定义中删除了粮食加工产品类，并将禾谷类、豆类和薯类的用途限定在了加工、非繁殖用。

自2001年12月我国正式加入世界贸易组织（WTO）以来，我国粮食进口量不断增加。2001年我国大豆年进口量约为1300万吨，2020年突破了1亿吨，其他品种粮食如小麦、玉米、高粱、油菜籽等进口量也有显著增加，但粮食出口总体规模较小，主要是援助类的大米，因此海关对粮食的管理更多体现在进口环节。根据粮食进出口贸易的特点，海关动植物检验检疫管理的粮食主要包括大豆、玉米、小麦、大麦、高粱、油菜籽、稻谷、马铃薯八大类。按照其主要用途来看，大豆和油菜籽作为油料进口，加工后产出油脂和粕类饲料，其中大豆是我国进口量最大的粮食；玉米主要作为饲料原料进口，自2020年第三季度以来，国内需求出现缺口，进口量出现了大幅增加；小麦原来主要用作特殊品质要求的面粉加工，随着国内玉米等饲料价格上涨，也逐步被用作饲料原料；大麦、高粱和小麦类似，一直是作为啤酒、白酒的酿造原料，但在国内市场饲料价格上涨时，会被大量用作玉米的替代品；稻谷是我国最重要的粮食作物，进口主要是品质较高的泰国、日本大米，出口则主要用于人道主义援助；马铃薯在国内饮食习惯上一直被作为蔬菜，自2015年起我国开始推进马铃薯主粮化战略，以完善我国粮食安全保障体系，但是进口马铃薯总体规模仍不大。

结合上述情况，在下文中，所有海关进出境粮食管理体系中，如无特殊说明，对粮食的定义范围主要集中于大豆、玉米、小麦、大麦、高粱、油菜籽、稻谷和马铃薯。

第二节
主要粮食种类简介

食物是所有动物生存和繁衍的物质基础。人类在漫长的进化历程中，早些时期主要以采集和狩猎为生。人类真正以种植和养殖作为食物来源的历史只有1万多年。小麦是人类最早种植的粮食作物，在古埃及石刻中，有栽培小麦的记载，人们还从埃及金字塔的砖缝里发现了小麦。发展到现代，人类在作物育种、选种、栽培、田间管理、收割等每一个环节都有着惊人的变革。通过漫长时间的竞争和选择，小麦、玉米、稻谷、大麦和高粱成了目前种植最广泛的主粮类作物，而大豆和油菜籽则是最主要的油料类作物，它们构成了几乎全人类的食物来源基础。

一、大豆

大豆为豆科大豆属一年生草本植物，拉丁学名：*Glycine max*（Linn.）Merr.（如图 1-1 所示）。

图 1-1　大豆

大豆原产于中国，中国各地均有栽培，东北为主产区。大豆在中国已有 5000 年栽培历史，古称菽，中国学者大多认为其原产地是云贵高原一带，也有一些植物学家认为其是由原产于中国的乌苏里大豆衍生而来。现在的栽培大豆是从野生大豆通过长期定向选择、改良驯化而成的。大豆起源于中国可以从大量古代文献中得以证明。

大豆性喜暖，种子发芽要求较多水分，在开花前吸肥量不到总量的15%，而开花结荚期占总吸肥量的 80% 以上。大豆广泛栽种于全球各地，2020 年美国农业部（USDA）官方网站公布的统计数据显示，全球大豆种植面积超过 1.2 亿公顷，种植面积和产量最大的国家为巴西，2020/2021产季达到 3860 万公顷、1.37 亿吨。

大豆的营养成分非常丰富，是一种理想的优质植物蛋白食物。大豆含蛋白质 40% 左右、脂肪 20% 左右，蛋白质含量高于谷类和薯类食物。大豆蛋白质中还含有多种氨基酸，尤其是人体不能合成的必需氨基酸成分比较平衡，其中赖氨酸和色氨酸含量较高。此外，除糖类较低外，大豆中其他营养成分，如脂肪、钙、磷、铁和维生素 B_1、维生素 B_2 等人体必需的营养物质都高于谷类和薯类食物。大豆的营养价值仅次于肉、蛋和奶，故有"植物肉"的美称。除供人类食用之外，大豆在提取油脂之后所剩的副产品豆粕，是鸡、猪，以及奶牛、肉牛等反刍家畜的优质蛋白质饲料，因粉碎后具有香味，家畜非常喜欢食用。因此，豆粕成了全球养殖业最主要的饲料蛋白来源，也是大豆在世界各地被广泛种植的重要原因。

二、小麦

小麦为小麦属植物的统称，代表种为普通小麦，属禾本科植物，拉丁学名：*Triticum aestivum* L.（如图 1-2 所示）。

图 1-2 小麦

小麦是三大谷物之一，大部分作食用，仅约六分之一作为饲料使用。小麦原产地在西亚的新月沃地。两河流域是世界上最早栽培小麦的地区，新石器时代的人类对其野生祖先进行了驯化，栽培历史已有 1 万年以上。在中亚的广大地区，人们曾在史前原始社会居民点上发掘出许多残留的实物。

小麦是长日照作物，如果日照条件不足，就无法抽穗结实。小麦的不同品种对播种温度要求不同，冬型品种适宜的日平均温度为 16℃～18℃，半冬型为 14℃～16℃，春型为 12℃～14℃。土层深厚，结构良好耕层较深，有利于蓄水保肥，促进根系发育。根据 2020 年美国农业部（USDA）网站数据，全球小麦种植面积超过 2.2 亿公顷，印度是种植面积最大的国家，约有 3100 万公顷，我国则是产量最大的国家，年产量超过 1.3 亿吨。

小麦富含淀粉、蛋白质、脂肪、矿物质、钙、铁、硫胺素、核黄素、烟酸及维生素 A 等，因品种和环境条件不同，营养成分差别较大。从蛋白质含量看，生长在大陆性干旱气候区的麦粒质硬而透明，含蛋白质较高，达 14%~20%，面筋强而有弹性，适宜烤面包；生于潮湿条件下的麦粒含蛋白质 8%~10%，麦粒软，面筋差，适合做面制品。面粉除供人类食用外，仅少量用来生产淀粉、酒精、面筋等，加工后副产品均为牲畜的优质饲料。

三、玉米

玉米为禾本科一年生草本植物，拉丁学名：*Zea mays* L.（如图 1-3 所示）。

图 1-3　玉米

玉米又名苞谷、苞米棒子、玉蜀黍、珍珠米等，原产于中美洲和南美洲，是世界重要的粮食作物，广泛分布于美国、中国、巴西和其他国家。据考古发现，早在 1 万多年前，墨西哥及中美洲就有了野生玉米，而印第安人种植玉米的历史也已有 3500 年。1492 年哥伦布在美洲发现印第安人以玉米为食物，于是将其带回欧洲，随后传播种植到世界各地。

玉米属于喜温的短日照作物，全生育期内要求的温度较高。光照方面，日照时数在 12 小时内，成熟提早，长日照则开花延迟，甚至不能结穗，在短日照（8~10 小时）条件下可开花结实。玉米植株高大、叶面积较大，蒸腾作用强，生长期间内最适降水量为 600mm 左右。干旱或水涝都将会影响玉米的正常生长发育，对产量和品质也有不同程度的影响。根据 2020 年美国农业部（USDA）网站数据，全球种植玉米的国家至少有 116 个，我国是世界上玉米种植面积最大的国家，超过 4100 万公顷，主要种植非转基因玉米，全球玉米产量最大的国家为美国，年产量约为 3.6 亿吨，高于我国的 2.6 亿吨。

玉米中维生素含量非常高，是稻米、小麦的 5~10 倍，在所有主食中营养价值和保健作用最高。玉米及其花粉、胚芽中还含有核黄素、维生素 E 和玉米黄酮等营养物质，经常食用玉米制品对人体有益。此外，与大豆、小麦相比，玉米的脂肪、蛋白质含量较低，碳水化合物含量较高，因而玉米制品也受到健身以及减肥人士的青睐。玉米的饲用价值也很高，被称为"饲料之王"，是畜牧业赖以发展的重要基础，世界上约 65% 的玉米都被用作饲料，而发达国家的用量则高达 80%。玉米籽粒，特别是黄粒玉米是优质的饲料，可以直接作为猪、羊、牛、鸡等畜禽的饲料，尤其适用于肉牛、奶牛、猪、肉鸡等禽畜。

四、稻谷

稻谷为禾本科一年生水生草本（也称水稻），拉丁学名：*Oryza sativa* L.（如图 1-4 所示）。

图 1-4　稻谷

水稻起源于中国湖南，1993 年中美联合考古队在道县玉蟾岩发现了世界最早的古栽培稻。水稻先在中国广泛种植，然后向西传播到印度，中世纪时被引入欧洲南部。《史记》中记载，大禹时期曾广泛种植水稻，令伯益给大家分发水稻种子，种在水田里。据浙江余姚河姆渡发掘考证，早在六七千年以前这里就已种植水稻。

水稻喜高温、多湿、短日照，对土壤要求不严。幼苗发芽最低温度 10℃~12℃，最适 28℃~32℃；分蘖期日均 20℃以上，穗分化适温 30℃左右；抽穗适温 25℃~35℃；开花最适温 30℃左右，低于 20℃或高于 40℃，严重影响受精。相对湿度50%~90%为宜。水稻属须根系，不定根发达，穗为圆锥花序，自花授粉。根据2020年美国农业部（USDA）网站数据，全球水稻种植面积达1.6亿公顷，印度是种植面积最大的国家，约4400万公顷，我国则是年产量最大的国家，超过2亿吨。

水稻是人类重要的粮食作物之一。全世界有一半的人口食用稻米，主要在亚洲、欧洲南部、热带美洲及非洲部分地区。水稻的总产量占世界粮食作物产量第三位，低于玉米和小麦。稻米不仅是主粮，在历史悠久的演化下，稻米还有很多对人类有贡献的经济作用，如米糠就是其一，米糠是米的皮层，可以榨油，也可以用作动物饲料等。

五、大麦

大麦是禾本科大麦属一年生草本植物，拉丁学名：*Hordeum vulgare* L.（如图1-5所示）。

图1-5 大麦

大麦是世界上最古老的种植作物之一，距今已有近万年的栽培历史。有学者认为，野生大麦的驯化起源于约旦河谷上游（叙利亚、以色列一带）。大麦传入我国的时间和途径目前仍有争议，主要观点认为是与小麦同时期传入，但略晚于小麦。

大麦种子发芽的最低温度是0℃~3℃，最高温度为30℃~35℃，最适温度为18℃~25℃。当其他条件适当时，大麦种子吸足相当于自身重量50%左右的水分即可萌发。大麦对温度的要求不太严格，春大麦幼苗能忍耐3℃~4℃甚至-6℃~-9℃的低温，不致遭受损害，有些春大麦品种还能忍耐-10℃~-12℃的低温，冬大麦比春大麦具有更强的耐寒力。大麦适宜中等黏性的黏壤土，土壤酸度以中性为宜；对盐碱土有较强的抵抗力。大麦苗期需水较少，自分蘖到抽穗期需水量最多，抽穗以后又逐渐减少。生长期间如果雨水过多、日照不足，则茎叶徒长，易倒伏和感病。抽穗后雨水多时影响受精与成熟，造成减产。根据2020年美国农业部（USDA）网站数据，2020/2021产季全球大麦种植面积约5170万公顷，其中俄罗斯种植面积和产量最大，分别为810万公顷和2000万吨。

大麦含有55%~65%的淀粉，是最便宜的淀粉来源之一。主要用于食品和非食品，是制作天然淀粉、淀粉衍生物、果葡糖浆等的主要原料。此外，大麦还是生产啤酒和威士忌的最佳原料。当玉米等主要饲料粮食价格较高时，大麦也会少量用作玉米的替代品，作为饲料配方中的淀粉来源。

六、油菜籽

一般指欧洲油菜，是十字花科、芸薹属草本植物，拉丁学名：*Brassica napus* L.（如图1-6所示）。

图1-6 油菜籽

油菜是一个非常"年轻"的物种。约12500到6800年前，由白菜和甘蓝天然杂交、自然加倍而形成异源四倍体。它和另外两个亚种（芜菁甘蓝、西伯利亚羽衣甘蓝）同属于*Brassica napus*，以食用油或蔬菜的形式为人类所利用，但是自然界中还未发现欧洲油菜的野生种质资源。在7000年前形成的冬性欧洲油菜，适合在低温地区生长；诞生于400多年前的春性欧洲油菜，生长周期最短；适种面积较广的半冬性欧洲油菜70多年前诞生于中国，经过多代繁衍，欧洲油菜杂交出适应不同生长条件、具有不同特点的多个品种。

油菜为喜冷凉作物，种子发芽的下限温度为3℃左右，在16℃~20℃

条件下3~5天即可出苗，苗期具有较强的抗寒能力，耐寒能力极强的品种能耐-10℃以下的低温。日平均气温10℃以上迅速抽薹，开花最适温度为16℃~25℃，微风有利于花粉的传播，提高结实率。高温会使花器发育不正常，蕾角脱落率增大，大风轻则引起倒伏，重则折枝断茎。角果发育期只要正常开花受精，在日平均温度6℃以上都能正常结实壮籽。20℃左右最为适宜，昼夜温差大，有利于营养物质的积累，种子千粒重高。油菜的土壤适应性较强，但在中性和微碱性土壤上籽粒含油量较高；在酸性土壤上次之；在碱性土壤上含油量最低。根据2020年美国农业部（USDA）网站数据，2020/2021产季全球油菜种植面积约为3600万公顷，加拿大是最大的种植国和产出国，分别为830万公顷和1900万吨。

欧洲油菜主要被当作油料作物，有时也被当作动物饲料来使用。在油料作物种植中，欧洲油菜已跃居第二（仅次于大豆），在世界各地广泛种植。菜籽油还用于制造润滑剂、润滑脂、清漆、肥皂、树脂、尼龙、塑料、驱虫剂、稳定剂和药品。

七、高粱

高粱是禾本科一年生草本植物，拉丁学名：*Sorghum bicolor*（L.）Moench（如图1-7所示）。

图1-7 高粱

有关高粱的出土文物及农书史籍证明其种植最少也有5000年的历史，关于其起源和进化问题一直有两种说法：一是由非洲或印度传入，二是原产于中国。但是许多研究者认为高粱原产于非洲，以后传入印度，再到远东。世界上高粱分布广，形态变异多，非洲是高粱变种最多的地区。斯诺顿收集到 17 种野生种高粱，其中有 16 种来自非洲，所确定的 31 个栽培种里非洲占 28 种，158 个变种里只有 4 种在非洲以外的地方。目前高粱分布于全世界热带、亚热带和温带地区，中国南北各省区均有栽培。

高粱喜温、喜光，生育期间所需的温度比玉米高，并有一定的耐高温特性，全生育期适宜温度 20℃~30℃，且全生育期都需要充足的光照。高粱根系发达，根细胞具有较高的渗透压，从土壤中吸收水分能力强。根据 2020 年美国农业部（USDA）网站数据，2020/2021 产季全球高粱种植面积约 4070 万公顷，苏丹是种植高粱最多的国家，约有 700 万公顷，但产量最大的国家是美国，虽然种植面积仅有 200 万公顷，年产量却超过 900 万吨。

高粱籽粒加工后即成为高粱米，可作为食粮。除食用外，高粱可制淀粉、制糖、酿酒和制酒精等。高粱米含矿物质与维生素，矿物质中钙、磷含量与玉米相当，磷含量为 40%~70%，维生素 B_1、B_6 含量与玉米相同，泛酸、烟酸、生物素含量多于玉米，但烟酸和生物素的利用率低。

八、马铃薯

马铃薯是茄科一年生草本植物，拉丁学名：*Solanum tuberosum* L.（如图 1-8 所示）。

图 1-8　马铃薯

马铃薯原产于南美洲安第斯山区，人工栽培历史最早可追溯到公元前 8000 年至公元前 5000 年的秘鲁南部地区。1586 年英国人在加勒比海击败西班牙人，从南美搜集烟草等植物种子，把马铃薯带到英国，英国的气候适合马铃薯生长，比其他谷物产量高且易于管理。17 世纪时，马铃薯已经成为欧洲的重要粮食作物并且传播到中国，目前主要生产国有中国、俄罗斯、印度、乌克兰、美国等。

马铃薯性喜冷凉，不耐高温，生育期间以日平均气温17℃~21℃为宜。光照强度越大，叶片光合作用强度越高，块茎形成早，块茎产量和淀粉含量均较高。马铃薯的蒸腾系数在400~600之间。如果总降雨量在400~500mm之间且均匀分布在生长季，即可满足马铃薯的水分需求。植株对土壤要求十分严格，以表土层深厚、结构疏松、排水通气良好和富含有机质的土壤最为适宜，特别是孔隙度大、透气性良好的土壤，更能满足根系发育和块茎增大对氧气的需要。马铃薯传入中国只有400多年的历史，中国却是世界马铃薯产量最高的国家。2019年全球马铃薯总产量为36909.51万吨，中国马铃薯种植面积达到478.95万公顷，总产量9193.8万吨、占全球比重为24.91%。

马铃薯是具有很好发展前景的高产作物之一，同时也是十大热门营养健康食品之一。马铃薯是仅次于水稻、玉米、小麦的重要粮食作物，由于其高产稳产、适应性广、营养成分全和产业链长而受到全世界的高度重视。

第三节
粮食生产概况

我国实施"以我为主、立足国内、确保产能、适度进口、科技支撑"的国家粮食安全战略，统筹国际国内两个市场，更好地利用国际资源有效支持国内粮食需求。我国粮食供应总体充足，2015—2020年产量连续6年稳定在1.3万亿斤[①]以上。水稻、小麦、玉米三大主粮国内自给率均在98%以上，库存消费比远高于联合国粮农组织（FAO）提出的17%~18%的水平。2019年我国人均粮食占有量超过470公斤[②]，远高于人均400公斤的国际粮食安全的标准线。然而从全球粮食生产情况来看，生产和需求

---

① 1斤=500克。
② 1公斤=1000克。

之间存在着明显的不均衡。尤其是第二次世界大战以后，世界粮食生产快速发展，1950年至1984年世界粮食总产量从6.3亿吨增至18亿吨，增长了180%还多。此期间，世界人口从25.1亿增至47.7亿，增长约90%，粮食增长速度远远快于人口增长，因此世界人均粮食呈现了增长趋势。然而，实际上少数发达国家人口占世界的1/4，但其粮食产量占世界的1/2；而广大发展中国家人口占世界的3/4，粮食产量只占世界的1/2。

2020年，全球主要粮食总产量已经突破了30亿吨，具体情况如下。

一、大豆

2020/2021产季全球大豆种植面积约为1.28亿公顷，总产量3.64亿吨。产量前五的国家为巴西、美国、阿根廷、中国和印度（如表1-2所示），占世界总产量的89.7%。自2016年起，巴西不断扩大大豆种植面积，总产量也不断提升，年产量接近1.4亿吨；美国紧随其后，年产量也超过了1亿吨。这两大生产国分布在南北半球，巴西大豆每年10~12月播种，次年3~5月收获，在我国的销售季集中在4~10月；美国大豆每年5~6月播种，9~10月收获，在我国的销售季集中在10月~次年4月。两国大豆生长、销售季节正好相互错开，因此成为我国大豆最主要的供应地。美国、巴西和阿根廷主要种植转基因大豆，单产较高，巴西可达到3.55吨/公顷；而我国种植非转基因大豆，单产仅1.99吨/公顷。此外，印度也种植非转基因大豆，虽然其种植面积达到1200万公顷，高于我国的980万公顷，但是由于农业生产管理水平较低，单产仅0.82吨/公顷，不足我国的一半。

表1-2　全球大豆主要生产情况

（数据来源：USDA）

国家	生产情况	2016/2017	2017/2018	2018/2019	2019/2020	2020/2021
巴西	产量（千吨）	114900	123400	119700	128500	137000
	种植面积（千公顷）	33900	35150	35900	36900	38600
	单产（吨/公顷）	3.39	3.51	3.33	3.48	3.55

续表

国家	生产情况	2016/2017	2017/2018	2018/2019	2019/2020	2020/2021
美国	产量（千吨）	116931	120065	120515	96667	112549
	种植面积（千公顷）	33470	36236	35448	30327	33313
	单产（吨/公顷）	3.49	3.31	3.4	3.19	3.38
阿根廷	产量（千吨）	55000	37800	55300	48800	47000
	种植面积（千公顷）	17335	16300	16600	16700	16500
	单产（吨/公顷）	3.17	2.32	3.33	2.92	2.85
中国	产量（千吨）	13596	15283	15967	18100	19600
	种植面积（千公顷）	7599	8245	8413	9300	9866
	单产（吨/公顷）	1.79	1.85	1.9	1.95	1.99
印度	产量（千吨）	10992	8350	10930	9300	10450
	种植面积（千公顷）	11183	10329	11131	12193	12700
	单产（吨/公顷）	0.98	0.81	0.98	0.76	0.82

从国内来看，根据农业农村部网站公布的数据，2021年度大豆种植面积和产量前三的省份为黑龙江（388.8万公顷，718.8万吨）、内蒙古（89.3万公顷，168.5万吨）、安徽（58.7万公顷，90.9万吨）。种植面积从2016年的760万公顷增加到2022年1024万公顷。一定程度上缓解了国内油脂压榨和饲料的市场需求。

二、小麦

2020/2021产季全球小麦种植面积约为2.22亿公顷，总产量7.76亿吨。产量前五的国家/地区为欧盟、中国、印度、俄罗斯、美国（如表1-3所示），占世界总量的64.8%。印度是小麦种植面积最大的国家，但单产仅有3.44吨/公顷，低于中国（5.74吨/公顷）和欧盟（5.46吨/公顷）；中国是全球小麦产量最大的国家。从作物产季来看，欧盟主要种植冬小麦（9~12月播种，次年6~9月收获）和春小麦（3~6月播种，8~10月收获）；我国的小麦也有两季，春小麦在3~4月播种，8~9月收获，而冬小麦则在9~10月播种，次年5~6月收获；印度气候炎热，每年只种植一季小麦，10~12月播种，次年2~7月收获。

表1-3 全球小麦主要生产情况

（数据来源：USDA）

国家/地区	生产情况	2016/2017	2017/2018	2018/2019	2019/2020	2020/2021
欧盟	产量（千吨）	130986	136681	123124	138741	125942
	种植面积（千公顷）	25409	24368	23774	24362	23083
	单产（吨/公顷）	5.16	5.61	5.18	5.70	5.46
中国	产量（千吨）	133271	134334	131430	133590	134250
	种植面积（千公顷）	24694	24508	24268	23730	23380
	单产（吨/公顷）	5.40	5.48	5.42	5.63	5.74
印度	产量（千吨）	87000	98510	99870	103600	107860
	种植面积（千公顷）	30220	30785	29651	29319	31357
	单产（吨/公顷）	2.88	3.20	3.37	3.53	3.44
俄罗斯	产量（千吨）	72529	85167	71685	73610	85354
	种植面积（千公顷）	27004	27370	26344	27312	28684
	单产（吨/公顷）	2.69	3.11	2.72	2.70	2.98
美国	产量（千吨）	62832	47380	51306	52581	49691
	种植面积（千公顷）	17745	15198	16030	15133	14871
	单产（吨/公顷）	3.54	3.12	3.20	3.48	3.34
加拿大	产量（千吨）	32140	30377	32352	32670	35183
	种植面积（千公顷）	8976	8983	9881	9656	10018
	单产（吨/公顷）	3.58	3.38	3.27	3.38	3.51
澳大利亚	产量（千吨）	31819	20941	17598	14480	33000
	种植面积（千公顷）	12191	10919	10402	9863	13000
	单产（吨/公顷）	2.61	1.92	1.69	1.47	2.54

从国内来看，根据农业农村部网站公布的数据，2021年度小麦种植面积和产量前三的省份为河南（569.1万公顷，3802.8万吨）、山东（399.4万公顷，2636.7万吨）、安徽（284.6万公顷，1699.7万吨）。小麦是我国

的三大主粮之一，种植面积和产量一直较为稳定。

三、玉米

2020/2021产季全球玉米种植面积约为1.97亿公顷，总产量11.25亿吨。产量前五的国家/地区为美国、中国、巴西、欧盟和阿根廷（如表1-4所示），占世界总产量的73.8%。其中，美国和中国在玉米种植面积和产量上都要远远高于其他国家/地区：美国种植面积约为3300万公顷，总产量超过3.6亿吨；中国虽然种植面积超过4100万公顷，位居全球第一，但由于是非转基因玉米，6.32吨/公顷的单产无法与美国转基因玉米10吨/公顷以上的单产相比。在作物产季上，美国玉米每年4~5月播种、9~11月收获，而中国根据不同区域的气候特点，可种植春玉米（4~5月播种，8~10月收获）和夏玉米（6月播种，10月收获）。

表1-4 全球玉米主要生产情况

（数据来源：USDA）

国家/地区	生产情况	2016/2017	2017/2018	2018/2019	2019/2020	2020/2021
美国	产量（千吨）	384778	371096	364262	345962	360252
	种植面积（千公顷）	35106	33481	32891	32916	33373
	单产（吨/公顷）	10.96	11.08	11.08	10.51	10.8
中国	产量（千吨）	263613	259071	257174	260779	260670
	种植面积（千公顷）	44178	42399	42130	41280	41264
	单产（吨/公顷）	5.97	6.11	6.1	6.32	6.32
巴西	产量（千吨）	98500	82000	101000	102000	98500
	种植面积（千公顷）	17600	16600	17500	18500	19875
	单产（吨/公顷）	5.6	4.94	5.77	5.51	4.96
欧盟	产量（千吨）	61909	62021	64351	66735	63975
	种植面积（千公顷）	8557	8250	8274	8907	8982
	单产（吨/公顷）	7.24	7.52	7.78	7.49	7.12

表1-4 续

国家/地区	生产情况	2016/2017	2017/2018	2018/2019	2019/2020	2020/2021
阿根廷	产量（千吨）	41000	32000	51000	51000	47000
	种植面积（千公顷）	4900	5200	6100	6300	6100
	单产（吨/公顷）	8.37	6.15	8.36	8.1	7.71

从国内来看，根据农业农村部网站公布的数据，2021年度玉米种植面积和产量前三的省份为黑龙江（652.4万公顷，4149.2万吨）、吉林（440.1万公顷，3198.4万吨）、内蒙古（420.5万公顷，2994.3万吨）。玉米也是我国的三大主粮之一，主要用作饲料原料，2020年第三季度起，国内市场出现一定程度的玉米缺口，因此加大了从美国、乌克兰等地的进口。

四、水稻

美国农业部（USDA）网站统计数据中记录的是大米，即已经脱壳的稻谷，两者换算采用了70%的出米率，为便于读者对应阅读，此处将相关产量数据还原为稻谷重量。

2020/2021产季全球水稻种植面积约为1.63亿公顷，总产量7.21亿吨，主要集中在亚洲国家。产量前五的国家为中国、印度、印度尼西亚、孟加拉国和越南（如表1-5所示），占世界总产量的72.8%。我国在水稻育种以及种植技术上都有较大优势，虽然种植面积上印度比我国高出48%，但总产量上我国比印度高出21.6%。我国水稻种植分为双季稻早稻（3~5月播种，7月收获）、双季稻晚稻（7~8月播种，10~11月收获）、单季稻（3~6月播种，8~10月收获）。印度气候条件十分适宜水稻生长，基本上全年均可种植水稻，主要品种分为春、秋两季，春季稻12月至次年1月播种、次年4~5月收获；秋季稻3~8月均可播种，相应9月至次年1月均可收获。

表 1-5　全球稻谷主要生产情况

（数据来源：USDA）

国家	生产情况	2016/2017	2017/2018	2018/2019	2019/2020	2020/2021
中国	产量（千吨）	211094	212676	212129	209614	211857
	种植面积（千公顷）	30746	30747	30189	29690	30076
	单产（吨/公顷）	6.87	6.92	7.03	7.06	7.04
印度	产量（千吨）	156711	161086	166400	169814	174286
	种植面积（千公顷）	43993	43774	44160	43662	44400
	单产（吨/公顷）	3.74	3.86	3.96	4.08	4.12
印度尼西亚	产量（千吨）	52654	52857	48857	49571	50286
	种植面积（千公顷）	12240	12250	11500	11600	11800
	单产（吨/公顷）	4.78	4.76	4.68	4.71	4.7
孟加拉国	产量（千吨）	49397	46643	49870	51214	49429
	种植面积（千公顷）	11748	11272	11770	11830	11500
	单产（吨/公顷）	4.42	4.35	4.45	4.55	4.51
越南	产量（千吨）	39143	39510	39063	38714	38714
	种植面积（千公顷）	7714	7645	7540	7380	7350
	单产（吨/公顷）	5.68	5.79	5.8	5.88	5.9

从国内来看，根据农业农村部网站公布的数据，2021年度水稻种植面积和产量前三的省份为湖南（397.1万公顷，2863.1万吨）、黑龙江（386.7万公顷，2913.7万吨）、江西（341.9万公顷，2073.9万吨）。水稻是我国南方地区主要的粮食作物之一，江苏、湖北等地的平均单产超过了8吨/公顷，是印度等国的2倍以上，是我国保障粮食供应安全的坚强后盾。

五、大麦

2020/2021产季全球大麦种植面积约为5170万公顷，总产量1.6亿吨。产量前五的国家/地区为欧盟、俄罗斯、澳大利亚、加拿大和英国

（如表1-6所示），占世界总产量的67.4%。大麦在我国种植不是很广泛，目前种植面积约为26万公顷，年产量在90万吨左右。全球大麦种植主要集中在欧洲，一般分为两季，春大麦4~5月播种，8~9月收获；冬大麦则在9~10月播种，次年6~7月收获。我国大麦也分为两季种植，春大麦3~4月播种，8~9月收获；冬大麦9~11月播种，次年5~6月收获。

表1-6　全球大麦主要生产情况

（数据来源：USDA）

国家/地区	生产情况	2016/2017	2017/2018	2018/2019	2019/2020	2020/2021
欧盟	产量（千吨）	53211	51482	49470	55270	55283
	种植面积（千公顷）	11186	10918	11178	11172	11387
	单产（吨/公顷）	4.76	4.72	4.43	4.95	4.86
俄罗斯	产量（千吨）	17547	20211	16737	19939	20629
	种植面积（千公顷）	7955	7714	7784	8403	8160
	单产（吨/公顷）	2.21	2.62	2.15	2.37	2.53
澳大利亚	产量（千吨）	13506	9254	8819	10127	13000
	种植面积（千公顷）	4834	4124	4437	5041	4400
	单产（吨/公顷）	2.79	2.24	1.99	2.01	2.96
加拿大	产量（千吨）	8839	7891	8380	10383	10741
	种植面积（千公顷）	2266	2114	2395	2728	2809
	单产（吨/公顷）	3.9	3.73	3.5	3.81	3.82
英国	产量（千吨）	6655	7169	6510	8048	8117
	种植面积（千公顷）	1122	1177	1138	1162	1388
	单产（吨/公顷）	5.93	6.09	5.72	6.93	5.85
中国	产量（千吨）	1192	1085	957	900	900
	种植面积（千公顷）	361	330	263	260	260
	单产（吨/公顷）	3.3	3.29	3.64	3.46	3.46

从国内来看，根据农业农村部网站公布的数据，2021年度大麦种植面积和产量前三的省份为西藏（14.1万公顷，80.1万吨）、云南（13.2万公

顷，43.7万吨）、青海（9.1万公顷，20.5万吨）。大麦在我国不是主要的口粮，主要用于啤酒酿造、饲料原料和麦芽食品制造。一方面，随着国内市场消费规模不断扩大，啤酒酿造业对大麦尤其是优质大麦的需求不断提升；另一方面，由于大麦蛋白质含量较高，在饲料生产中也有一定的需求，进口大麦价格较低时相关企业会购买囤积，在玉米、豆粕等主要饲料原料价格走高时替代使用。

六、油菜籽

2020/2021产季全球油菜籽种植面积约为3600万公顷，总产量7150万吨。产量前五的国家/地区为加拿大、欧盟、中国、印度和澳大利亚（如表1-7所示），占世界总产量的62%。我国油菜种植和菜籽油消费主要集中在长江中上游区域，油菜种植面积为665万公顷，产量约1370万吨。加拿大油菜籽的特点是种植品种多为"双低"（菜籽油中芥酸含量低、饼粕中硫代葡萄糖苷含量低）油菜，且90%以上为转基因抗除草剂品种，种植密度大、成本低、单产高，因此极具竞争力，加拿大也成为全球最大的油菜籽出口国，年出口量900万~1000万吨，主要供给欧盟、中国、日本。加拿大油菜籽5~6月播种，8~10月收获；我国油菜籽通常在11~12月播种，次年4~5月收获。

表1-7 全球油菜籽主要生产情况

（数据来源：USDA）

国家/地区	生产情况	2016/2017	2017/2018	2018/2019	2019/2020	2020/2021
加拿大	产量（千吨）	19599	21458	20724	19607	19000
	种植面积（千公顷）	8263	9273	9120	8456	8320
	单产（吨/公顷）	2.37	2.31	2.27	2.32	2.28
欧盟	产量（千吨）	18763	20017	18048	15241	16248
	种植面积（千公顷）	5974	6236	6452	5079	5165
	单产（吨/公顷）	3.14	3.21	2.8	3	3.15

续表

国家/地区	生产情况	2016/2017	2017/2018	2018/2019	2019/2020	2020/2021
中国	产量（千吨）	13128	13274	13281	13485	13700
	种植面积（千公顷）	6623	6653	6551	6583	6650
	单产（吨/公顷）	1.98	2	2.03	2.05	2.06
印度	产量（千吨）	6620	7100	7500	7400	8500
	种植面积（千公顷）	6065	6700	7100	7100	8200
	单产（吨/公顷）	1.09	1.06	1.06	1.04	1.04
澳大利亚	产量（千吨）	4313	3893	2366	2299	4000
	种植面积（千公顷）	2681	3171	2120	2034	2400
	单产（吨/公顷）	1.61	1.23	1.12	1.13	1.67

从国内来看，根据农业农村部网站公布的数据，2021年度油菜籽种植面积和产量前三的省份为四川（135.4万公顷，338.7万吨）、湖南（135.1万公顷，230.3万吨）、湖北（109.4万公顷，251.8万吨）。油菜籽的出油率约为35%、出粕率为60%，菜籽饼粕蛋白质含量为34%~38%，低于豆粕的40%~48%，且含有较多有毒有害物质，极大地限制了其在动物饲料中的应用。如异硫氰酸酯、硫氰酸酯、恶唑烷硫酮、腈、芥子碱、单宁、植酸等物质，不但影响适口性、影响其他营养物质利用，还可引起动物甲状腺肿大，抑制动物生长，因此需要在加工过程中实施脱毒处理，同时混合其他饲料原料使用。目前主要用于家禽饲料、果树施肥以及水产清塘，少量用于猪饲料。

七、高粱

2020/2021产季全球高粱种植面积约为4070万公顷，总产量6205万吨。产量前五的国家为美国、尼日利亚、埃塞俄比亚、苏丹和印度（如表1-8所示），占世界总产量的50.1%。除了美国外，高粱主要种植于非洲和拉丁美洲，除供人类食用外，多作为饲料原料，在中国还被用来酿造白酒。在高粱主要生产国中，美国高粱种植面积不大，仅有206.2万公顷，低于尼日利亚的560万公顷和苏丹的700万公顷，但由于农业技术水平的差异，美国、中国的高粱单产可达到 4.5 吨/公顷以上。美国高粱一年种植一季，4~6 月播种、9~11 月收获，中国高粱则为 5 月播种、9 月收获，生长周期基本一致。

表 1-8　全球高粱主要生产情况

（数据来源：USDA）

国家	生产情况	2016/2017	2017/2018	2018/2019	2019/2020	2020/2021
美国	产量（千吨）	12199	9192	9271	8673	9474
	种植面积（千公顷）	2494	2041	2048	1892	2062
	单产（吨/公顷）	4.89	4.5	4.53	4.58	4.6
尼日利亚	产量（千吨）	7556	6939	6721	6665	6570
	种植面积（千公顷）	5472	5820	5596	5900	5600
	单产（吨/公顷）	1.38	1.19	1.2	1.13	1.17
埃塞俄比亚	产量（千吨）	4752	5164	5024	5266	5200
	种植面积（千公顷）	1882	1896	1830	1828	1850
	单产（吨/公顷）	2.53	2.72	2.75	2.88	2.81
苏丹	产量（千吨）	6466	3743	5435	3714	5000
	种植面积（千公顷）	9158	6477	8046	6828	7000
	单产（吨/公顷）	0.71	0.58	0.68	0.54	0.71
印度	产量（千吨）	4568	4803	3480	4772	4800
	种植面积（千公顷）	5624	5024	4093	4824	4100
	单产（吨/公顷）	0.81	0.96	0.85	0.99	1.17
中国	产量（千吨）	2235	2465	2909	3600	3550
	种植面积（千公顷）	473	506	619	750	730
	单产（吨/公顷）	4.73	4.87	4.7	4.8	4.86

从国内来看，根据农业农村部网站公布的数据，2021 年度高粱种植面积和产量前三的省份为内蒙古（16 万公顷，94.2 万吨）、山西（10.5 万公顷，35.9 万吨）、贵州（10.1 万公顷，34.3 万吨）。近些年我国开始大量进口高粱，一方面用在白酒酿造行业，此前进口的高粱外壳较硬且单宁含

量较高，影响白酒口感，不被国内酒厂采用，但由于国内优质高粱产量有限且价格居高不下，部分酒厂通过技术攻关实现了工艺改良，开始大量采购价格低廉的进口高粱用于中低端酒类品牌占有市场；另一方面用在饲料行业，虽因高粱含有单宁，大量食用会导致禽畜中毒，但是少量添加可有效替代玉米在饲料中的淀粉构成，因此企业会在玉米价格上涨期间按比例使用高粱作为替代饲料。

第四节
粮食国际贸易形势

过去 50 年间全球粮食贸易规模不断扩大（如图 1-9 所示）。在此期间我国粮食进口量在 1971 年仅为 340 万吨，占世界总进口量的比重为 2.6%；2001 年为 1450 万吨，比重为 5%；2020 年为 1.43 亿吨，比重达到了 21.5%。

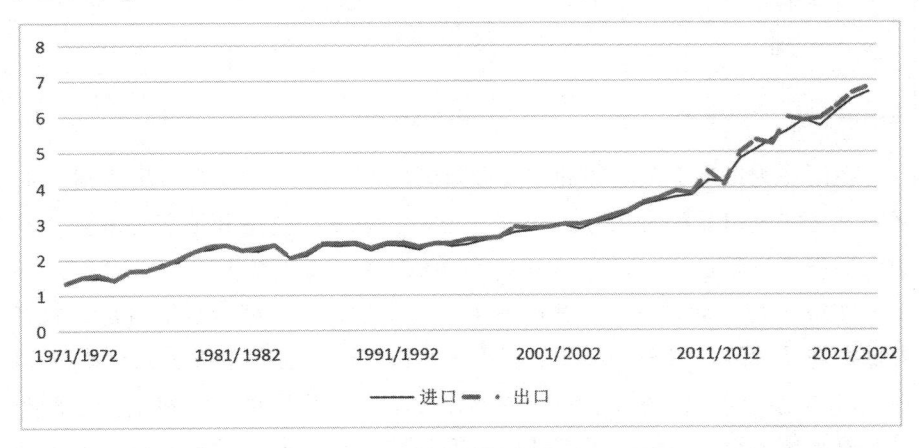

图 1-9　近 50 年世界粮食贸易规模

（单位：亿吨，数据来源：USDA）

从各品种来看，2020/2021 年度世界粮食贸易按进口量由大到小排序依次为小麦、玉米、大豆、稻谷、大麦、油菜籽和高粱（如表 1-9 所示）。

小麦作为世界主要的口粮作物，全球进口量超过 1.9 亿吨，占总产量的 24.85%；玉米是全球总产量最高的粮食作物，作为最主要的饲料原料，进口量也达到 1.8 亿吨以上，占总产量的 16.36%；而大豆虽然进口量超过 1.6 亿吨位居第三，但是占总产量的比重达到 46.09%，其中中国的进口量就超过了 1 亿吨，是世界上最大的进口国；而稻谷虽然总产量位居玉米、小麦之后排在第三，但是进口量仅有 6000 多万吨，占比为 8.76%，是所有粮食品种中最低的，这主要是由于稻谷消费国集中在东南亚地区，这些地区同时也是主产国，因此主要消费都是通过本国供给。

表 1-9　全球各品种粮食 2020/2021 年度产量、进口量及占比情况

（数据来源：USDA）

粮食品种	总产量（万吨）	进口量（万吨）	占比（%）
小麦	77582	19279	24.85
玉米	112503	18401	16.36
大豆	36407	16781	46.09
稻谷	72142	6317	8.76
大麦	15974	3241	20.29
油菜籽	7150	1721	24.07
高粱	6205	920	14.83

我国作为世界上最主要的粮食进口国之一，2020 年度进口量达到 1.43 亿吨。主要进口品种是大豆、小麦、玉米、大麦、高粱和油菜籽 6 类，其中大豆进口量超过 1 亿吨，占比达到 70.35%，其次是玉米、小麦等（如图 1-10 所示），而稻谷作为我国最主要的口粮之一，完全自给自足，只有少量特殊品种以进口满足市场消费需求。粮食供应安全不仅关系到我国 14 亿人口的吃饭问题，还影响到国内物流运输、油脂压榨、饲料生产、禽畜水产养殖等多个产业链。适度进口是保障我国粮食安全的重要举措，可节约大量耕地，有效缓解我国农业供给结构不平衡问题。

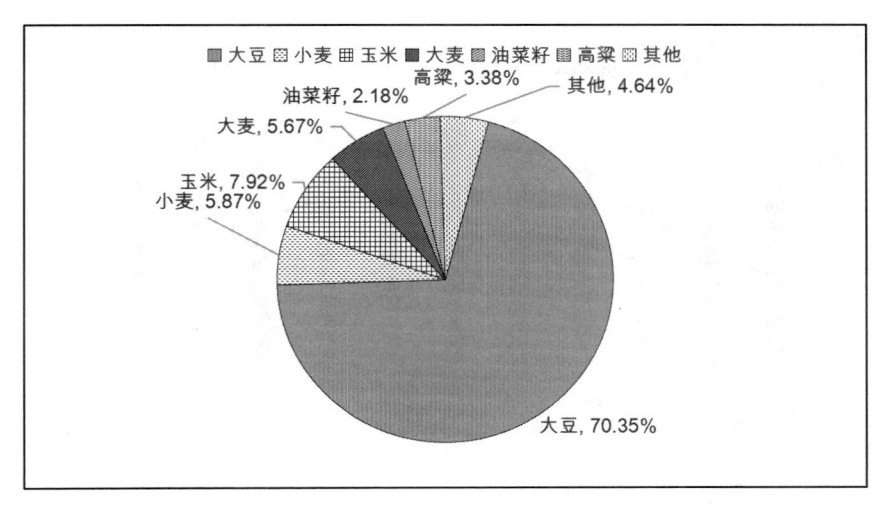

图1-10 2021年度进口主要粮食种类占比情况

全球粮食贸易已然成了平衡世界粮食分配的重要手段，不同种类的粮食根据其用途、来源等又体现出不同的贸易特点。

一、大豆

大豆含油量在20%左右，出粕率在70%左右，1亿吨大豆可以生产约2000万吨豆油和7000万吨左右豆粕，能够同时作为饲料生产和油脂压榨的原料。全球大豆贸易规模约为1.6亿吨，2020年较2010年增长了87%。2020年世界大豆出口量前三的国家为巴西（8600万吨）、美国（6200万吨）和巴拉圭（660万吨）；进口量前三的国家/地区为中国（1亿吨）、欧盟（1495万吨）和墨西哥（600万吨）。

在保证小麦、稻谷和玉米三大主粮供应安全的前提下，我国近10年大豆进口量不断攀升。一方面，大豆的单位面积产出较低，根据农业农村部的数据，2020年我国小麦、水稻和玉米的产量分别约为5.6吨/公顷、7.1吨/公顷和6.3吨/公顷，大豆产量仅为1.9吨/公顷；另一方面，大豆主要用作油脂压榨和饲料原料，具有一定的可替代性。2010年以来我国大豆进口量占全球的比例一直维持在60%左右，2020年历史性首次突破1亿吨，与2010年相比几乎翻了一倍（如图1-11所示）。

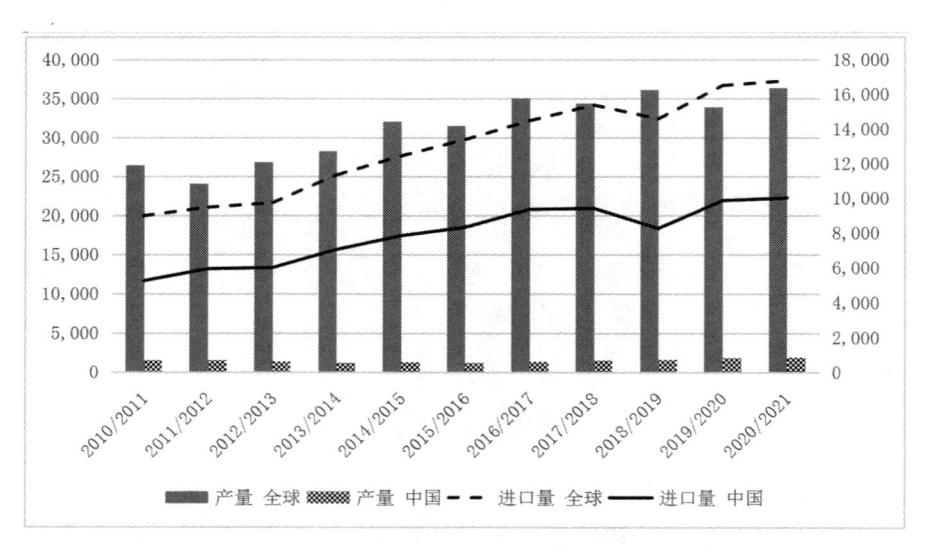

图1-11　2010年以来大豆产量和进口量情况

（单位：万吨，数据来源：USDA）

二、小麦

小麦是世界产量第二大的粮食作物，但却是贸易量最大的粮食品种，自2010年以来，全球小麦年产量从6.5亿吨增长至7.7亿吨（2020年）；但进口量却从1.3亿吨增长至1.9亿吨（2020年）。2020年世界小麦出口量前三的国家/地区为：俄罗斯（3850万吨）、欧盟（3000万吨）和加拿大（2750万吨）；进口量前三的国家为埃及（1300万吨）、中国（1050万吨）和印度尼西亚（1000万吨）。

小麦是我国种植面积第三大的粮食作物，我国小麦年产量占全球总产量18%左右，基本满足自给。受进口配额管理限制，我国小麦进口量占全球小麦贸易的比例一直低于3%，小麦不是主要进口的粮食产品，仅在2020年出现了大幅度增长，进口量从500万吨左右几乎翻倍至1000万吨。这是由于当时国内玉米出现季节性的供需缺口，导致玉米和小麦的价格倒挂，企业大量采购小麦用作饲料替代玉米。此外，中美贸易协定签署后，我国集中购买了大量美国小麦（如图1-12所示）。

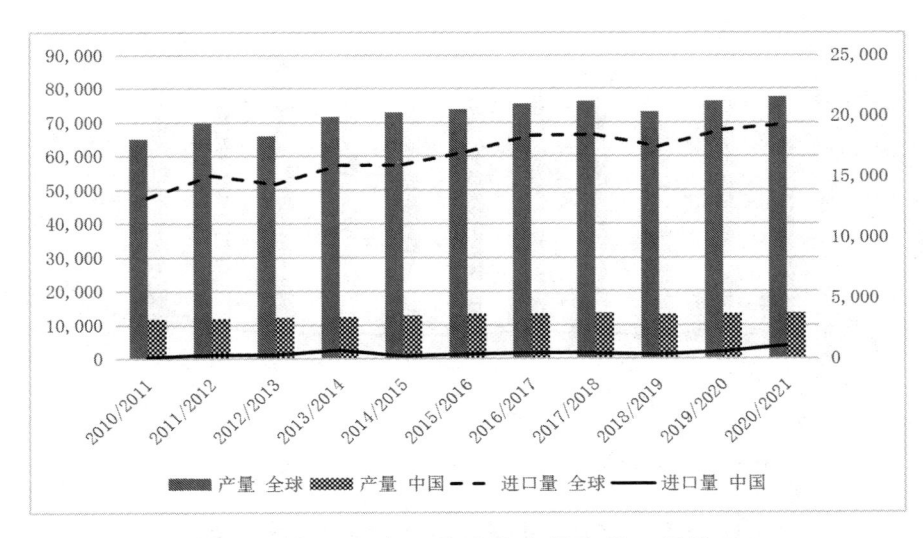

图 1-12　2010 年以来小麦产量和进口量情况

（单位：万吨，数据来源：USDA）

三、玉米

玉米是全球产量最大、贸易量第二大的粮食作物，自 2010 年以来，全球玉米年产量从 8.5 亿吨增长至 11.3 亿吨（2020 年）；进口量从 9344 万吨增长至 1.8 亿吨（2020 年）。2020 年世界玉米出口量前三的国家为：美国（7240 万吨）、阿根廷（3400 万吨）和巴西（3300 万吨）；进口量前三的国家为中国（2600 万吨）、墨西哥（1650 万吨）和日本（1540 万吨）。

玉米是我国种植面积最大的粮食作物，年产量占全球产量的 23% 左右，基本满足自给。玉米进口同样受到配额管理，进口量一直保持在 400 万吨左右水平。2020 年下半年，我国养猪业从非洲猪瘟影响中快速恢复，生猪存栏率不断增长，作为饲料主要原料的玉米出现了阶段性供应不足。2020 年我国玉米进口量一举达到 2600 万吨，占全球进口量的比例从过去的不到 5% 增长到 14.13%（如图 1-13 所示）。

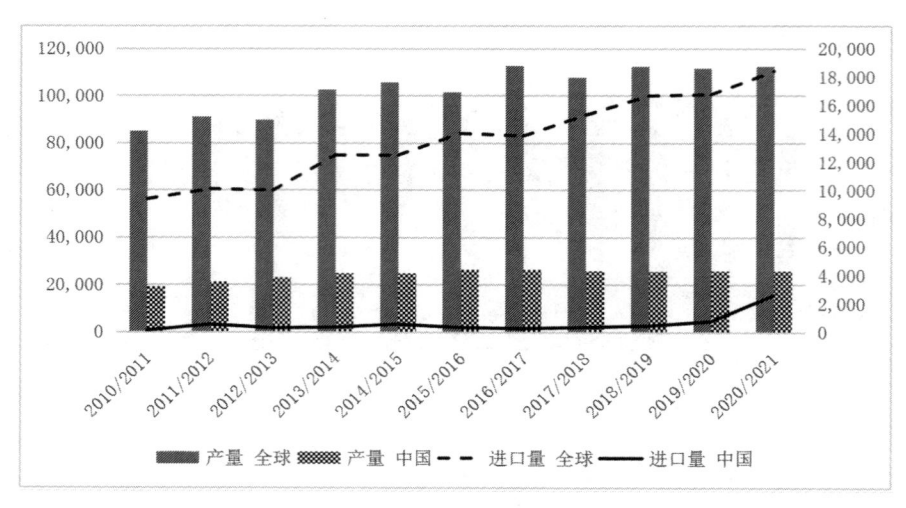

图 1-13　2010 年以来玉米产量和进口量情况

（单位：万吨，数据来源：USDA）

四、水稻

水稻是全球产量第三大的粮食作物，但是贸易量占比却比较低，自 2010 年以来，全球稻谷（以 USDA 数据表中大米的 10/7 计算，下同）年产量从 6.5 亿吨增长至 7.2 亿吨（2020 年）；进口量从 4700 万吨增长至 6300 万吨（2020 年）。2020 年世界稻谷出口量前三的国家为：印度（2428 万吨）、越南（900 万吨）和泰国（828 万吨）；进口量前三的国家/地区为中国（485 万吨）、菲律宾（300 万吨）和欧盟（283 万吨）。

我国是全球水稻的主要种植国家之一，稻谷产量约占全球产量的 30%，完全实现自给自足，因此进口量虽然位居世界第一，但实际规模相对较小，主要进口泰国、日本等地的特殊品种大米，供市场餐饮消费。我国稻谷进口量占全球总进口量的比重仅为 7% 左右（如图 1-14 所示）。

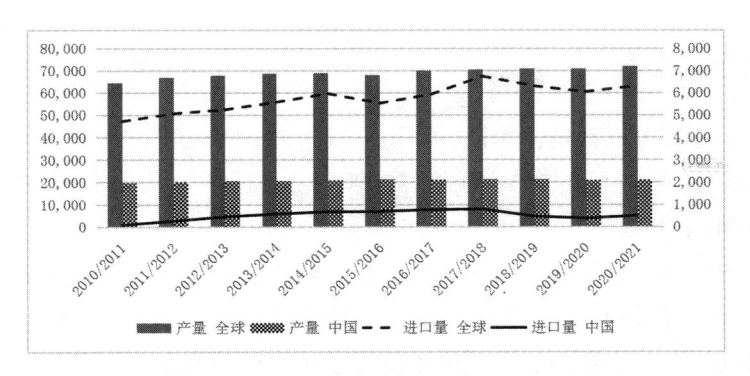

图 1-14　2010 年以来稻谷产量和进口量情况

（单位：万吨，数据来源：USDA）

五、大麦

大麦不是主要的食用粮食作物，主要用作啤酒酿造以及饲料加工，自 2010 年以来，全球大麦的年产量从 1.2 亿吨增长至 1.6 亿吨（2020 年）；进口量从 1416 万吨增长至 3241 万吨（2020 年）。

我国大麦的产量不是很高，仅占世界总产量的不到 1%，2020 年 90 万吨，较 2010 年产量下降了 53.89%，国内主要需求为啤酒和食品行业，少量用作替代玉米生产饲料，基本全部依靠进口。2020 年我国大麦进口量为 960 万吨，占全球进口量的 30% 左右（如图 1-15 所示）。

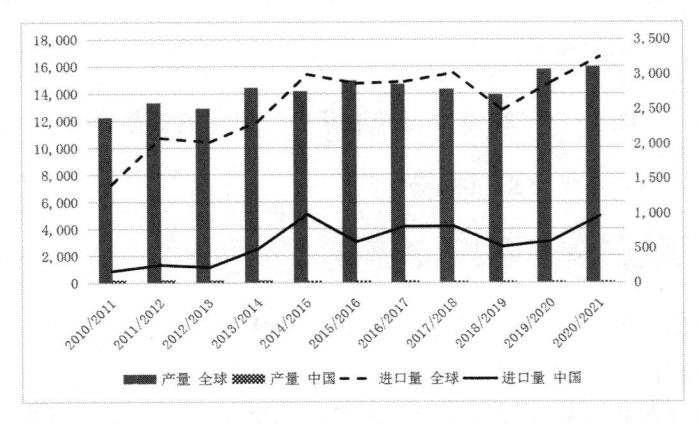

图 1-15　2010 年以来大麦产量和进口量情况

（单位：万吨，数据来源：USDA）

六、油菜籽

油菜籽和大豆都是作为油料作物进口，自 2010 年以来，全球油菜籽产量从 6052 万吨增长至 7150 万吨（2020 年）；进口量从 1018 万吨增长至 1721 万吨（2020 年）。

我国是油菜籽传统种植国家，部分区域饮食习惯中偏好菜籽油，我国油菜籽种植区域和总产量较为稳定，2010 年以来仅增长了 7.13%，约占全球产量的 18.6%。同时，固定的下游需求也导致进口量相对稳定，近些年一直在每年 300 万吨至 400 万吨的区间波动，占世界总进口量的比重为 20% 左右（如图 1-16 所示）。

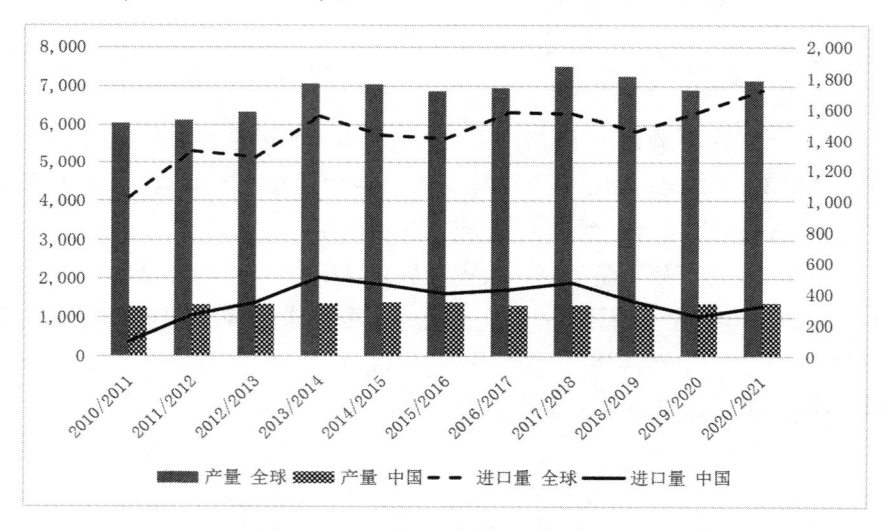

图 1-16　2010 年以来油菜籽产量和进口量情况

（单位：万吨，数据来源：USDA）

七、高粱

高粱是一类较为特殊的粮食产品，其原本的主要作用为食用，我国在早些年粮食供应不足时曾将其作为主食，但是由于其口感较差、产量不高，目前仅在非洲等少数不发达地区仍被作为主食。高粱也普遍被用作饲料原料，但是由于其外壳较硬，且含有单宁等有毒物质，大量食用会导致牲畜中毒，因此在饲料中只能少量添加。从全球来看，种植积极性并不高，自 2010 年来产量有所波动，但始终维持在 6000 万吨左右，十年产量增长率仅为 1.68%。全球进口量则呈现大的波动，而这根波动曲线与中国高粱的进口量高度吻合。这是由高粱的第三个用途——白酒酿造的市场需求造成的。白酒是我国特有的酒类产品，高粱是其主要原料，中国酿酒企业对高粱的需求随着人民生活水平的不断提高而快速增长。2010—2020年，我国国内高粱年产量从 193 万吨增长至 355 万吨，远高于世界总体水平，然而仍不能满足市场需求，价格低廉的进口高粱成了企业的新选择。2013 年以前，由于进口高粱品种外壳硬、丹宁含量高的特性不利于白酒口感，因此鲜有国内酿造企业采购，但在 2013 年以后，国内部分企业通过技术攻关实现了加工工艺改良，基本解决了上述问题，虽然高端市场的白酒品牌出于对品质、工艺的严格控制尚无法使用进口高粱，但是大量中低端白酒酿造普遍开始使用进口高粱，因此 2013 年后我国进口高粱占世界总进口量的比例为 70% 左右，虽然其中也有部分是用作饲料加工，但是总体上白酒酿造仍是主要需求（如图1-17所示）。

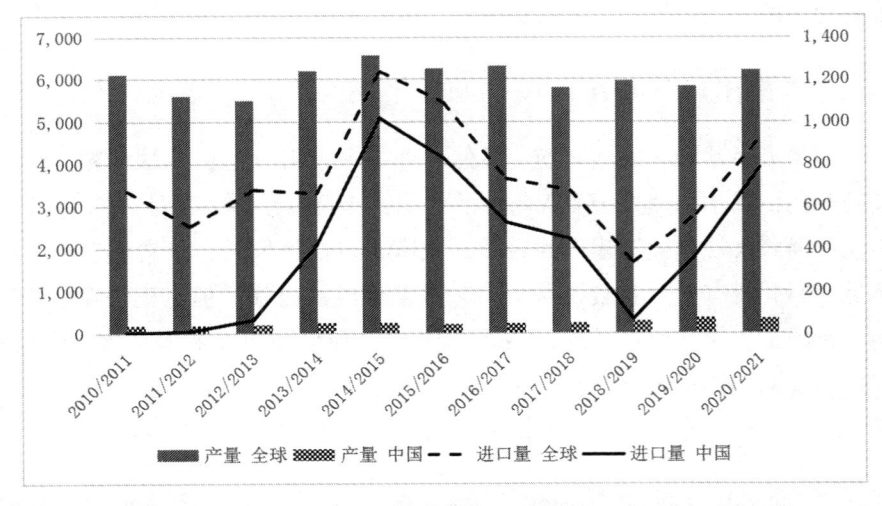

图 1-17　2010 年以来高粱产量和进口量情况

（单位：万吨，数据来源：USDA）

第五节
我国粮食进出口贸易发展变化

我国粮食进出口贸易在不同历史阶段呈现了不同的特点。从早期出口粮食换取外汇，到如今已然成为世界最大的粮食进口国，每个时期的进出口贸易量、品种都反映出当时历史条件下我国经济发展和国民生活的需要。为更好地展现各个时期我国粮食进出口情况的变化，本节内容将主要采用美国农业部（USDA）发布的各国历史进出口数据。本节中的粮食产品种类不包含马铃薯，因为马铃薯主粮化的概念是2015年才提出的，此前在我国是作为蔬菜品类，同时我国虽然是马铃薯的生产大国，但是一直以来马铃薯的进出口贸易还未形成规模，因此不对其统计分析。

一、净出口时期（1949—1958年）

中华人民共和国成立初期，虽然农业有所发展，但由于国内粮食生产基础薄弱，基本仍然处于靠天吃饭的状态，粮食自给能力不足。20世纪50年代，随着大规模经济建设的启动，城镇人口快速增长，粮食供应出现了不足，因此就有了"粮食统购统销"的票证经济时代。但也正是在这个时期，我国工业化初期急需外汇注入，因此粮食呈净出口状态。20世纪50年代中后期，年均粮食出口量一直在200万吨左右，主要是大米和大豆，这一时期的粮食净出口所得外汇占国内总出口所得外汇的12%~19%。

二、净进口时期（1959—1964年）

1959—1961年，我国国民经济陷入困难时期，只能大幅减少粮食出口转而大量进口。1961—1964年，我国粮食年均出口量不足10万吨，但净进口量却在500万吨左右（如表1-10所示），且主要为小麦。1961年，我国主要从加拿大、澳大利亚、法国、阿根廷、德国、意大利等国进口粮食。我国初次从加拿大进口粮食时，两国尚未建立外交关系。美国作为世界粮食市场的最大供应国，早在1961年年初，我国就考虑从美国进口粮食的可能性。肯尼迪就任美国总统后也曾表示，基于人道主义原则，可以考虑向中国出口粮食。虽然那时中国始终没有直接从美国进口粮食，但是美国粮食却通过法国转口进入了中国。

表1-10 我国三大主粮进出口情况

（单位：千吨，数据来源：USDA）

进出口	粮食	1960/1961	1961/1962	1962/1963	1963/1964	1964/1965
进口	小麦	1949	4893	4892	5208	5032
	玉米	33	212	264	212	101
	大米	0	0	0	0	0
出口	小麦	0.2	12.2	8.9	11.3	11.5
	玉米	1.4	0	1.9	9.8	28.5
	大米	42.8	45.8	68.4	76.2	98.5
净进口		1938	5047	5077	5323	4995

三、大米换小麦阶段（1965—1976年）

这一时期我国粮食贸易政策表现得十分务实，国际粮食市场上大米的价格是小麦的两倍，但是两种粮食作物每物理单位含热量却比较接近，所以中国开始恢复出口大米，转而进口小麦（如图1-18所示）。1965年出口大米在前一年不足10万吨的基础上增长到了近15万吨，而当年小麦的进口则突破600万吨，创下中华人民共和国成立后的最高值，这一记录一直持续到1978年。其中在1972—1973年，我国出口大米连续两个年度突破20万吨，而进口小麦则在1972—1974年连续三年高于500万吨。

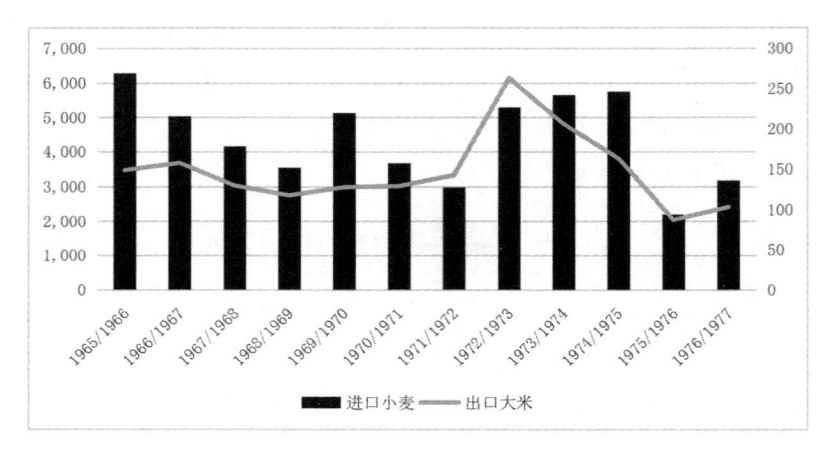

图 1-18　我国进口小麦、出口大米情况

（单位：千吨，数据来源：USDA）

四、进口大幅增加时期（1977—1983 年）

我国实行改革开放政策以后，对外贸易形势发生了变化，我国进口粮食进入第一个快速增长时期。1977 年之后的六年，进口总量年年攀升，1978 年首次迈上了 1000 万吨的台阶，1980 年超过了 1500 万吨。从三大主粮的进出口情况来看（如表 1-11 所示），1980/1981 年度小麦进口量超过了 1300 万吨，1982/1983 年度玉米进口量达到 240 万吨以上，而这一时期的大米出口处于历史较低水平，这就造成了三大主粮的净进口持续保持在 1000 万吨以上，并在 1982/1983 年度达到了 1546.4 万吨的峰值。这一时期中国逐渐成为国际粮食贸易中的重要一员。

表 1-11　我国三大主粮进出口情况

（单位：千吨，数据来源 USDA）

进出口	粮食	1977/1978	1978/1979	1979/1980	1980/1981	1981/1982	1982/1983	1983/1984
进口	小麦	8600	8047	8865	13789	13200	13000	9600
	玉米	59	3032	1966	772	1245	2441	131
	大米	0	71	18	162	263	61	131

续表

进出口	粮食	1977/1978	1978/1979	1979/1980	1980/1981	1981/1982	1982/1983	1983/1984
出口	小麦	0	0	0	0	0	0	0
	玉米	7.5	5	7.5	12.5	10	5	33
	大米	143.5	105.3	111.6	50.9	44.6	32.8	112.5
净进口		8508	11040	10730	14660	14653	15464	9717

五、进出口波动时期（1984—1998 年）

这一时期我国进口粮食经历了多次波动（如图 1-19 所示），总进口量在 1987/1988 年度达到第一个峰值，总进口量和净进口量均突破了 1600 万吨，随后进入两年的下行区间，至 1990/1991 年度净进口量跌破 1000 万吨，但是随后的 1991/1992 年度出现第二个峰值，总进口量突破 1700 万吨，紧跟着再次跌至低谷，两年后的 1994/1995 年度出现了第三次峰值，进口量最高达到了 1800 万吨。

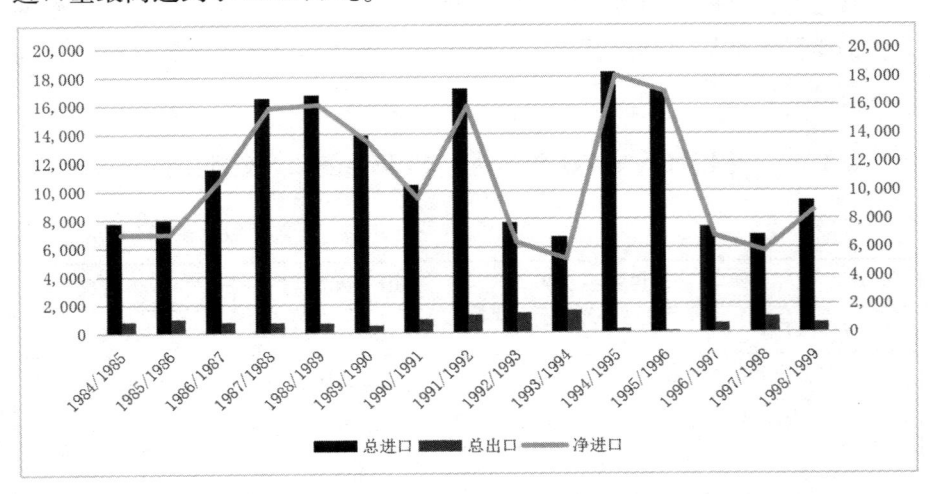

图 1-19　我国七类粮食进出口情况

（单位：千吨，数据来源 USDA）

六、加入 WTO 之后

我国加入 WTO 之后，粮食贸易快速发展。一方面，我国对三大主粮建立了配额制度、储备收购制度等一系列粮食安全保障体系，避免进口粮食冲击我国粮食市场，损害农民利益，影响国家粮食安全。另一方面，全面放开了大豆贸易管制，大豆进口不受配额管制，同时允许外商进入我国开设油脂压榨企业，由此在我国粮食进口格局中，大豆取代小麦成为最主要的进口品种。对比我国加入 WTO 前后粮食进口情况（如表 1-12 所示），在 1981—2000 年的 20 年间，我国粮食进口量达到 2.52 亿吨，其中小麦 1.68 亿吨、占比 66.59%，大豆进口量为 3500 万吨、占比仅 13.9%，这 20 年大豆的进口量甚至低于 2007 年一年的进口量。反观 2001—2020 年这 20 年间，粮食总进口量达到 14.77 亿吨以上，增长了 468%，其中小麦进口量 6181 万吨，同比下降 63.2%，占比下降到 4.18%；而这个时期我国大豆进口量为 11.33 亿吨，大幅增长 3132.8%，占总进口量的 76.68%。在我国加入 WTO 前后的这两个 20 年间，小麦和大豆的总进口量占进口粮食的比例十分接近，但是两者的地位却发生了彻底的改变，这也从侧面印证了中国人民的生活水平从"勒紧腰带，填饱肚子"到"肉禽蛋奶，鱼虾海鲜"的巨大变迁。

表 1-12　中国加入 WTO 前后两个 20 年小麦和大豆进口情况对比

（单位：千吨，数据来源 USDA）

	1981—2000 年	2001—2020 年	增长情况
总进口量	252132	1477451	486%
小麦进口量	167890	61810	-63.2%
小麦占比	66.59%	4.18%	/
大豆进口量	35043	1132874	3132.8%
大豆占比	13.9%	76.68%	/

第二章
粮食检疫与国门生物安全
CHAPTER 2

第一节
粮食安全形势

一、粮食安全

1974年，联合国粮农组织（FAO）最早提出了粮食安全的概念，将其定义为"保证任何人，在任何时间都能够得到为了生存和健康所需要的足够食物"。之后，粮食安全的涵义经过多次更改，并且得到不断丰富，1983年，联合国粮农组织将粮食安全定义为"所有粮食需求者在任何时间点都能够买得到且买得起生存所需的粮食"。1996年，联合国粮农组织再一次对粮食安全定义进行了更新，将其更新为"所有民众在任何时间点能买得到且买得起富含营养物质的数量充足的粮食"。2001年，联合国粮农组织提出粮食安全较为完整的定义，"所有粮食需求者在任何时间都能在物质层面、经济层面和社会层面上获取数量充足、安全并富含营养的食物，从而进一步满足人民对健康的饮食需求以及人民对食物不同偏好的需求"。粮食安全这一定义便一直沿用到了今天。

联合国粮农组织提出，粮食不安全是指一个人无法定期获得充足、安全和富有营养的粮食，以维持其正常的膳食需求并过上积极和健康的生活，这可能是由于无法获得粮食和/或缺乏获取粮食的资源而造成的。粮食不安全经历可分为不同级别。联合国粮农组织使用粮食不安全经历分级表（FIES）来衡量粮食不安全状况。

1. 轻度不安全——获得食物的能力不确定。

2. 中度不安全——人们对自己获取食物的能力没有把握，在某个阶段不得不降低食物的质量和数量。

3. 重度不安全——人们没有食物，正在挨饿，没有食物的情况甚至能持续一天及以上。

短期粮食不安全是指短期或暂时无法满足粮食消费需求，长期粮食不安全是指长期或持续无法满足膳食能量需求（一年中持续相当长时间）。在这一年中，由于缺乏资金或其他资源，处于中度粮食不安全状态的人在获得粮食能力方面面临不确定性，他们有时被迫降低所消费食物的质量和数量。而面临严重粮食不安全情况的人可能已经耗尽食物，经历饥饿，最极端的情况是连续几天吃不上饭，他们的健康状况受到严重影响。联合国《2021年世界粮食安全和营养状况》报告指出，2020年全球约7.2亿~8.11亿人遭受饥饿，约占全球总人口的10.5%。受新冠疫情、蝗灾、气候异常、森林大火等因素影响，2020年全球共有25个国家面临严重饥荒风险，世界面临至少50年来最严重的粮食危机。

二、全球粮食安全形势及影响因素

粮食是人类赖以生存的重要物资，过去的粮食贸易是"生产—流通—需求"的简单体系，但在当今世界格局下，全球粮食安全形势变得错综复杂。在生产环节，除了受到气候影响之外，各国在育种技术、机械化率、转基因技术、种植管理上的差异导致单产差距不断被拉大；在流通环节，国际物流航运问题、新冠疫情带来的全球性的影响、农产品高度金融化产生的价格偏离等影响粮食流通；在需求环节，跨国粮商的全球布局，粮食定价权的残酷争夺以及非洲沙漠蝗、洪涝干旱等极端气候等造成全球各地粮食供应的极端不平衡。

（一）冲突/不安全因素

包括洲际冲突、区域或全球不稳定、内乱或导致流离失所的政治危机。冲突常常导致平民失去收入来源并使其陷入严重的粮食不安全状态。粮食系统和市场受到破坏推高了食品价格，有时导致水和燃料短缺，或食品本身短缺。地雷、战争遗留爆炸物和简易爆炸装置经常摧毁农田、磨坊、储存设施、机械等。冲突更导致政府开支转用于军事开支。卫生系统通常遭到破坏，人们不得不依赖于人道主义援助。然而，日益增加的不安全状况和不断增多的道路障碍还在阻碍人道主义车队到达最脆弱的地区。有时候援助机构或援助人员的种类或数量受到长期的限制或者安全保障不足。在普遍存在不平等的脆弱体制下，粮食安全本身就可能成为暴力事件和不稳定的导火索。食品价格的突然飙升往往会加剧政治动荡和冲突的风险。

(二) 气候因素

干旱、洪水和雨季的推迟等与天气有关的事件可直接影响农作物和/或牲畜正常生长发育，导致交通不畅，市场无法囤积粮食。糟糕的季节性降雨推高了食品价格，减少了农业就业机会，降低了农民收入。由于食品库存减少，家庭在收入减少的同时更加依赖市场。尤其对小户农民来说，不利天气更是一种灾难，他们往往承担不起对抗冲击和恢复重建系统及所需投入品的投资。对于那些依赖雨水灌溉牧场的放牧牲畜且几乎没有固定资产的牧民来说，这也是一个严重的问题。天气带来的冲击直击人们的脆弱之处，这一切取决于他们的适应能力，冲击的规模、频率以及他们对受影响领域的依赖性。反复发生的事件进一步削弱了农牧民抵御未来冲击的能力。天气事件和气候变化往往会导致牧民和农民在获得水和放牧方面的冲突加剧。有充分的证据表明，自然灾害尤其是干旱会加剧现有的国内冲突。2020年3月至5月中旬，洪涝已影响东非地区130多万人，其中索马里、肯尼亚、埃塞俄比亚、吉布提和乌干达受灾最严重，东非受影响的国家有702平方千米以上的农田被洪水冲毁或掩埋，洪水已经扰乱了受影响家庭粮食的供应和获取。

(三) 病虫害因素

据吉布提和联合国粮农组织（FAO）2020年发布的报告，东非沙漠蝗肆虐导致全球受灾面积达到1600多万平方千米，造成吉布提1700个农牧场中有80%以上被蝗虫侵害，全国28万人面临饥饿；肯尼亚有超过7万公顷土地受灾。据联合国粮农组织（FAO）估计，2020年蝗灾给小麦等冬季作物造成损失高达22亿美元，给夏季作物造成损失约为28.9亿美元。联合国人道主义事务负责人称，1300万人已经面临严重的粮食安全问题，蝗灾将进一步引发、加重人道主义危机。此外，2019年年底南美地区出现干旱，巴西大豆播种延迟，使得巴西大豆播种面积和单产低于预期，阿根廷50%的大豆种植受到影响。美洲大豆减产以及虫害影响，导致全球本已处在紧平衡状态的粮食供应的边际安全风险抬升。

(四) 供应链紧张因素

新冠疫情、非洲猪瘟疫情、蝗灾、旱灾、水灾等一系列突发事件，极大地冲击和考验着全球农业生产、分配、流通、消费等各个环节，凸显全球食物系统与食物供应链的脆弱性。同时，在疫情和灾害之下，地区封锁、信息不对称等极易引发国家及个体层面的恐慌蔓延、抢购限卖等过度反应、物流运输不畅等，使得农产品供应链有可能出现多重"断点"，对储备管理和应急保障能力提出了更高的要求。内外部环境充满较大的不确定性，预示粮食安全保障面临有增无减的"风险点"。面对疫情等因素，全球多个国家为了确保国内供给，采取限制粮食出口措施，俄罗斯、白俄罗斯、哈萨克斯坦等11个国家宣布在2020年6月前停止对我国出口大豆，2020年3月初阿根廷宣布将提高大豆、豆油、豆粕等出口关税3个百分点至33%后，4月初又拟对谷物出口商征收特别税，有意提高大豆出口门槛。越南、俄罗斯、哈萨克斯坦、塞尔维亚、阿尔及利亚、土耳其、摩洛哥、泰国、马来西亚、印度等多个国家和地区接连有限收紧了粮食出口。

（五）市场因素

在全球农产品生产和出口大国仍以西方国家为主的格局下，意识形态、地缘政治、多边贸易和投资框架体系遭遇挑战等一系列非市场因素可能会严重扰乱全球粮食市场和贸易秩序。粮食能源化、金融化，自然灾害频繁，疫情蔓延等层出不穷的其他因素也将进一步推动国内外粮食市场形势变得更加错综复杂。波动性、不确定性、风险性加剧将成为未来国际粮食市场的重要特征，对国内市场的影响可能会更加深刻，涉及面会更加广泛。国际农产品的金融属性越来越强，以美国为代表的农业强国对国际市场交易价格的影响较大，其在关键时点发布的消息和数据经常会引起农产品国际价格的大幅波动。随着发展中国家农产品市场开放程度不断提高，农产品的市场连通性越来越强，国际价格的异动将直接影响我国相应品种价格甚至是物价总水平，从而造成输入性通胀（或通缩）的风险和压力。2021年3月1日，美国国债规模超过了28万亿美元，高出GDP约30%，此举也导致了全球大宗商品纷纷涨价，农产品价格首当其冲。与此同时，国际金融投机资本大肆炒作"粮荒""干旱减产"等概念，不断推动国际粮价上涨，导致全球粮食出现阶段性、区域性供应不足。以大豆为例，2020年10月根据美国芝加哥期货交易所（CBOT）的合约报价，我国进口巴西大豆到岸完税价格约为3500元/吨，而2021年5月中旬此价格已经涨到了4850元/吨，涨幅接近四成。同样，美国玉米价格从1730元/吨涨至2750元/吨，涨幅达到了58.9%。

三、我国粮食安全形势

古人云，"国以民为本，民以食为天"。粮食是最原始、最基础的具有战略意义的特殊商品，是人类赖以生存的必需品，在国家经济社会发展中发挥着无可替代的作用。随着国内国际粮食市场联系更加紧密，进口粮食价格波动不仅影响到我国 CPI（居民消费价格指数），而且与我国社会经济的稳定息息相关。无农不稳，无粮则乱，粮食关乎社会的发展和稳定，关乎国家的安全。中华人民共和国成立以来，党和国家领导人高度重视粮食安全，毛泽东同志说："手里有粮，心里不慌"。[1]"全党一定要重视农业。农业关系国计民生极大。要注意，不抓粮食很危险"。[2] 1982 年 5 月邓小平同志在谈到我国经济建设的历史经验时指出："不管天下发生什么事，只要人民吃饱肚子，一切就好办了。"[3] 江泽民同志在 1989 年 9 月庆祝中华人民共和国成立 40 周年大会的讲话中指出："农业特别是粮食生产的稳定增长是整个国民经济发展的基础。十一亿人的吃饭问题，只有依靠我们自己采取正确方针，进行持久努力，不能依靠任何别人代替我们解决。任何时候都不能忘记这个最基本的国情。"1993 年 10 月江泽民同志在《要始终高度重视农业、农村和农民问题》的讲话中指出："如果农业和粮食生产出了问题，任何国家也帮不了我们。靠吃进口粮过日子，必然受制于人。"胡锦涛同志强调："如果吃饭没有保障，一切发展都无从谈起。"[4] 习近平总书记高度重视粮食安全问题，把解决好十几亿人口的吃饭问题，作为治国理政的头等大事，多次强调"五谷者，万民之命，国之重宝。粮食多一点少一点是战术问题，粮食安全是战略问题""悠悠万事吃饭为大，农业是安天下稳民生的战略产业。在我们这样一个人口大国，必须把饭碗牢牢端在自己手上。粮食安全要警钟长鸣，粮食生产要高度重视，'三农'工作要常抓不懈""要全方位夯实粮食安全根基，全面落实粮食安全党政同

---

[1]《毛泽东文集》第八卷第 84 页。
[2]《毛泽东选集》第五卷第 360 页。
[3]《邓小平文选》第二卷，人民出版社 1983 年版，第 406 页。
[4]《十六大以来党和国家重要文献选编（二）》，人民出版社 2005 年版，第 1038 页。

责""只有把牢粮食安全主动权，才能把稳强国复兴主动权"。① 在国际上，美国前国务卿基辛格在20世纪70年代说过："谁控制了石油，谁就控制了所有国家；谁控制了粮食，谁就控制了所有人。"美国、欧盟、俄罗斯、日本等国家和地区都十分重视粮食安全问题，并对粮食生产出口实施高额农业补贴，进而保护自身粮食安全。粮食问题不仅是一个农业问题、经济问题，更是一个重大的国际战略问题和政治问题。

1996年我国发布关于粮食问题的第一个白皮书，2019年发布第二个白皮书，把粮食自给率作为非常重要的目标。粮食安全最重要的问题就是保证口粮基本自给，我国坚持将中国人的饭碗端在自己手上，"确保谷物基本自给、口粮绝对安全"的粮食安全观。党的十八大以来，党中央确立"以我为主、立足国内、确保产能、适度进口、科技支撑"的国家粮食安全战略，为保障新时期粮食安全明确了方向。

2021年《中共中央 国务院关于全面推进乡村振兴加快农业农村现代化的意见》把提升粮食和重要农产品供给保障能力作为加快推进农业现代化的首要任务，凸显了粮食安全在"三农"工作中的重要位置。文件强调，加快推进农业现代化要将提升粮食和重要农产品供给保障能力放在首位，确保重要农产品特别是粮食供给，是实施乡村振兴战略的首要任务。文件提出，坚决守住18亿亩②耕地红线，坚持藏粮于地、藏粮于技，建设国家粮食安全产业带。国家粮食安全产业带的提出既强调了粮食生产的政治站位，又揭示了粮食生产的经济效益。文件还强调，要开展种源"卡脖子"技术攻关，深入实施农作物联合攻关，尽快实现重要农产品种源自主可控。针对我国大豆、油类作物依赖进口的现状，提出促进木本粮油和林下经济发展，挖掘我国木本粮油潜力，增强油类自我供给能力。

中央农村工作领导小组办公室主任、农业农村部部长唐仁健在2021年2月国务院新闻办公室举行的新闻发布会上指出，我国是有着14亿人口的大国，粮食问题再怎么强调都不过分。我国粮食年年丰收，2020年达到13390亿斤，创历史新高，比2019年增加了100多亿斤。我国库存目前非常充裕，所以产销也好，库存也好，我国的粮食安全是完全有保障的，我

---

① 摘自《习近平关于国家粮食安全论述摘编》。
② 1亩≈666.67平方米。

们有能力端牢自己的饭碗。

我国大米、玉米和小麦等主粮自给率在97%以上，2019年人均粮食占有量470公斤，高于400公斤的国际安全线。总的来说，我国粮食供应能基本满足需要，但进口规模全球最高，粮食供求一直是一种紧平衡的格局。随着人口增长，特别是消费升级，粮食需求还会有刚性增长，再加上外部形势不稳定性明显增加，所以在粮食安全问题上一刻也不能掉以轻心，必须尽可能把安全系数打得高一些，尽可能多产、多储一些粮。2020年，国际粮食价格普遍上涨，许多国家捂紧自己的"粮袋子"。当前和今后一个时期，我国粮食供求紧平衡的格局不会改变，农产品保数量、保多样、保质量的任务依然十分艰巨，特别是在国际环境错综复杂、不稳定性和不确定性因素日益增加的背景下，必须坚持立足国内、办好自己的事。

我国粮食产量增长对消除绝对贫困贡献巨大。2020年我国已经消除绝对贫困，提前10年实现联合国2030年可持续发展目标，这是我国对国际粮食安全作出的重要贡献。如果我国粮食供给需要通过国际市场来满足，那么对国际市场粮食价格波动和供给结构变化将产生巨大影响，因此保证粮食安全对国际社会而言是很大的贡献。

四、"双循环"下的粮食安全

一国的粮食供应，既可来源于国内粮食生产，也可依靠粮食进口。这两种资源、两个市场相辅相成、相互补充，都旨在满足国内的粮食市场需求。中华人民共和国成立以来，我国粮食安全保障取得举世瞩目的成就，一方面得益于国内粮食生产供应能力的提升与飞越，另一方面也与深度融入国际市场密不可分。按照播种面积当量计算，保证我国农产品供求平衡至少需要38.5亿亩耕地，目前国内可满足25亿亩，因此，在粮食消费需求刚性增长与资源环境"硬约束"长期并存的情况下，保证人民群众吃饱、吃好，我国农业必须是国际开放体系中的农业，必须走安全合作之路。

习近平总书记多次强调，中国人的饭碗要牢牢端在自己手中，解决十几亿人口的吃饭问题不能寄希望于国际市场。一方面，国际贸易总量有限，不能完全满足国内需求。全球每年粮食贸易量不足3亿吨，不到我国粮食消费量的50%，大米贸易量仅占国内消费量的1/4。另一方面，高度依赖国际市场意味着更高的输入性风险。粮食进口依赖程度越高的国家往往越容易受到全球粮价波动的影响和冲击，也更容易遭遇外部粮源供应不畅、关键时刻出现"卡脖子""掉链子"的风险。

立足国内并畅通国内循环，不仅有利于避免对国际农产品市场的过度依赖，增强应对外部风险和冲击时的韧性与定力，而且也能够基于我国在国际农产品市场中的"大国效应"地位为国际循环提供稳定之锚。在享受国际循环对国内循环的有效补充、对多样化消费需求更好满足的同时，还应积极利用国际循环所带来的竞争压力和倒逼压力，推动国内农业转方式、调结构、补短板、强产业，以建立更高层次、更高质量的粮食安全保障体系。

"中国人要把饭碗端在自己手里"是新时代我国粮食安全的最基础目标，其题中应有之义是增强粮食的供应能力。应当注意的是，经济社会快速发展带来的消费升级，推动着食品与粮食消费结构的转变。全社会对粮食的消费目标由"吃得饱"向"吃得好""吃得放心"转变，使得粮食安全"饭碗"的体量更大、内涵更丰富，粮食供应能力已经包含了粮食供应品质和价格等方面的客观要求。因此，新时代的粮食安全要求在"中国人要把饭碗端在自己手里"的基础上，把"饭碗"端得更平、端得更稳。当前，我国仍面临着国产粮食市场价格高于国际粮食市场、国产粮食市场竞争力较低的状况，国内消费者对高品质粮食产品的需求要通过国际市场来实现调剂，国内粮食生产面临的资源环境约束仍然严峻，供给侧结构性改革仍有待深化，充分用好国内国外两个市场、两种资源，仍将是今后较长一个时期内保障国内粮食供给的思路与实践常态，也是构建以国内大循环为主体、国内国际双循环相互促进的新发展格局的必然要求。

第二节
进口粮食与粮食安全战略

在经济全球化背景下，我国粮食安全形势和国际粮食安全之间的关系更加紧密，我国粮食供给侧进口端的变化，进口规模、渠道以及与之相伴的进口品种结构的变化，反映了我国利用国外粮食资源与市场的基础能力的强弱，影响着我国能否把"饭碗"端在自己手中且把"饭碗"端平端稳。

一、进口规模保持增长，粮食进口刚性需求上升

不同于早期基于品种调剂目的所开展的粮食进口，近二十年来，我国粮食进口已经发生了实质性的变化，大规模进口粮食已经成为我国粮食市场供应中的重要组成部分。我国主要粮食品种（小麦、玉米与大豆）的进口规模整体上保持着持续增长的势头，由2001年的1491万吨增长至2020年14262万吨的峰值水平，2020年大约是2001年的10倍。

从各类粮食进口规模的具体变化可以看出，大米、小麦和玉米三大主粮的年进口总量不超过1500万吨，进口规模在近十年以来保持基本稳定。相比之下，大豆是我国开放最早、进口量最大、市场化程度最高且与国际接轨最彻底的大宗农产品。改革开放以来，我国从世界最大的大豆出口国逆转为最大的大豆进口国，进口量从1995年的100万吨增长到2020年突破1亿吨，25年时间增加了100倍。目前我国大豆进口量占全球大豆贸易总量的60%。

主粮进口规模基本稳定与大豆进口规模持续增长的部分原因在于，我国加入WTO后，于2002年制定了《农产品进口关税配额管理暂行办法》，对稻谷、小麦和玉米实行关税配额管理。2004年以来，三大主粮的进口配额数量保持不变，稻谷、小麦和玉米的进口配额量分别为532万吨、963.6万吨和720万吨，这使得我国三大主粮的进口规模持续保持在进口配额量

的范围之内。但是大豆进口并不受关税配额的约束,而且进口大豆的主要用途是饲料,饲用(豆粕)需求旺盛,带动大豆进口创新高。"2020年,大豆进口大幅增加的主要原因是我国养殖业特别是生猪养殖持续较快恢复。"国家发展改革委价格成本调查中心主任黄汉权说道。2020年年末,我国生猪存栏量、能繁殖母猪存栏量比2019年末分别增长31%、35.1%,基本恢复至非洲猪瘟疫情前的90%以上。另外,受新冠疫情带来的大豆贸易供应链不确定不稳定以及价格上涨预期等因素影响,部分企业提前了进口节奏和增加储备。

三大主粮的进口规模不足国内产量的2%,对外依存度较低,实现了"谷物基本自给、口粮绝对安全"的战略目标。但是,大豆进口规模却是国内产量的5~6倍,自给率不足20%,对外较高的依存度使我国的大豆市场更容易受到外部不利因素的冲击。在农业与粮食生产空间的拓展受到限制的背景下,粮食产量大规模增长空间相对有限,但需求量仍处于上升趋势。虽然我国能保证谷物基本自给和口粮绝对安全,但在国际粮食贸易中我国粮食进口量也逐年上升。粮食进口规模的持续扩大也让有限的资源环境能够"松口气""缓缓劲",有助于通过轮作休耕、高标准农田建设等政策措施,深化农业供给侧结构性改革,落实"藏粮于地、藏粮于技"的战略。我国粮食进口规模特别是大豆进口规模近二十年来的快速增长,是我国充分利用国际市场与国外资源的具体表现,平衡了我国粮食市场供应国内生产与国外进口之间的关系,粮食供应能力不断得到夯实,粮食安全的"饭碗"在两个市场、两种资源之间端得更加平衡。

二、粮食进口来源多样化,市场风险有效降低

进口来源不断拓展,规避粮食进口渠道单一带来市场风险的能力有所提升。21世纪初,我国的粮食进口规模有限,相关贸易伙伴的数量也有限。2001年,我国仅从1个国家进口超过1万吨的稻谷与玉米,从3个国家进口小麦,从5个国家进口大豆。而2019年,我国从7个国家和地区进口超过1万吨的稻谷与小麦,自5个国家进口玉米,自8个国家进口超过1万吨的大豆。整体而言,我国的粮食进口渠道不断拓展,与更多国家和地区建立了稳定的粮食进口贸易关系,进口渠道更加多元,规避粮食进口渠道单一带来市场风险的能力有所提升。

我国粮食进口渠道不断朝着多元化方向发展。如表 2-1 所示，从 2010 年之前的粮食进口主要来源国可以看出，我国稻谷的进口来源国主要是东南亚国家，大豆、小麦的进口来源国主要是欧美国家，玉米主要来源于泰国和老挝。但从近几年的粮食进口主要来源国可以看出，我国部分粮食进口来源已经表现出向乌克兰、巴基斯坦等"一带一路"沿线国家和地区转移。

表 2-1　中国粮食进口主要来源国

品种	2001—2004 年 来源国	进口比例	2005—2009 年 来源国	进口比例	2010—2014 年 来源国	进口比例	2015—2019 年 来源国	进口比例
大豆	美国	43.54%	美国	42.11%	巴西	42.25%	巴西	57.79%
	巴西	28.93%	巴西	34.90%	美国	41.30%	美国	29.49%
	阿根廷	27.42%	阿根廷	21.42%	阿根廷	12.31%	阿根廷	7.83%
	—	—	乌拉圭	1.34%	乌拉圭	3.14%	乌拉圭	2.24%
小麦	加拿大	39.27%	加拿大	33.46%	美国	40.26%	加拿大	32.40%
	美国	38.13%	澳大利亚	33.15%	澳大利亚	39.80%	澳大利亚	31.07%
	澳大利亚	21.34%	美国	21.37%	加拿大	14.59%	美国	21.63%
	法国	1.17%	法国	11.02%	哈萨克斯坦	4.08%	哈萨克斯坦	9.82%
玉米	泰国	62.99%	老挝	34.56%	美国	85.41%	乌克兰	80.91%
	越南	22.11%	美国	31.34%	乌克兰	7.46%	美国	10.88%
	缅甸	7.06%	缅甸	28.57%	老挝	2.24%	老挝	3.65%
	美国	3.78%	泰国	4.58%	泰国	2.21%	缅甸	2.29%
稻谷	泰国	97.61%	泰国	93.80%	越南	57.70%	越南	46.35%
	越南	1.95%	越南	4.65%	泰国	22.59%	泰国	26.83%
	—	—	老挝	1.30%	巴基斯坦	17.46%	巴基斯坦	14.41%
	—	—	—	—	—	—	缅甸	4.91%

注：表中"—"代表进口比例不足 1% 的国家或地区。

近年来，我国的粮食进口来源国在数量上明显增多，粮食进口渠道更加广阔，越来越多的国家或地区与我国建立了相对稳定的粮食贸易关系。

2017—2019年，我国累计从立陶宛与俄罗斯共进口约36万吨的小麦。美国一度是我国玉米进口的重要来源国，特别是在2010—2014年，我国从美国进口的玉米约占进口总量的85%以上。但在2015—2019年，乌克兰已经成为我国最大的玉米进口来源国，相对规模约占80%。另外，尽管我国大豆进口的最主要来源国仍集中于巴西与美国，但我国也开始积极寻求与"一带一路"沿线区域开展大豆贸易。2013年以来，我国与俄罗斯、乌克兰、哈萨克斯坦的大豆贸易关系愈加密切，"一带一路"沿线区域开始成为我国大豆进口的重要市场。我国粮食进口渠道正朝着更加多元的方向发展，规避粮食进口渠道单一带来市场风险的能力有所加强，供应国内粮食市场的能力在稳定中不断强化，粮食安全的"饭碗"端得更稳。

三、进口结构稳中有优，市场消费需求得到满足

在进口规模持续增长的同时，我国粮食进口状况变化关键的另一个方面是进口结构的变化。随着粮食国内生产规模与进口规模的持续增长，对于粮食的消费需求由"吃得饱"向"吃得好""吃得放心"转变。粮食进口结构能否及时有效地对市场需求的变化作出反应，同样是衡量我国是否有足够的粮食供应能力、影响粮食安全的"饭碗"能否端平的重要方面。近二十年来，我国的粮食进口结构稳中有优，主要表现为以下两个方面。

一方面是进口品种多样化。大豆是我国进口粮食中最重要的品种，占我国每年粮食进口总量的绝大部分。2001年，我国大豆进口规模约占四类粮食进口总量的93.46%，2008年达到99%的峰值水平。近十年来，尽管我国大豆进口的绝对规模保持增长，但其在粮食进口中的所占比重却呈现出较为明显的下降趋势，目前基本维持在90%左右的水平上。随着居民生活水平的提高以及食品消费需求的升级，口粮在我国居民食品消费中的比例持续下降，肉蛋奶类农产品的生产与消费愈发重要，进口玉米、油菜籽、高粱、大麦等各种其他品种饲料用粮食进口量大幅增长，这些大部分是饲料生产的主要原料。另一方面是高品质粮食进口规模不断增长。我国近年来进口了更多的高品质大米与小麦，主要用于满足不同人群对主粮的多样化消费需求。

四、粮价价格倒挂一度加剧，凸显国内粮食市场竞争劣势

粮食进口价格，对我国粮食安全的影响，不仅体现在价格波动上，还表现为粮食进口价格低于国产粮食价格，对国产粮食市场竞争力的影响。一般而言，较低的国外粮食价格是推动一国粮食进口量增长的重要因素。大量低价进口粮食向国内涌入，尽管能在一定程度上、一定时期内改善粮食消费者的福利状况，但长期来看，容易导致国内农民种粮积极性降低，造成国内粮食生产端的弱化。特别是对于我国这样一个人口大国与农业大国而言，这从根本上不利于国内粮食安全长远目标的实现。

近二十年来，我国粮食进口价格整体低于国内价格，国内外粮食价格倒挂一度加剧，近五年虽有改善但仍然明显。具体而言，稻谷的市场竞争优势弱化，小麦与玉米的市场竞争地位由"优"转"劣"，大豆的竞争劣势进一步凸显。长远来看，在农业对外开放程度不断深化、国际粮食价格持续处于较低水平的背景下，国外低价粮食涌入国内市场，一方面将可能造成国内粮食生产的弱化，如过去较长一段时期内我国大豆种植规模下降；另一方面，还可能会造成如玉米"三量齐增"（生产量、进口量、库存量）般的困境。这两方面都不利于"装自己的粮食"目标的实现，可能导致粮食生产与居民"饭碗"脱节，挫伤农民的种粮积极性，进而进一步加大对进口粮食的依赖程度，弱化粮食安全主动权。

五、供应链被国际粮商垄断集中

一些大宗农产品对外依存度和进口集中度"双高"，可替代的供给国有限，一旦供给出现问题，短期将对下游产业形成较大冲击。以大豆产业为例，大豆进口依存度超过86%，并且从巴西、美国和阿根廷三国进口规模之和占进口总量的95%以上，若出现主要供给国货源突然断供的情况，其缺口短期内难以补齐。当前，"ABCD"四大国际粮商，即ADM（Archer Daniels Midland）、邦吉（Bunge）、嘉吉（Cargill）和路易达孚（Louis Dreyfus），控制了世界粮食贸易70%左右的份额。这些粮商凭借资本优势，通过控股参股粮食加工厂、操作粮食贸易定价、掌控粮食货源等方式实施国际垄断。它们深度渗透国际粮食市场稳定供应方，在美国、阿根廷、巴西等粮食输出国均占据举足轻重的地位，影响着当地农民及政府部门，构

成强有力的主导力量，其垄断性也引起南美洲等当地政府、农民的警觉与反对。保障我国粮食进口安全，需要打造稳定的国际粮源基地，维护国际粮食物流通道，整合粮食的收购、运输、储存和加工等供应链环节，提升我国粮食企业在国际粮食市场上的核心竞争力。

六、进口粮食加工产业趋于集中化、规模化

2004年我国出现"大豆危机"，国内原有中小型大豆加工企业一半以上破产倒闭，跨国粮商趁机进入我国。2010年，我国共有外资大豆压榨企业32家，压榨能力及实际加工量分别占全国总量的32.5%、38.6%。从风险角度讲，外资企业凭借其雄厚的资本实力和完善的购销体系，逐渐占据我国食用油市场主导地位，容易形成价格和市场垄断，增加了政府调控难度与风险。

跨国粮商通过控股、参股等方式进入我国，已成为我国粮食进口加工产业，尤其是大豆压榨行业的重要力量。随着进口粮食企业外资化、国际化程度进一步加深，我国进口粮食加工企业也随之出现规模化、集中化等特点，且主要集中在沿海沿江口岸，如长江流域、山东、广西等地区。

七、进口粮食贸易方式相对单一

据商务部统计，一般贸易在我国进出口粮食贸易中所占比例为70%以上，加工贸易仅占10%~20%。贸易方式的单一化，容易将粮食贸易暴露在国际政治风险、外汇风险、价格风险以及供应风险等诸多风险中。

在粮食期货方面，我国上市交易的粮食期货种类只有6种，很多粮食价格风险没有转移的场所和机会，无法反映粮食整体市场价格信息，远不能满足众多生产经营者进行套期保值交易来规避粮食现货市场价格风险的需求，大大制约了粮食期货市场套期保值的功能。此外，我国目前现有的粮食交易种类主要集中在大豆和小麦，交易种类的有限性限制了期货市场交易量，粮食交易种类在规模上极不平衡，高的（大豆）占市场份额近70%，低的（小麦）只占18%。交易规模与有关现货种类对它的要求相比还很小，资金、风险在个别种类上较为集中。相比而言，2021年美国有27种农产品期货合约和23种期权合约，期货市场对于农业有着重要的影响力。因此，我国利用期货交割化解粮食贸易形式单一化风险的潜力仍有待

继续挖掘。从长期来看，我国需要参与国际粮食贸易规则的制定，构建一体化的粮食市场体系，这既包括现货市场，也包括期货市场。粮食的金融化主要体现在期货市场，以及部分粮食的生产和流通领域中金融资本的高度介入。

八、粮食贸易国际话语权未体现"大国效应"

粮食进出口的"大国效应"，是指一个大国的粮食进出口总量变化对世界粮食价格产生较大影响的现象。我国虽然是粮食贸易大国，却没有体现出相应"大国效应"的正面作用，缺少在国际市场定价的话语权。结合我国国际贸易的实际情况分析，由于我国小麦贸易量较小，在小麦的进口市场上不能表现出"大国效应"正面作用。但是，我国是世界上最大的大豆进口国，约占世界大豆贸易量的2/3，而我国大豆贸易在技术操作上和国际尚未接轨（主要指期货市场），交易不活跃，是国际价格的跟随者，没有体现出"大国效应"正面作用。

九、进口粮食导致输入性通货膨胀问题

经济全球化条件下，国内和国际市场的联动效应，会加大输入性通胀的风险。2007年以来的物价上涨，很大程度上与输入性通胀有关。一方面，近年来我国部分粮食种类对进口依赖程度较高。"我国需求"已成为推动国际市场相关粮食种类价格上涨的重要因素。2008年年初，我国南方遭遇雪灾，国内粮食供应存在潜在短缺风险，芝加哥期货交易所（CBOT）大豆、小麦和玉米主要期货合约价格因此一路上扬，并屡创历史新高。另一方面，国际主要粮食种类价格上涨反过来又影响国内市场供给和价格水平，导致输入性通货膨胀。2008年，我国进口谷物比2007年减少1.7%，而支出金额却增加35.7%，最为显著的是进口大豆支出的增加。以我国进口依赖度最高的大豆为例，2006年10月到2008年2月间国际市场大豆价格从约600美分/蒲式耳大幅上涨到近1400美分/蒲式耳（注：在大豆上，1蒲式耳＝27.216kg），直接引发国内食用植物油价格上涨，油脂成为价格涨幅最大的粮油种类。2006年第四季度至2008年2月，油脂价格上涨26.7%，综合粮食价格上涨6.3%。在食品价格大幅上涨的推动下，2007年CPI同比上涨4.8%。

第三节
粮食检疫与国门生物安全

一、国门生物安全的概念

(一) 生物安全

生物安全问题起因于 20 世纪 70 年代美国对转基因生物安全性问题的考虑。1975 年在美国加州举行著名的 Asilomar 国际会议,讨论重组 DNA 的生物安全问题,这是世界上第一个正式提出转基因生物安全的会议,它标志着人类开始正式关注转基因生物的安全性问题。

在 Asilomar 国际会议之后,世界各国开始着手制定有关生物安全的管理条例和法规。美国国立卫生研究院(NIH)在 1976 年发布了世界上第一部专门针对生物安全的规范性文件《重组 DNA 分子研究准则》,它所提出的生物安全主要是指"为了使病原微生物在实验室受到安全控制而采取的一系列措施"。在它的基础上,日本、德国、法国、英国及澳大利亚等 20 多个国家相继制定了本国的重组 DNA 技术操作安全准则或指南。另外,欧共体颁布了《关于控制使用基因修饰微生物的指令》《关于基因修饰生物向环境释放的指令》等文件,经济合作与发展组织(简称经合组织,OECD)也颁布了《生物技术管理条例》。

正是由于这个背景,最初有学者认为,生物安全是指在转基因生物体的实验研究、中间试验、规模化生产、市场化过程中,因转基因生物体释放、生产、使用和处置的不当,而可能对人类赖以生存和发展的自然生态环境构成难以估量的风险。

随着生物技术的飞速发展及其在农业等领域广泛应用所带来的安全隐患的日益增大,生物安全的概念也不断拓展。有学者认为,生物安全是指由于人类的不当活动干扰、侵害、损害、威胁生物种群的正常发展而引起的问题,包括生物、生态系统、人体健康和公私财产受到污染、破坏、损害等问题。

随着"生物安全"这一名词逐渐为一些国际公约如《生物多样性公约》（CBD）、《卡塔赫纳生物安全议定书》（CPB）、《实施卫生与植物卫生措施协定》（《SPS协定》）等采纳，生物安全逐渐演变成为政治、经济、伦理、法律诸方面相结合的综合性问题。有学者认为，生物安全是指在经济全球化时代国家有效应对生物及生物技术因素的影响和威胁，维护和保障自身安全与利益的状态和能力。生物安全逐渐演变为一个多层次的系统安全，包括生物多样性、生物入侵、转基因生物和食品、农业生产安全、生态环境安全、生物恐怖主义和流行疾病、人身安全等相互间密切相关的众多内容。

综合各种对生物安全的解释，生物安全的概念可以有广义和狭义之分。广义的生物安全指的是与一切生物因素相关的安全问题，从生物多样性的保护、濒危物种、外来物种入侵到生物技术安全、农业生物安全、环境安全与人类健康等都被包括在内。狭义的生物安全一般指的是生物技术及转基因生物安全问题。

在实际工作中，狭义的生物安全概念逐渐被广义的生物安全概念所涵盖和替代。生物安全涵盖的范围广泛，不但涉及动物、植物、微生物所有的生物种类，还涉及这些生物的培养、种植（养殖）、繁育、环境释放、运输、储藏、加工与利用，关系到人类社会经济的可持续发展等各方面。根据生物安全管理涉及的行业或环节，又产生了农业生物安全、林业生物安全、转基因生物安全、实验室生物安全等不同的概念。

根据《中华人民共和国生物安全法》（简称《生物安全法》），生物安全是指国家有效防范和应对危险生物因子及相关因素威胁，生物技术能够稳定健康发展，人民生命健康和生态系统相对处于没有危险和不受威胁的状态，生物领域具备维护国家安全和持续发展的能力。

生物安全发生问题，其危害范围不局限在生物领域，往往超出生物领域而影响其他多个领域，可能对政治、经济（包括贸易）、社会等也产生危险。

(二) 国门生物安全

国门生物安全是指一个国家（或地区）避免因管制性生物通过出入境口岸进出国境而产生危险的状态，以及维护这种安全的能力。具体而言，国门生物安全是指有能力通过综合性的风险管理措施，使一个国家（或地区）没有因管制性生物通过出入境口岸进出国境而对本国的生物、人体生命健康、生态系统或生态环境、物种资源、农业生产等产生危险的客观状态。国门生物安全可以对动植物、微生物及人体生命健康、农业生产、环境资源、国际贸易产生重大影响，进而甚至可能影响一个国家的政治稳定、生态环境、经济和社会发展甚至国家间的关系，从而跨越了生物安全和生态安全的界限，也可能跨越了非传统安全的界限，影响到国家的传统安全。这是国门生物安全的特殊性。国门生物安全涉及农林业生产安全、人身安全、生态安全、经济安全（包括国际贸易）以及社会安全等，是国家安全的重要组成部分，也是世界各国共同面临的课题。

近年来生物安全事件不断发生，禽流感、非典、新冠疫情等问题，对我国乃至全球生态安全造成重大威胁，已引起全世界高度关注。生物安全是国家和民族安全的重要内容，也是构建人类命运共同体必须要面对的问题。2020年2月14日，习近平总书记主持召开中央全面深化改革委员会第十二次会议并发表重要讲话，强调"要从保护人民健康、保障国家安全、维护国家长治久安的高度，把生物安全纳入国家安全体系，系统规划国家生物安全风险防控和治理体系建设，全面提高国家生物安全治理能力"。

保障国门生物安全，核心措施是实施进出境动植物检疫，防范动植物疫病疫情和有害生物跨境传播，防止外来物种入侵。2020年10月17日，《中华人民共和国生物安全法》由中华人民共和国第十三届全国人民代表大会常务委员会第二十二次会议通过，自2021年4月15日起施行。该法明确生物安全是指国家有效防范和应对危险生物因子及相关因素威胁，生物技术能够稳定健康发展，人民生命健康和生态系统相对处于没有危险和不受威胁的状态，生物领域具备维护国家安全和持续发展的能力。其中包括防范重大突发新发植物疫情、防范外来物种入侵与保护生物多样性、防范生物恐怖袭击与防御生物武器威胁等，这就把进出境植物检疫纳入生物安全的范畴，上升到国家安全层面进行统筹管理。据调查，全国已有外来入侵物种660多种，常年大面积发生危害的有100多种。世界自然保护联盟（IUCN）公布的全球100种恶性外来入侵物种中，我国有50多种。我国每年因外来入侵物种导致的直接经济损失约1200亿元人民币，且呈逐年增加趋势。近年来，许多传入我国境内的恶性外来入侵物种正在破坏或威胁着自然生态系统功能以及人类健康。此外，转基因生物技术的广泛应用，利用不当时也会对生态环境造成难以估量的危害。

二、粮食检疫与国门生物安全

检疫和生物安全的概念是在不同历史背景下提出的，从检疫到生物安全，从生态学的角度反映了人类对自身与自然关系认识的升华，生物安全使得检疫的内涵得到进一步深化。两者的区别首先体现在理念上，检疫是以人为中心，认为"人是自然的主宰"，人与自然处于不平等的地位；生物安全则以生态系统为立足点，人与自然相互平等。其次，关注范围不同，检疫更多站在农林生态系统，从经济利益角度管理外来入侵生物，而生物安全则把自然界作为一个大的生态系统，人是生态系统的一部分，从生物多样性的角度管理外来入侵生物，强调保护自然就是保护人类自己。

对于检疫防范外来生物入侵，保障国门生物安全的作用，《生物多样性公约》（CBD）这样评价："大量威胁着生态多样性的外来入侵物种被看作是《国际植物保护公约》项下的'有害生物'，这些威胁性物种一旦从它们自然范围传出，就是《生物多样性公约》所称的'外来入侵物种'。《国际植物保护公约》所提出的检疫和监测是当前最有力的工具去发现和预防外来入侵生物进入新的环境。"概括起来，主要是做好了三项工作：一是构筑完善的防控网络，有效阻断了外来生物入侵途径；二是建立了一套较为完善的外来生物入侵防控的制度体系；三是建立了一系列防范疫情跨境传播的双边多边国际合作机制。简言之，就是利用法律、行政、技术的手段，防止管制性生物跨境传播，这也是目前检疫工作的主要内容之一。针对管制性生物开展的相关工作可以称为国门生物安全工作。国门生物安全工作的最终目标是实现国门生物安全。

从保障国家安全和保护人民健康出发，粮食检疫的意义为守住安全底线，筑牢国门生物安全防御屏障，对落实生物安全责任、防范生物安全风险具有重要意义。它既体现把关，又体现服务。所谓把关，就是依照法律，防止动物疫病和植物有害生物传入传出国境，控制农产品质量安全风险，这也是国门生物安全工作的根本任务。所谓服务，就是通过履行把关这一基本职责，来达到保护农林牧渔业生产安全和人体健康，促进经济社会持续健康发展的目的。

三、进境粮食主要风险

粮食作为初级农产品，检验检疫风险高，一直是国际贸易中关注的重点，也是世界各国技术性措施重点实施的领域。进口粮食的主要风险包括植物疫情风险、安全卫生风险、转基因生物风险和产品质量风险等。

（一）植物疫情风险

植物疫情风险是指植物危险性病、虫、杂草随进口粮食传入，威胁我国农林业生产安全和生态安全的风险。进境粮食因携带较为复杂的植物疫情而普遍得到各国的高度重视。粮食进口量越大，其携带的杂草、病原菌、线虫、昆虫等植物有害生物的可能性越大，植物检疫风险也就越高。

为有效降低植物疫情给输入国（地区）农业生产和生态安全带来的风险，各国（地区）采取了多种技术性措施。一是对进口粮食实施检疫审批。粮食进口前，进口企业需向相关主管部门提出检疫审批申请，获得检疫许可证后方可进口。检疫许可证上一般会列明进口粮食的种类和数量、输入国（地区）关注的检疫性有害生物名单、证书有效期等信息。二是要求输出国（地区）出具官方植物检疫证书，保证进口粮食不携带输入国（地区）关注的检疫性有害生物，履行其官方义务。针对某些特定粮食种类的特殊要求，还应在植物检疫证书上进行附加声明。必要时，需对粮食进行检疫处理并出具熏蒸消毒证书等。三是限定粮食进口来源。根据境外有害生物发生流行动态，结合风险分析结果，将粮食来源限定在特定检疫性有害生物的"非疫区"，从源头控制重大疫情的传入。如我国进口美国小麦时，要求必须来自小麦印度腥黑穗病菌的非疫区，并在植物检疫证书上注明。四是指定粮食进境口岸。进口粮食疫情复杂，防控难度大。通过指定粮食进口口岸，使进口粮食远离相同粮食作物种类的主产区，可有效降低外来疫情对农业生产带来的风险。如2009年，针对油菜茎基溃疡病，我国要求进口油菜籽只能从辽宁、福建、广东等油菜籽非主产区口岸入境。五是发布预警通报或禁令。根据境外粮食产区植物疫情动态变化和口岸疫情截获情况，输入国（地区）向输出国（地区）发布预警通报，要求输出国（地区）关注并控制相关疫情。必要时，可发布禁令通告，暂停或禁止进口相关国家（地区）的某些粮食种类。

从我国进境口岸植物疫情截获情况来看，进口粮食是疫情截获最多的农产品之一。2020—2022 年，从进境粮食中截获有害生物 2440 种、1184758 种次，其中检疫性有害生物 157 种、134860 种次，分别占全部检疫性植物疫情截获的 36.7%、70%，平均每批粮食截获检疫性有害生物为 2.13 次，一般有害生物 16.59 次。2010—2020 年我国进口粮食疫情截获统计数据表明，进口粮食的数量与疫情截获数量呈正相关。进口粮食携带疫情给我国外来有害生物防控带来了很大的压力与挑战。

1. "油菜茎基溃疡病"的挑战

自 20 世纪 90 年代以来，中国成为主要油料产品输入国，油料产品进口量大幅增长。我国进口油菜籽由 2002 年的 61.8 万吨增加至 2009 年的 328.6 万吨。据统计，2009 年 8 月以来我国口岸从加拿大、澳大利亚和乌克兰等国的进境油菜籽中截获油菜茎基溃疡病菌超过 1000 批次，从进境十字花科蔬菜种子中截获该有害生物 100 批次。油菜茎基溃疡病菌正在一步步逼近我国，严重威胁着我国油菜产业的生产安全，一旦传入将给我国油菜产业带来难以估量的损失。

在风险评估结果的基础上，2009 年 11 月 9 日国家质检总局发布了《中华人民共和国关于进口油菜籽实施紧急检疫措施的公告》，对进境油菜籽实施新的检疫措施：从 2009 年 11 月 15 日起，输出国（地区）对输往中国的油菜籽须针对茎基溃疡病菌进行批批检测，并在植物检疫证书附加声明栏中注明检测结果。检测未发现该病菌的货物可按照合同正常输往中国，检测结果为阳性的货物不能出口到中国油菜籽主产区。自公告实施以来，中国与加拿大、澳大利亚就油菜茎基溃疡病问题进行了一系列双边会谈，分别签订了《中加关于油菜茎基溃疡病菌风险控制合作计划谅解备忘录》《中加关于降低油菜茎基溃疡病菌风险的合作计划》《中澳关于油菜茎基溃疡病传播风险控制合作研究谅解备忘录》并制订合作研究计划。

油菜茎基溃疡病在澳大利亚、加拿大和欧洲的一些国家（如法国、英国、德国等）广泛发生，为油菜的头号病害。这种病害对油菜子叶、真叶、茎秆、荚和根等部位均可构成危害，对油菜生长及油菜籽产量构成极大威胁。在历史上，油菜黑胫病曾在澳大利亚、法国和加拿大等地大流行，造成了巨大的经济损失，曾一度影响这些地区油菜生产。据估计，在油菜黑胫病流行年份，该病害可导致油菜籽减产 20%~60%。因此，对中国而言，通过油菜籽的国际贸易传入油菜茎基溃疡病的风险是客观存在的。"

油菜茎基溃疡病菌的寄主十分广泛，主要危害十字花科的芸薹属作物，如油菜、大白菜、甘蓝、花椰菜、结球甘蓝等。油菜茎基溃疡病菌的适应性很强，可在广泛的气候条件下感染春季型和冬季型油菜。在我国，油菜的栽培非常普遍，分为冬油菜和春油菜两种，其中冬油菜面积和产量均占90%以上，主要集中于长江流域；春油菜集中于东北和西北地区，以内蒙古海拉尔地区最为集中。目前中国是世界最大的油菜和十字花科蔬菜生产国家，油菜的种植面积自1995年后一直维持在1.1亿亩左右，年产量1400万吨以上，占世界总产量的21%；油菜种植面积占全国油料作物总面积的40%以上；油菜籽的产量占全国油料总产量的30%以上。因此，油菜在我国农业生产上有着举足轻重的地位。我国主要油菜产区气候与欧、美和澳大利亚相似，且国内目前的油菜主要栽培品种在欧洲、澳大利亚测试时表现为感病。同时，十字花科蔬菜在我国居民的日常蔬菜消费中占有重要地位。根据我国专家的研究结果，一旦病原菌传入中国，极易定殖及扩散蔓延，从而造成严重的危害，必将会给油菜安全生产、十字花科蔬菜的种植以及人民日常生活带来重大的影响。

2. "谷物头号杀手"——谷斑皮蠹

2007年，在一批进境集装箱装运的460吨美国饲用大豆中发现了重大检疫性害虫谷斑皮蠹，这是我国首次从进境贸易性大豆中截获该害虫。原国家质检总局据此发布了《关于加强对进口美国大豆检验检疫的警示通报》，向美方通报了有关情况。美方派员到实地调查该批货物情况，面对不争的事实，美方对鉴定结果没有提出异议，该批大豆于同年退回美国。

谷斑皮蠹是国际上公认的最危险的仓储害虫之一，号称"谷物头号杀手"，食性很杂，抗逆性强，且极难防治，可严重危害多种植物产品，如小麦、大麦、稻谷、玉米、高粱、豆类、花生、干果等，一旦传入后果不堪设想。原广东出入境检验检疫局从进境美国大豆截获谷斑皮蠹并对货物作出退运处理，有效防止了重大植物疫情传入，保护了我国农业生产和生态环境安全，引起了中央电视台、新华社、中新社、美国侨报以及新华网、人民网、中国新闻网等各大媒体的关注与报道，在社会上产生了较大的反响。同时该事件也引起了国内进口商对进口饲用大豆疫情安全的重视，加强了对境外大豆采购环节质量管控。重大疫情的检出，往往会引起输出国家（地区）的高度关注，派员到入境口岸实地调查货物及检疫鉴定情况时有发生。因此，进境检验检疫各个环节的工作须认真、细致、专业，工作程序和检疫鉴定结果应经得起推敲和验证。

3. 在进境加拿大软红小麦中截获小麦矮腥黑穗病菌（TCK）

2000年，在对一船5万多吨加拿大褐红春小麦实施检疫时，在其中一个舱的表层小麦中检出TCK孢子和菌瘿。由于TCK主要为害冬小麦，而该船进口小麦为春小麦，加方对此结果表示质疑，派员对检疫结果进行技术确认。在确凿的证据和翔实的数据面前，加方对中方的检疫及鉴定结果毫无异议，对中方在该船小麦所带TCK孢子量少、寻找菌瘿极为困难的情况下仍能够提供令人信服的证据感到惊讶，希望以后与中方加强TCK检疫鉴定的技术合作，并承担了检疫除害处理费用。

TCK通过造成植株矮化、分蘖增多等病症危害麦类作物，小麦一旦感染该病害将会造成减产，严重时减产高达70%甚至绝产，对小麦生产危害很大。该病菌兼具多种传播途径，以种传和土传为主，病原菌可在土壤中存活多年，一旦传入将很难根除，是麦类黑穗病中危害最大的病原菌。截至2022年，世界上有40多个国家已将该病列为重要检疫性病害。2000年首次从加拿大软红小麦中截获该检疫性真菌，并获中加双方专家的确认，为我国经济贸易和对外谈判提供了重要的筹码。

（二）安全卫生风险

安全卫生风险是指进口粮食中重金属、生物毒素、农药残留、种衣剂与熏蒸剂残留等有毒有害物质，对以其为原料的食品或饲料生产等所带来的安全卫生风险。由于有毒有害物质进入生产环节，很难得到有效消除，直接威胁消费者的身体健康，因此必须高度重视并有效控制进口粮食所带来的食品安全风险。

安全卫生管理的技术措施主要体现在各国对粮食中重金属、农药残留等有毒有害物质的限量标准的制修订。美国、欧盟等发达国家和地区安全卫生标准体系较为健全，限量标准的修订较为活跃，在采用技术性贸易措施时较为主动和灵活。在发达国家和地区，对于产品中有毒有害物质残留限量标准做到了国内、国际标准相统一，有些标准甚至超过了国际食品法典委员会（CAC）制定的标准，并有完善的监控体系。当前，我国进口粮食卫生限量标准以 GB 2715—2016《粮食》为主。

对进境粮食安全卫生的管理主要是安全风险监控,包括一般监控和重点监控。近年来,在进境粮食安全风险监控中发现了个别批次进口粮食存在安全卫生问题,如在进境大豆中检出种衣剂,在进境法国大麦中检出溴氰菊酯和敌敌畏,在进境澳大利亚大麦中检出杀螟硫磷,在进口玉米中检出黄曲霉毒素 B_1,在进口大麦中检出赭曲霉毒素,在进口木薯干中检出重金属超标,在进口木薯淀粉中检出二氧化硫等。此外,有多种农药、真菌毒素、重金属项目检出情况,如草甘膦、高效氯氰菊酯、氯氰菊酯、溴氰菊酯、马拉硫磷、玉米赤霉烯酮、铅、镉、铬等;船运散装粮食普遍采用随航熏蒸杀灭与预防粮食害虫,如果操作不当,会造成磷化铝残留污染粮食;也多次发现粮食中混有极少量的经过种衣剂处理的粮食种子。

进口粮食安全生产风险主要来源,一是进口粮食种植生产过程中产区土壤、水源等环境因素带来的重金属残留,如木薯干带土带泥,很容易检出重金属;二是粮食作物种植过程使用农药不规范,也会带来农药残留,但目前进境粮食一般很少出现异常情况;三是粮食在田间收获、储运等环节易混入麦角、曼陀罗等有毒植物种子,也会将种衣剂种子、熏蒸剂残渣等有毒有害物质混入,这些风险因素值得关注;四是粮食收获、干燥、储运过程中,如出现高湿等环境条件未得到有效控制,容易霉变进而产生玉米赤霉烯酮、赭曲霉毒素、黄曲霉毒素 B_1 等生物毒素。

粮食是食品、饲料源头,其安全质量影响整个产业链。进口粮食质量对于确保下游食品、饲料安全卫生起着关键性作用。如进境口岸检出粮食安全风险监控物质异常,由于没有科学合理的技术处理方法,只能对不合格产品采取改变用途、退运、销毁等措施。此外,有些生物毒素、熏蒸剂、农药残留等还会在粮食加工副产品中富集,进而更加突显这些有毒有害物质的危害性,随后给食品、饲料带来更大的安全隐患。

1. 种衣剂大豆污染

2004 年 5 月,一艘满载 5.9 万吨巴西大豆被检出含有克菌丹和萎锈灵 2 种农药成分的红色种衣剂大豆,这是我国第二次检出种衣剂大豆。2010 年 2 月,从 5.7 万吨美国大豆中检出含有噻虫嗪、甲霜灵、咯菌腈等 6 种农药成分的蓝绿色种衣剂大豆,这是我国首次从进口大豆中检出蓝绿色种衣剂大豆。

种衣剂大豆是指包裹了含有杀菌剂萎锈灵、甲霜灵、多菌灵等或杀虫剂噻虫嗪、吡虫啉、甲基毒死蜱等农药的大豆，不能食用。种衣剂大豆如混入正常大豆中，经加工成食用油和饲料，就可能给消费者带来健康安全问题。原国家质检总局多次根据检出情况对外方进行通报，敦促输出国官方主管部门查找原因、提出整改措施，从源头上确保输华大豆的安全。

2. 危险的玉米赤霉烯酮

2013年，对一批25个集装箱653吨进口美国小麦（软红冬）实施进境检验检疫时，检出玉米赤霉烯酮（Zearalenone，又称F-2毒素），检出值165ug/kg，超过食品安全限量60ug/kg（GB 2761—2017《食品中真菌毒素限量》）。原国家质检总局对外通报，要求调查改进，并将该批小麦供货企业列入风险预警名单。该批小麦由加工面粉降级使用，改作饲料用途，并制订监管方案和指导监督企业实施。

玉米赤霉烯酮从有赤霉病的玉米中分离得到，主要污染玉米、小麦、大米、大麦、小米和燕麦等谷物。玉米赤霉烯酮的产毒菌主要是镰刀菌属（Fusarium）的菌株，镰刀菌属在适宜的温湿度条件下能够快速繁殖。玉米赤霉烯酮属于世界卫生组织国际癌症研究机构公布的3类致癌物清单（2017年版）的一类致癌物，具有雌激素样作用，能造成动物急慢性中毒，引起动物繁殖机能异常甚至死亡，可给畜牧场造成巨大经济损失。玉米赤霉烯酮是玉米赤霉菌的代谢产物。妊娠期的动物（包括人）食用含玉米赤霉烯酮的食物可引起流产、死胎和畸胎。食用含赤霉病麦面粉制作的各种面食也可引起中枢神经系统的中毒症状，如恶心、发冷、头痛、神智抑郁和共济失调等。

（三）转基因生物风险

转基因问题既是国际社会遍受关注的话题，也是我国社会关注的话题。1994年美国食品药品监督管理局（FDA）批准了首个转基因植物食品——转基因番茄。1996年起，转基因农作物开始大规模商业化种植，农业转基因技术飞速发展，抗虫、抗病、抗除草剂等基因被成功转入大豆、玉米、棉花、油菜、水稻、马铃薯、木瓜、番茄、甜椒、苜蓿、南瓜、杨树、甜菜13种农作物，前4种农作物在全世界广泛种植。全球种植转基因作物的国家由1966年的6个增至2022年的29个，71个国家和地区批准转基因产品商业化应用，转基因作物种植面积也由1996年的170万公顷发展到 2022 年的 2.022 亿公顷，净增长了 119 倍。2022 年全球转基因大豆、玉米、棉花种植面积分别占总面积的 48.7%、32.7%、12.6%。

2001 年，我国发布并实施《农业转基因生物安全管理条例》，规定境外公司向我国出口转基因生物用作加工原料（如进口粮食）的，应向国务院行政主管部门提出申请，经安全评估合格的，颁发农业转基因生物安全证书。进口时，引进单位或者境外公司应当凭农业转基因生物安全证书和相关批准文件，向进境口岸报关，检验检疫合格后方可进境。

我国进口的大豆、玉米、油菜籽等大多为转基因产品。随着新的转基因品系不断推出，目前有 100 多项国外已推广使用但国内尚未批准的转基因品系。2014 年，我国对检出未经批准的转基因成分（MIR162）的 143 万吨美国玉米和玉米酒糟粕（DDGS）实施退运或销毁处理，有效保障了国家进口粮食、饲料安全，得到社会公众的肯定与好评。当前，我国进口粮食转基因管理存在三大挑战。一是针对越来越多的转基因品系存在检不出的问题。如针对种植面积已占到全球转基因作物 1/4 复合性状转基因，国际上研究及应用越来越广泛，但这些转基因品系在我国均尚未批准，亦无相应的检测方法。二是转基因检测标准程序规范性问题。针对我国未批准的转基因品系，许多尚未建立相应检测标准和方法，国内检测机构缺乏相应标准参考阳性样品，只能使用国外公开的检测方法，导致检测结果准确性核实难度大，出现检测标准程序不够规范等一系列问题。三是对转基因检测不合格产品的退运难度大、影响大。进口粮食大多为船运散装方式，量大价高，每船约 6 万吨、货值 4000 万美元左右，若要实施退运，经济上影响重大，实施难度非常大。

（四）产品质量风险

重量、水分、杂质、容重、含油率等是粮食品质等级项目，受到粮食产业界高度关注，美国、加拿大、澳大利亚等国家对该领域问题的重视程度非常高，并将其纳入官方控制，甚至超出对安全卫生问题的关注。事实上，品质等级问题有些也与安全卫生直接相关。

粮食重量问题，涉及商业利益，我国进口企业曾反映过一些进口粮食短溢重现象突出，涉嫌商业欺诈，应当引起关注。

粮食水分问题，也是贸易双方关注问题，粮食水分含量高则重量大，有利于粮食出口方，但粮食水分含量高又不易储存。此外，粮食在长途运输过程中易受各种因素影响，发生水湿、霉变等风险，严重影响货物质量与安全，甚至无法使用。

水湿、霉变等造成的残损也是进境粮食中常见的质量问题，受粮食自身水分以及运输过程中的隔热、防潮、密封、通风等因素的影响，残损的粮食通常情况下需要改变用途，严重的失去价值作销毁处理。2016年，一批进口乌拉圭大豆发生严重残损，霉变粒为7.56%~9.07%，热损伤粒为15%~16%，生产的豆油、豆粕均不符合相关国家标准，因而豆油不得进入食品生产流通领域，豆粕不得作为饲料原料。

粮食杂质问题，更是进出口贸易双方均关注的问题。由于粮食杂质会含有植物残体、杂草、土块等，因此杂质也是植物检疫安全问题。我国粮食标准对杂质有明确规定，但进出口商在签订贸易合同时往往依据出口方的标准，我国进口粮食杂质超标问题比较突出。如我国只允许大豆杂质含量不超过1%的美国大豆进口，但美国输华大豆贸易合同一般将黄大豆2号杂质限量定为2%，这些大量的高风险植物残体、次等粮食，就以杂质名义通过人为方式输往我国，造成安全隐患与资源浪费。

第三章
进出境粮食检疫监管体系

CHAPTER 3

第一节
机构与历史沿革

一、粮食与植物检疫的起源

植物检疫是人类在农业生产活动中与病虫害长期斗争逐渐形成的预防性策略。检疫"Quarantine"一词来源于拉丁文"Quarantum"。1403年意大利威尼斯政府为防止黑死病（肺鼠疫）等恶性人类传染病从海上传入，规定外来船舶到达港口前必须在海上停泊40天，以隔离观察船员是否患有传染病。这种为预防外来疾病传播的措施，因其始于隔离40天而得名，因此"Quarantine"逐渐成为"检疫"的专用词。

民以食为天，粮食是人类长期从事农业生产的重要对象。在粮食生产中，对病虫害防治的经验教训直接推动植物检疫意识和制度的不断完善。1660年，法国里昂政府为了控制小麦秆锈病，公布了铲除小麦秆锈病中间寄主小檗并禁止小檗入境的命令，这是世界上最早的植物检疫法令，到目前为止，小麦秆锈病依然是小麦生产上的重要病害之一。19世纪以来，世界各地陆续出现了一些外来的植物有害生物破坏农业生产导致国家或地区遭受重大经济损失的事件。1817年，北美地区从智利引入马铃薯用于栽培，致使马铃薯甲虫传入；1855年，美国的科罗拉多州发现该虫严重危害栽培马铃薯。在随后的20年内，马铃薯甲虫危害面积已占当时全美马铃薯种植面积的9%。1845年，马铃薯晚疫病传入爱尔兰，导致爱尔兰马铃薯几乎绝收，由于马铃薯由中南美洲引入欧洲后很快成为爱尔兰人的主粮，主粮的大量减产导致了著名的爱尔兰大饥荒，至少夺走100万爱尔兰人生命，近200万人背井离乡，这成为各国开始重视动植物检疫的标志性事件之一。正是在这样的背景下，鉴于外来有害生物造成的重大影响，各国开始陆续制定法规并走向联合，以法律强制手段预防植物有害生物的传入。1875年，俄国颁布禁止带有马铃薯甲虫的美国马铃薯进口的法令，也禁止作为包装材料的马铃薯枝叶的进口。1876年，在德国不来梅发现了马铃薯甲虫，该害虫后来虽被成功根除，但引起了英国的警惕，英国于1877年制定了《危险性昆虫法》以防止马铃薯甲虫传入。早期的植物检疫法律法规都是以单项的规定或法令形式颁布实施的，随着对植物检疫实践活动的积累和认识的不断深入，人类逐渐意识到要更有效控制植物疫情，保持一个特定的区域免受病虫害的危害，需要相关国家的共同努力和多方面的支持与配合，因此国际合作成为必然。1881年11月3日波恩国际会议，由法国、德国等5个国家签订了《葡萄根瘤蚜公约》，以后签约国增加到11个。1929年，意大利、澳大利亚、比利时、巴西等24个国家在罗马签署《国际植物保护公约》（罗马版本），该公约成为1951年由联合国粮农组织（FAO）主导的《国际植物保护公约》（IPPC）的前身。2005年10月20日，经国务院批准，我国驻联合国粮农组织（FAO）代表递交了关于加入经1997年修订的《国际植物保护公约》（IPPC）的加入书，成为第141个缔约方。

上述国际公约和国际组织推动了进出境植物检疫的发展。由一个国家发布的单项禁令到共同签署的国际公约，表明植物检疫不仅得到了世界各国的公认，也确立了它在国际贸易中的重要地位。

二、我国植物检疫的起源与发展

（一）进出境植物检疫意识的觉醒

我国进出境植物检疫起步较晚，在20世纪初才建立了进出境检疫机构，制定了有关检疫规章制度。从清末到民国初期，随着通商口岸的开通和进出口贸易的发展，中国进出境动植物检疫意识才逐渐觉醒。

鸦片战争导致西方各国成为中国主要贸易国家，农产品成为主要输出产品。根据1932年海关统计，豆类及其产品占出口总量的16.18%，生丝、蛋产品、茶叶、花生及其产品、棉花等农产品出口总和达50.86%。近代进出境动植物检疫在国际范围特别是西方国家的兴起和发展，推动了各国颁布实施防止动物疫病和植物病虫害传入的法规和办法，对当时中国进出口贸易产生较为严重的影响，迫使当时的政府开始尝试不同形式的农产品检验检疫工作。1921年，英国颁布《禁止染有病虫害植物进口章程》法令，禁止染有病虫害的植物和植物产品进口。1923年5月，北洋政府农商部公布《农作物病虫害防除规则》。该规则不仅涉及对农作物病虫害防治和对益鸟、益虫的保护，同时，规定凡向国外购买的种苗，在植物病虫害监测所设立之前，购买者应将植物种苗运到附近农业机关请求检查或实施消毒。这应该是我国近代首次提到的涉及进出境植物检疫的法律条文，标志着近代中国进出境植物检疫工作立法的起步。

可以看出，当时主要贸易国家相关法令对中国出口农产品的限制，在一定程度上促成了中国出境植物检疫的萌动。与此同时，中国进境动植物检疫机构与制度的缺失使我国承受着惨痛的代价。在当时的条件下，动植物检疫工作无法得到真正实施。1834年因纺织业需要，从美国引进棉籽，传进了棉花枯萎病，逐步蔓延扩展，造成棉花减产，每年损失皮棉约200万担；1935年国民政府接受美国援助的一批小麦，在陕西、河南地区繁殖后，发现了小麦吸浆虫，该害虫成为小麦生产的大害；1937年又从日本传入甘薯黑斑病。面对这种情况，众多国内植物病理学家、昆虫学家纷纷发表文章呼吁效仿欧美国家做法，设立口岸检查所，执行进出境病虫害检疫制度。这些呼吁为中国独立自主开展进出境动植物检疫营造了舆论环境。

自1923年起，中国一些农业类大学开始设立有关动植物检疫的课程，为以后中国进出境动植物检疫专业技术人才的培养奠定了基础。1928年12月，国民政府农矿部公布了《农产物检查条例》。该条例规定，为保护农产品信用及价格，防止植物病虫害传入，以及检验鉴定肥料品质，将设立"农产物检查所"。1929年先后在上海、广州、天津设立农产物检查所，并在江北、南通、汕头、江门、福州、厦门等地设立分所，开启近代自主建立进出境动植物检疫机构之先河，也是中国具有官方性质的进出境植物检疫的起始。从1929年起，国民政府工商部开始在上海、天津、广州、汉口、青岛等地筹建商品检验局，并陆续接管了之前建立的毛革、肉类出口查验所和农产物检查所等。1932年，上海商品检验局开始筹划建立内设部门，专门承担植物检疫任务，以加强对进出口植物和植物产品病虫害检验。1935年4月20日起，初步开始植物病虫害检疫；1936年1月起，开始对进口邮包执行检疫，同时设置虫害、病理实验室，开展研究工作。值得一提的是，这一时期进出境动植物检疫工作从一开始就涵盖在进出口商品检验工作中，农产品检验既包括商品的品质检验，也包括动植物有害生物检疫，即农产品的检验和检疫是共同开展的。

（二）进出境植物检疫的发展

1949年中华人民共和国成立后，对外贸易在国民经济中的恢复和发展客观上推动了进出境动植物检疫的发展，动植物检疫在防止动植物疫情疫病的传入传出、保证中国农产品顺利进入国际市场和中国农业生产健康发展的同时，在机构建设、法规建设、技术能力建设等方面也得到了明显加强。

1949—1956年，农业部门参与管理对外植物检疫检查，以及进口植物繁殖材料的事前批准和隔离试种的管理检疫工作。1949年，农业部设立了病虫害防治局，主要负责国内植物病虫害的防治和检验事项。各省按照国务院及农业部要求，相继组建了专门负责植物检疫的植物检疫站、植物保护站。后因出口贸易的需要，对外贸易部在1952年开始了对外植物检疫工作，具体事宜由各商品检验机构负责，但在中国与外国签订的植物检疫和植物保护协定中明确规定，从国外引进农、林和热带作物的种子、苗木等，应事先征得农业部门的同意，经口岸检疫合格后，还需在隔离试种期间接受农业部门植物检疫机构的监督管理。也就是说，中华人民共和国成立初期，一部分进出境植物检疫的工作其实是由对外贸易部和农业部共同管理的。1964年经国务院同意，进出境动植物检疫工作归由农业部管理。1965年，国务院批准农业部关于在国境口岸设立动植物检疫所的报告，各省、自治区和直辖市国境口岸陆续设立了动植物检疫所，实行农业部和所在地政府双重领导、以地方为主的管理体制。

党的十一届三中全会以后，全党的工作重点转移到经济建设上来，动植物检疫工作取得了快速的恢复和发展，全国对外开放的海、陆、空口岸建立动植物检疫机构，配备专业技术干部，全面执行进出口动植物检疫工作。1980年，口岸动植物检疫工作恢复归口农业部统一领导，将全国36个口岸动植物检疫所改为农业部直属单位，实行农业部与地方双重领导、以部委为主的管理体制。1981年，设立"中华人民共和国动植物检疫总所"，全国口岸动植物检疫所有了自己统一的领导机关，也标志着口岸动植物检疫机构中央垂直管理体制的建立。国家动植物检疫总所成立后，明确将建立与完善检疫法规和规章列为一项重要任务，在农业部、植物保护局、国家动植物检疫总所和各方面的积极配合和努力下，国务院于1982年6月4日发布《中华人民共和国进出口动植物检疫条例》。随后，1983年

10月15日农业部颁发《中华人民共和国进出口动植物检疫条例实施细则》。在条例颁布9年后，进出境动植物及其产品的贸易方式、途径等发生了较大变化，农业部于1989年1月提出《中华人民共和国进出境动植物检疫法（草案送审稿）》，经国务院法制局多次征求有关部门、地区的意见，组织论证、反复修改，形成《中华人民共和国进出境动植物检疫法（草案）》，1991年第七届全国人民代表大会常务委员会第二十二次会议分组审议了《中华人民共和国进出境动植物检疫法（草案修改稿）》，对草案修改稿作出部分修改后予以通过。《中华人民共和国进出境动植物检疫法》（简称《进出境动植物检疫法》）于1991年以第53号主席令公布，并于1992年4月1日起施行。1996年，作为《进出境动植物检疫法》的细化和完善，国务院发布《中华人民共和国进出境动植物检疫法实施条例》（简称《进出境动植物检疫法实施条例》），自1997年1月1日起施行，进出境动植物检疫法律体系朝着系统性、可操作性和规范化的方向又迈出了坚实的一步。为更好地贯彻《进出境动植物检疫法》，经农业部同意将"农业部动植物检疫总所"更名为"农业部动植物检疫局"，各口岸动植物检疫机构相应更名为"中华人民共和国××动植物检疫局"。全国的动植物检疫机构，在1965年设立口岸动植物检疫所时共有28个。在国民经济、对外贸易不断发展，口岸逐渐开放的新形势下，截至1997年，全国已有动植物检疫机构364个，农业部动植物检疫局直接管理的口岸动植物检疫局（直属局）有53个，其余均为直属局下设的分支机构或派出机构。

  1998年，出入境动植物检疫、卫生检疫和商品检验"三检合一"组建国家出入境检验检疫局。2001年，经国务院批准，国家出入境检验检疫局与国家质量技术监督局合并，组建国家质量监督检验检疫总局（简称国家质检总局）。国家质检总局在全国各地设有35个直属出入境检验检疫局，各直属局下辖若干分支出入境检验检疫机构，履行具体的出入境动植物检疫职能。我国动植物检疫实行中央垂直管理，一般分为3级。国家质检总局统一管理全国进出境动植物检疫工作，其直属出入境检验检疫局负责管理所辖区域进出境动植物检疫工作，直属局下设的分支机构，负责所辖区域具体的进出境动植物检疫工作。全国共有298个分支机构和300多个办事处。从1999年至2017年，国家出入境检验检疫局、国家质检总局先后以令的方式发布70多部涉及进出境动植物检验检疫及综合性业务的部门规章，其中与进出境粮食有关的就有7部，这些规章的制定，不但适应了拓展进出境动植物检疫业务的需求，同时对《进出境动植物检疫法》及其实施条例进行了充实，如风险分析、分类管理、质量控制等，逐步向国际标准靠拢，进出境动植物检验检疫法律法规体系建设迎来了一个黄金时代。

2018年3月，中共中央印发《深化党和国家机构改革方案》，将国家质检总局的出入境检验检疫管理职责和队伍划入海关总署，动植物检疫的职责使命和人员队伍随即划入海关总署，开启了中国进出境动植物检疫的新篇章。

第二节 我国进出境粮食检疫法律法规

动植物检疫法律法规既包括国家或国家授权部门制订的相关法律和条例，也包括部门规章，如令和公告等，还包括动植物检疫双边协定、国际组织制定的有关动植物检疫的协议、标准、指南以及国际惯例等。进出境粮食检疫作为进出境动植物检疫的重要内容之一，形成了以法律法规、部门规章、检验检疫相关标准和双边协定为内容的法规标准体系。

一、法律法规

进出境粮食应当符合我国和输入国家或者地区法律法规和强制性标准的相关要求。我国进出境粮食涉及的法律法规主要包括《进出境动植物检疫法》及其实施条例、《中华人民共和国食品安全法》及其实施条例、《中华人民共和国进出口商品检验法》及其实施条例、《农业转基因生物安全管理条例》，"三法四条例"是进出境粮食检验检疫工作的上位法，涵盖了植物检疫、安全卫生、品质检验、转基因生物安全等多个方面。此外，《国务院关于加强食品等产品安全监督管理的特别规定》《中央储备粮管理条例》《粮食流通管理条例》等法规也对进出境粮食检验检疫有相应要求。2014年，国务院印发《国务院关于建立健全粮食安全省长责任制的若干意见》，将执行国家粮食进出口政策，加强进口粮食质量安全把关，严厉打击粮食走私等纳入了粮食安全省长责任制考核。

《进出境动植物检疫法》是我国第一部进出境动植物检疫工作的法典，也是进出境动植物检疫的基本法。该法于1991年10月30日第七届全国人民代表大会常务委员会第二十二次会议通过，于1992年4月1日正式实施。这部法典是在国务院1982年发布的《进出口动植物检疫条例》基础上经过近十年的实践经验积累固化形成的。该法共八章五十条，涉及进出境动植物检疫的内容既有贸易性进出境动植物及其产品检疫规定，也有携带、邮寄动植物及其产品的检疫规定，还有关于运输工具的检疫原则，并对相关名词的含义做了明确而具体的界定，体现了防范动植物疫情疫病传入传出的严密性和立法的严肃性；既明确国家和口岸动植物检疫机关的职责，又明确货主、物主、承运人、押运人或其代理人等管理相对人的权利与义务。既适应社会主义市场经济发展需要，又符合国际通行做法，有利于与国际接轨。其中，检疫制度是该法的主体内容，也是国家制定的进出境动植物检疫的法律规范。主要包括：检疫审批制度、检疫报检制度、现场检疫制度、隔离检疫制度、调离检疫制度、检疫放行制度、废弃物检疫制度、检疫监督制度等。这些制度的确立很好地为《进出境粮食检验检疫监督管理办法》等部门规章的制定提供了依据和遵循。

1996年12月2日，国务院第206号令公布《进出境动植物检疫法实施条例》，自1997年1月1日起施行。《进出境动植物检疫法实施条例》是《进出境动植物检疫法》的完善和细化，具有更强的可操作性，标志着进出境动植物检疫法律体系朝着系统性和规范化的方向又迈出了坚实的一步。《进出境动植物检疫法实施条例》除了进一步明确进出境动植物检疫范围外，还完善了检疫审批的规定，强化了检疫监督制度，增加了出境动植物及其产品生产过程和入境后续监管等监督内容，进境粮食的检疫审批、指定加工制度，出境粮食的注册登记等制度均由此展开。

进出境粮食检验检疫中"检疫"的法定职责来源于1991年颁布的《进出境动植物检疫法》。1989年2月21日第七届全国人民代表大会常务委员会第六次会议通过《中华人民共和国进出口商品检验法》。它以法律形式明确了商检机构对列入目录的进出口商品实施法定检验，确定其是否符合国家技术规范的强制性要求，同时规定了法定检验的内容、标准。中国加入WTO后，为了更好地遵循国际规则，履行国际义务，积极应对日趋复杂的动植物疫情疫病形势和备受瞩目的食品安全及生物安全等问题，中国政府在整合机构、强化管理的同时，进一步制定或修订了相关法律法规，以保障进出口和国内食品农产品质量安全和生态安全，维护国家利益。2001年5月23日国务院第304号令发布《农业转基因生物安全管理条例》，2005年8月10日国务院第101次常务会议通过《中华人民共和国进出口商品检验法实施条例》，2009年2月28日第十一届全国人民代表大会常务委员会第七次会议通过《中华人民共和国食品安全法》，随后国务院于2009年7月20日发布《中华人民共和国食品安全法实施条例》。进出境粮食既是商品又具有食品属性，同时涉及转基因安全，除需开展植物检疫外，还需实施商品检验、安全卫生和转基因检测，要一并遵循上述法律法规。同时为了管理的科学化和便利化，将粮食检验检测工作与检疫工作合并，原则上由一个部门管理。因此进出境粮食的检验检疫工作包含了农业转基因生物安全把关、食用农产品质量安全把关等内容。

2021年4月15日，《中华人民共和国生物安全法》正式实施。该法是我国生物安全领域第一部基础性、综合性、系统性、统领性的法律，聚焦生物安全领域主要风险，从制度层面构建起防范和应对生物安全风险的"四梁八柱"，为防范重大新发突发动植物疫情、防控外来物种入侵等生物安全风险提供了基本制度设计，与《中华人民共和国海关法》《进出境动植物检疫法》《中华人民共和国食品安全法》《中华人民共和国国境卫生检疫法》等一道构成国门生物安全的法律法规体系。《生物安全法》确立的基本制度，借鉴吸收生物安全管理领域国际通行做法和实践探索，弥补了《进出境动植物检疫法》等法律法规的立法空白，为进境粮食管理制度进一步提供明确的法律依据。如第二十三条第一款（"国家建立首次进境或者暂停后恢复进境的动植物、动植物产品、高风险生物因子国家准入制度。"）为进境高风险粮食准入制度提供了法律支撑。第二十三条第三款（"海关对发现的进出境和过境生物安全风险，应当依法处置。经评估为生物安全高风险的人员、运输工具、货物、物品等，应当从指定的国境口岸进境，并采取严格的风险防控措施。"）为进境粮食采取的指定口岸制度提供了明确的上位法依据。

二、部门规章

根据上述法律法规，国务院职能部门出台相应的部门规章，对进出境粮食检验检疫提出具体要求，这主要集中在海关总署、农业农村部、国家粮食和物资储备局等部门。

海关总署出台的与进出境粮食检验检疫相关的部门规章及规范性文件主要包括《进出境粮食检验检疫监督管理办法》《进境动植物检疫审批管理办法》《进出境转基因产品检验检疫管理办法》《进境集装箱装运粮谷现场检验检疫操作规程（试行）》《进口船运散装粮食熏蒸剂残留安全管控措施》《进境植物和植物产品风险分析管理规定》等；农业农村部出台的部门规章主要包括《农业转基因生物安全评价管理办法》《农业转基因生物进口安全管理办法》《农业转基因生物标识管理办法》《农业转基因生物加工审批办法》等；国家粮食和物资储备局出台的部门规章主要包括《粮食质量安全监管办法》《粮食监督检查工作规程（试行）》《国家粮食质量检验监测机构管理暂行办法》《中央储备粮油质量检查扦样检验管理办法》《粮食质量监管工作评估考核暂行办法》《粮食流通监督检查暂行办法》《国家政策性粮食出库管理暂行办法》等。这些部门规章中，与进出境粮食检验检疫工作关联度最高、要求最为全面的是海关总署出台的《进出境粮食检验检疫监督管理办法》。

三、标准

动植物检疫工作的技术属性决定了要完成法律法规规定的任务，需要有一定标准来解决执法工作的操作性问题。没有统一的操作规程、检测方法、评价方法、处理方法，就很难对进出境动植物及其产品或某项动植物检疫活动作出科学、客观、公正的判断；没有与国际接轨的技术要求和方法，就无法在农产品贸易中与其他国家官方机构和贸易商对等交流。动植物检验检疫标准是在法律法规基础上建立的具体执行程序或方法，是科学、经验和技术的综合成果，因此，动植物检验检疫标准是法律法规在技术层面的细化和延伸，是有效提高动植物检验检疫工作科学性、规范性和权威性的保障。

标准按使用范围可划分为国际标准、区域标准、国家标准、行业标准、地方标准、企业标准等；按成熟程度可划分为法定标准、推荐标准、试行标准等。进出境粮食检验检疫相关的各类技术标准主要包括：产品类标准、安全卫生限量标准、检疫处理方法标准、检验检疫规程类标准和各类检测检疫鉴定方法类标准。

  产品类标准、安全卫生限量标准一般为国家标准和法定标准。产品类标准通常针对某一种粮食规定其相关术语和定义、分类、质量要求和卫生要求、检验方法、检验规则、标签标识以及包装、储存和运输要求，多为强制性，如 GB 1351—2023《小麦》、GB 1352—2023《大豆》、GB 1353—2018《玉米》等。安全卫生限量标准从保护人类身体健康和保证人类生活质量出发，对粮食中与人群健康相关的各种因素（物理、化学和生物）作出量值规定，以及为实现量值所作的有关行为规范作出规定，全部为强制性标准。如 GB 19641—2005《植物油料卫生标准》、GB 2715—2016《粮食》、GB 2761—2017《食品中真菌毒素限量》、GB 2762—2022《食品中污染物限量》、GB 2763—2021《食品中农药最大残留限量》等。

  检疫处理方法标准、检验检疫规程类标准和各类检测检疫鉴定方法类标准通常为行业标准，对进出境粮食检验检疫工作进行规范。检疫处理方法标准包括：SN/T 1456—2004《磷化铝随航熏蒸操作规程》、SN/T 2016—2007《TCK 疫麦环氧乙烷熏蒸处理方法》等。检验检疫规程类标准包括：GB/T 5490—2010《粮油检验 一般规则》、GB/T 5494—2019《粮油检验 粮食、油料的杂质、不完善粒检验》、SN/T 0800.18—1999《进出口粮食饲料 杂质检验方法》、SN/T 2504—2010《进出口粮谷检验检疫操作规程》、SN/T 1849—2006《进境大豆检疫规程》、SN/T 2088—2022《进境小麦、大麦检验检疫规程》等。各类检测检疫鉴定方法类标准涉及病毒、细菌、真菌、杂草、昆虫、转基因及农药残留检测等，如 SN/T 3398—2012《大豆检疫性病毒多重实时荧光 RT-PCR 检测方法》、SN/T 1278—2010《巴西豆象检疫鉴定方法》、SN/T 2601—2010《植物病原细菌常规检测规范》、SN/T 3176—2012《杂草常规检测规范》、SN/T 2474—2010《大豆疫霉病菌实时荧光 PCR 检测方法》、SN/T 1196—2012《转基因成分检测 玉米检测方法》等。

四、双边议定书

中国已成为世界第二大经济体、第一大贸易国，不断繁荣的农产品国际贸易对中国进出境动植物检疫工作提出了新的严峻挑战。要想既方便国际流通，又阻止和防范有害生物跨境传播，单在本国范围内强制采取检疫措施已不能保证目标实现，必须积极参与、加强与国家、地区间的合作，以两国政府间签订动植物检疫双边协定、备忘录，或两国政府部门间议定书等形式，把贸易双方国家应当采取的检疫措施确定下来。这些双边协议虽不属国内法律范围，但对我国的国家机关、公务人员、公民、法人和其他组织同样具有约束力，可以看作是国内法律法规的国际延伸，也是进出境动植物检疫重要执法依据。

我国对进境粮食实施检疫准入制度，根据我国法律法规以及国内外疫情和有毒有害物质风险分析结果，结合对拟向我国出口农产品的国家或地区的质量安全管理体系的有效性评估情况，确定检验检疫要求，准许某类粮食产品进入我国市场。而植物检疫要求议定书，就是两国官方植物保护机构为解决具体检验检疫问题、明确检验检疫要求而签订的法律文件。

议定书通常包括允许进境的商品名称、允许的产地、关注的检疫性有害生物、产地管理措施、注册登记要求、加工储运要求、出口植物检疫及证书要求、检疫审批、有关证书核查、进境检验检疫及监管、不符合要求的处理等内容。在签订植物检疫要求议定书后，海关总署将转换为"进口××国××粮食产品植物检验检疫要求"以公告形式予以公布。

第三节
《进出境粮食检验检疫监督管理办法》解读

2001年12月，国家质检总局发布实施《出入境粮食和饲料检验检疫管理办法》（以下简称原《粮食管理办法》）。10多年来，该办法在中国进出境粮食与饲料检验检疫规范管理中发挥了重要作用。但是，随着贸易形势和我国相关法律法规的变化，特别是随着进口粮食突破每年1亿吨，且从中截获大量检疫性有害生物，不断发现种衣剂污染、真菌毒素、未批准转基因等安全卫生问题，为及时总结我国进出境粮食检验检疫监管实践与经验，巩固中国粮食检验检疫国际多边、双边合作交流成果，自2011年起，历时6年修订完善，2016年1月20日正式发布新修订的《进出境粮食检验检疫监督管理办法》（以下简称《粮食管理办法》），并于2016年7月1日起施行，后根据海关总署令第238号、第240号、第243号进行了修改。

一、框架内容

《粮食管理办法》共六章六十一条，分别是：第一章总则共五条，第二章进境检验检疫共十九条，第三章出境检验检疫共八条，第四章风险及监督管理共十一条，第五章法律责任共十四条，第六章附则共四条。

第一章总则，主要包括法律依据、适用范围、职责分工，明确风险管理理念和企业的主体责任。特别是对粮食的概念进行了重新界定，是指用于加工、非繁殖用途的禾谷类、豆类、油料类等作物的籽实以及薯类的块根或者块茎等。不仅限定了"非繁殖用途"，还明确应"用于加工"，增加油料类作物，但不包括粮食加工产品。

第二章进境检验检疫，主要包括境外粮食生产、加工、存放企业的注册登记程序和要求，以及进境粮食检验检疫实施的基本制度，如检疫准入、指定口岸、检疫许可、现场查验、不合格处置、后续监管等。这些制度是多年来检验检疫实践经验的积累，通过部门规章的形式固化下来，对提高进境粮食检验检疫监管水平，保障进出口粮食安全，服务国家粮食安全战略具有重要意义。

第三章出境检验检疫，主要包括出境粮食生产、加工企业注册登记的程序要求，以及适载检验、实验室检测、不合格处置、检验检疫有效期、产地与口岸间的沟通协调等具体要求。

第四章风险及监督管理，主要包括风险监测与预警和监督管理。在风险监测与预警部分，确定实施粮食疫情监测制度和安全卫生监控制度，明确了风险收集、评估、处置和发布等要求。监督管理方面，提出了粮食定点加工企业申请条件、质量保障体系运行、重大质量安全问题粮食召回等要求。

第五章法律责任，列述现行法律法规各种罚则，同时依据相关法律法规的授权，对违反本办法规定但现行法律法规没有规定的行为明确了罚则。

第六章附则，对进出境用作非加工而直接销售用途、边贸互市方式进出境小额粮食的检验检疫作出了规定。

二、理念和原则

《粮食管理办法》体现了"全方位全过程、可接受可控制"的风险管理理念和原则。一是全方位，是指对进出境粮食涉及的疫情风险、安全卫生风险、转基因风险以及质量风险进行全面管理。根据海关检验检疫的职能设置，植物检疫、安全卫生、转基因、品质管理均属于检验检疫的职责范围，因此《粮食管理办法》应全面体现对进出境粮食检验检疫的管理要求。二是全过程，是指对进出境粮食质量安全风险，不仅仅局限于某一个或几个环节，而是从生产、储存、运输、加工全过程的各个环节寻求有效的控制措施，综合施策，实施进境前、进境时、进境后全流程的系统管理。三是可接受，是指将粮食质量安全风险降低到适当保护水平。基于《SPS协定》等国际准则，世界各国普遍认同"适当保护水平"的动植物检验检疫管理理念。当然，"适当保护水平"是根据各国的农业生产特点、国内保护水平等多种因素综合考虑确定的。四是可控制，是指应当对所采取措施的预期效果进行系统评估，明确粮食贸易相关各方的责任和义务，并建立相应的制度和机制，实施动态管理，从而达到可接受的适当保护水平。

三、主要特点

一是强调粮食风险管理。与食品、饲料等加工类产品相比，进出境粮食作为初级农产品，加工程度低，携带疫情风险高，进出境后通常需经过一个加工过程。基于粮食的这种风险特点，依据相关国际准则和标准，在总结多年实践经验的基础上，该办法以全过程风险管理为理念，以生产加工过程控制为基础，确立并完善了检疫准入、注册登记、检疫许可、定点加工、分类管理、疫情监测、安全监控、风险预警等一系列管理制度。

二是强调企业主体责任。企业是进出境粮食生产经营的主体和第一责任人。依照法律法规要求,《粮食管理办法》突出强调了企业在粮食储运、加工、进出口等环节质量安全管理中的作用与责任,对企业条件、质量管理及追溯记录等作出明确规定,并通过注册登记、备案、分类管理、违规处罚等措施的实施,督促企业落实主体责任。这既是对原《粮食管理办法》要求进口粮食定点加工的延伸与发展,也是对近年来进境粮食双边议定书成果的确认与巩固。

三是强调监管技术规范。借鉴国外成熟做法,为合理构建我国检验检疫技术法规体系,管理办法为粮食检验检疫监管技术规范留出相应接口,如进境粮食具体检验检疫要求、粮食指定口岸标准、粮食储运加工备案程序、进境粮食监管风险分级标准等。

四是强调法律责任。《粮食管理办法》对法律责任单独成章,依据《进出境动植物检疫法实施条例》《进出口商品检验法实施条例》等的规定,扩充到十四条,充分体现了严格执法,提高法律严肃性、权威性的导向。《粮食管理办法》首次明确的行政处罚事项主要包括:违反建立生产经营档案的规定;违反召回、指定场所、检疫处理等的规定;买卖、盗窃或使用伪造、变造动植物检疫单证、印章、标识、封识的行为,为实施全过程风险管理明确了法律支撑。

四、实施要点

(一) 从海关检验检疫角度实施《粮食管理办法》

进境粮食检验检疫管理主要包括以下内容:境外企业注册登记—检疫准入—检疫审批—指定监管场地—现场查验—实验室检测—定点加工—疫情监测—安全风险监控。

1. 境外企业注册登记

《粮食管理办法》第六条指出:"海关总署对进境粮食境外生产、加工、存放企业(以下简称境外生产加工企业)实施注册登记制度。境外生产加工企业应当符合输出国家或者地区法律法规和标准的相关要求,并达到中国有关法律法规和强制性标准的要求。实施注册登记管理的进境粮食境外生产加工企业,经输出国家或者地区主管部门审查合格后向海关总署推荐。海关总署收到推荐材料后进行审查确认,符合要求的国家或者地区的境外生产加工企业，予以注册登记。注册登记的境外生产加工企业向中国输出粮食经检验检疫不合格，情节严重的，海关总署可以撤销其注册登记。"第七条规定："向我国出口粮食的境外生产加工企业应当获得输出国家或者地区主管部门的认可，具备过筛清杂、烘干、检测、防疫等质量安全控制设施及质量管理制度，禁止添加杂质。……"注册登记制度依据《进出境动植物检疫法实施条例》第十七条规定，即"国家对向中国输出动植物产品的国外生产、加工、存放单位，实行注册登记制度"，确立进境粮食境外生产、加工、存放企业注册登记制度。粮食收获、储存过程中的过筛清杂、烘干等工序，可以有效降低粮食中夹带的植物残体、杂草籽、土块等的含量，许多杂草种类本身就是检疫性有害生物，植物残体、土块等是有害生物（尤其是病害）的重要传播途径，因而过筛清杂是控制粮食质量安全风险的关键措施。实行境外生产加工企业注册登记能有效落实企业第一责任义务，控制疫情、农药残留、真菌毒素、转基因等质量安全风险。近年来，中国与国外签署了进出境大豆、小麦、玉米、大麦、高粱等粮食检验检疫议定书，国外基本认同或采纳此类企业注册登记模式。因此，对境外企业实施注册登记制度既有法律依据，也符合国际惯例。此外，注册登记要求境外企业建立出口粮食质量安全追溯体系，避免未经中方批准的产区或输出方在监测调查过程中发现不合格的粮食混入出口粮食；同时，也能在发生质量安全问题时快速查找原因、采取措施。针对企业存在严重质量安全问题，可以采取取消注册登记或暂停措施，有利于企业采取整改措施，加强质量安全控制。需要指出的是，在情况不够严重时，我国会采取预警、通报等其他不同等级的管控措施，在保留贸易畅通的基础上，给予出口追溯、调查和整改的时间。

2. 检疫准入

《粮食管理办法》第八条指出："海关总署对进境粮食实施检疫准入制度。首次从输出国家或者地区进口某种粮食，应当由输出国家或者地区官方主管机构向海关总署提出书面申请，并提供该种粮食种植及储运过程中发生有害生物的种类、为害程度及防控情况和质量安全控制体系等技术资料。特殊情况下，可以由进口企业申请并提供技术资料。海关总署可以组织开展进境粮食风险分析、实地考察及对外协商。……"不同国家或地区、不同粮食种类上有害生物发生情况不同，因此首次从输出国家或者地区进口某种粮食，需要经过检疫准入程序。未经检疫准入的粮食不准入境。检疫准入是一项国际通行规则，世界发达国家普遍依据国际条约的规定将其纳入国家法律。我国2021年4月15日起实施的《生物安全法》第二十三条第一款指出，国家建立首次进境或者暂停后恢复进境的动植物、动植物产品、高风险生物因子国家准入制度，明确其法律依据。

检疫准入过程中，输出、输入国家（地区）官方将对有害生物的发生分布、危害情况、官方控制措施等进行系统的风险分析，通过风险分析评价输入某种动植物及其产品后可能产生的危害，确定关注的检疫性有害生物名单，制定相应的管理措施，并通过双边议定书等形式确认。在进境前的管理方面，包括禁止进境、非疫区、田间监测与防治、出口前检疫、注册登记等措施，从而在源头上尽最大可能消除风险。

如根据2019年中俄双方签署的《中华人民共和国海关总署与俄罗斯联邦兽医和植物检疫监督局关于俄罗斯大麦输华植物检疫要求议定书》规定，输华大麦应产自俄罗斯车里雅宾斯克州、鄂木斯克州、新西伯利亚州、库尔干州、阿尔泰边疆区、克拉斯诺亚尔斯克边疆区和阿穆尔州。上述七个地区被认为没有发生小麦矮腥黑穗病（即非疫区）。俄方应按《国际植物保护公约》（IPPC）有关标准对中方关注的检疫性有害生物实施监测，并采取综合防治措施。应中方要求，俄方应向中方提供上述所有的监测结果和防治信息。俄方应采取一切降低风险的措施，防止中方关注的检疫性有害生物随输华大麦传入中国。如果发现小麦矮腥黑穗病菌，俄方应立即通知中方，并暂停相关生产州（区）的大麦输华。

海关总署依照国家法律法规及国家技术规范的强制性要求等，制定进境粮食的具体检验检疫要求，并公布允许进境的粮食种类及来源国家或者地区名单。对于已经允许进境的粮食种类及相应来源国家或者地区，海关总署将根据境外疫情动态、进境疫情截获及其他质量安全状况，组织开展进境粮食具体检验检疫要求的回顾性审查，必要时派专家赴境外开展实地考察、预检、监装及对外协商。

3. 检疫审批

海关总署对进境粮食实施检疫许可制度。进境粮食货主应当在签订贸易合同前，按照《进境动植物检疫审批管理办法》等规定申请办理检疫审批手续，取得中华人民共和国进境动植物检疫许可证（以下简称检疫许可证），并将国家粮食质量安全要求、植物检疫要求及检疫许可证中规定的相关要求列入贸易合同。未取得检疫许可证的粮食，不得进境。

动植物疫情的发生状况复杂多变，检验检疫部门建立了粮食质量安全信息收集分析系统，将根据出口国家或地区粮食质量安全情况动态调整检验检疫措施，包括采取暂停进口等措施。进口商事先申请并取得检疫许可证，可以及时了解检验检疫政策调整情况，避免因不了解相关规定，未经检验检疫机构批准，盲目签订有关粮食的贸易合同，却在货物抵达口岸后因检验检疫不合格而导致退运、销毁或检疫处理等情况发生。检验检疫机构办理检疫审批时，对进口粮食提出植物检疫要求，这些要求须在贸易合同中订明，这样做不仅可以对出口商起到提示督促作用，保护进口商利益，避免采购检验检疫不合格的粮食而造成损失，同时也是维护国家粮食安全和生态环境的需要。要指出的是，取得检疫许可证并不能免除进出口商的责任，货物抵达口岸后检验检疫不合格的，仍然需视情况采取退运、销毁或检疫处理等措施。

4. 指定监管场地

进境粮食应当从指定的监管场地入境。对高风险的动植物及其产品实施指定口岸制度是国际惯例和重视动植物健康、食品安全国家的通行做法。《国际植物保护公约》（IPPC）规定："如果某一缔约方要求仅通过规定的入境地点进境某批特定的植物或植物产品，则选择的地点不得妨碍国际贸易。该缔约方应公布这些入境地点的名单。"国际植物检疫措施标准 ISPM 20 规定对进境应检物的措施包括"对特定商品指定入境口岸"。我国法律也有类似规定，《进出境动植物检疫法》规定，因口岸条件限制等原因，可以由国家动植物检疫机关决定将动植物、动植物产品和其他检疫物运往指定地点检疫。《生物安全法》第二十三条第三款规定："海关对发现的进出境和过境生物安全风险，应当依法处置。经评估为生物安全高风险的人员、运输工具、货物、物品等，应当从指定的国境口岸进境，并采取严格的风险防控措施。"这个规定为进境粮食采取的指定口岸制度提供了明确的上位法依据。检验检疫是技术执法活动，尤其是对粮食等高风险产品，技术要求更高。在港口接卸环节，粮食撒漏、粉尘飘散等均可能造成疫情传播扩散。进境粮食港口接卸环节是控制粮食疫情传播扩散风险的关键环节。因此，有必要对进境口岸条件加以规范。截至 2021 年 5 月，我国对外开放口岸（一类口岸）有 313 个，其中水运口岸 129 个、边境铁路公路口岸 104 个，再细分港区、码头等，则数量更多。如果要求口岸都达到进口粮食所具备的条件，显然不符合资源的优化整合和高效配置，因此，海关总署参照《国际植物保护公约》（IPPC）相关标准，制定了经营进境粮食业务的监管场所应达到技术条件，并开展认定工作。对进境粮食指定监管场地认定主要包括 4 个方面：一是环境条件；二是设施条件；三是专业人员条件；三是检测鉴定条件。截至 2024 年 2 月，全国粮食指定监管场地约 160 个，基本满足当前我国进口粮食贸易需要。

5. 现场查验

货主或者其代理人应当在粮食进境前向进境口岸海关报关，海关按规定实施查验（如图 3-1 所示）。一是随航熏蒸残留安全处置。按照粮食国际贸易惯例，船运散装粮食一般采取随航熏蒸。在检验检疫实践中，经常发现直接将磷化铝撒在粮食表面、熏蒸袋破损、未充分通风散毒气等情况，这些都会严重影响粮食质量安全，危及现场工作人员的健康。现场查验前，进境粮食承运人或者其代理人应当向进境口岸海关书面申报进境粮食随航熏蒸处理情况，并提前实施通风散气。未申报的，海关不实施现场查验；经现场检查，发现熏蒸剂残留物，或者熏蒸残留气体浓度超过安全限量的，暂停检验检疫及相关现场查验活动，直至熏蒸剂残留物经有效清除且熏蒸残留气体浓度低于安全限量。二是锚地检疫。使用船舶装载进境散装粮食的，应当在锚地对货物表层实施检验检疫，主要考虑一旦发现重大疫情等情况时，有利于控制疫情扩散。如果表层发现不合格情况严重，涉及退运等措施的，可以避免靠泊产生的巨额费用。三是及时查发处置《粮食管理办法》所规定的 6 种退运或者销毁处理情形，如未列入进境准入名单等。当然这些情形并不是全部在表层检验检疫时就能确认，靠泊检验检疫和实验室检测过程中仍可能发现上述严重不合格情形。

图 3-1　现场查验

6. 实验室检测

《粮食管理办法》第十六条规定："海关应当按照相关工作程序及标准，对现场查验抽取的样品及发现的可疑物进行实验室检测鉴定，并出具检验检疫结果单。实验室检测样品应当妥善存放并至少保留 3 个月。如检测异常需要对外出证的，样品应当至少保留 6 个月。"实验室检测鉴定是通过技术手段确定是否合格以及采取相应的监管措施的科学依据，相关工作程序及标准对此进行了详细的说明和规范，实验室检验检疫结果单具有法律效力，可作为对外出具证书的判定依据。对实验室检测结果报告出具、样品留存提出具体要求，是为了保证检验检疫结果依法依规、真实有效。作为进出口企业，都希望尽快得到检验检疫结果，货物在最短时间内放行。但是，要尊重规律，所有的检测鉴定工作都需要科学的程序、一定的时间，海关要加大对快速检测鉴定技术的研发，努力做到"检得出、检得准、检得快"，实现"保安全、促发展"的目标。这也是在指定监管场地中设定检验检疫技术条件的重要考虑。

7. 定点加工

《粮食管理办法》第二十条中规定："进境粮食应当在具备防疫、处理等条件的指定场所加工使用。未经有效的除害处理或加工处理，进境粮食不得直接进入市场流通领域。"定点加工是进境粮食检验检疫监管区别于水果等其他农产品的显著特点。进境粮食安全风险复杂，通常都携带有多种有害生物，且存在安全卫生、转基因风险，为保证我国农林生产安全及保护生态环境，进境粮食的储存、运输和加工必须受海关监管。要达到制度设计的目的，必须抓好两个环节。一是运输环节。应当采用有效的密闭运输措施，防止运输过程中的撒漏。尤其是长距离的运输，途经粮食等农作物产区，作物种类以及气候等条件适宜有害生物侵染、定殖、扩散，撒漏造成的风险非常高。二是加工环节。应当保证所有的粮食按规定的工艺生产加工，加工工艺应采取有效措施能杀灭杂草籽、病原菌等有害生物。进境粮食在储存、运输及加工过程中产生的下脚料带有大量的有害生物，应在指定的场所对下脚料采取有效的热处理、粉碎或者焚烧等除害处理措施。需要特别注意的是，一些粮食加工过程中过筛、清杂等产生的副产品，仍有商业利用价值，但这些产品并未经过高温、化学处理等工艺，出厂前必须采取热处理、粉碎等有效的处理措施，消除疫情风险。

8. 疫情监测

海关应当指导与监督相关企业做好疫情控制、监测等安全防控措施。《生物安全法》提出海关等部门应当建立动植物疫情、进出境检疫等安全监测网络，组织监测站点布局、建设，完善监测信息报告系统，开展主动监测和病原检测，并纳入国家生物安全风险监测预警体系。通过疫情监测，可以评价所采取检验检疫管理措施的效果，可以及时发现仍然可能存在的风险，对监管对象有的放矢，并及时消除风险隐患。疫情监测的重点区域为：粮食进境港口、储存库、加工厂周边地区、运输沿线粮食换运、换装等易洒落地段。监测重点为杂草，同时对特定的有害生物开展专项监测。

9. 安全风险监控

涉及粮食的安全卫生项目多，风险程度不一。如依据我国国家标准，用作植物油加工原料的大豆，涉及的农药残留项目多达178项。为有效管控粮食安全卫生风险，海关总署推行以风险管理为核心、风险监控为把关手段的监管模式，建立风险可接受、过程可追溯的中国特色进出粮食安全管理体系。监控的风险因子主要包括农药残留、重金属、真菌毒素、致病微生物、转基因等。监控方式分为一般监控、重点监控、指令检查和潜在风险物质监控。根据粮食中各类安全卫生项目的风险高低，确定相应的监控方式，并确定相应的抽批比例。安全风险监控结果作为评价进出口粮食安全指标是否合格的依据。

（二）从产业界角度实施《粮食管理办法》

企业是进出境粮食生产经营的主体和第一责任人。《粮食管理办法》特别强调企业应当依法从事生产经营活动，对进出境粮食质量安全负责，诚实守信，接受社会监督，承担社会责任。进境粮食贸易相关方（企业）包括：出口商、进口商（许可证申请单位）、中间商、定点加工企业以及与其配套接卸、运输单位等，应当各自履行《粮食管理办法》规定的义务。其中，进口商是海关直接管理对象，因而在粮食贸易中处于关键位置，除了自身应当遵守检验检疫法律法规，还应当履行督促其他相关方遵守检验检疫法律法规的义务。

1. 确保粮食来源的合法性

第一，应当依据海关总署官网公布的《我国允许进口粮食种类及输出国家/地区名单》，选择进境粮食种类和来源。同时，进境粮食应当来自境外注册企业。第二，应当事先申请办理并取得海关总署签发的检疫许可证。进境粮食涉及转基因的，应当取得农业行政主管部门的农业转基因生物安全证书。第三，应当将国家粮食质量安全要求、植物检疫要求及检疫许可证中规定的相关要求列入贸易合同。第四，应当督促出口商提供植物检疫证书、产地证书等相关单证，并保证证书真实有效。

2. 执行源头管理措施

首先，境外注册企业应当建立并维护其质量管理制度，建立有效的出口粮食质量安全追溯体系。应当保证出口粮食来自经中国批准且经输出方官方监测调查合格的产地。其次，境外注册企业应当满足其注册登记相关要求，对出口粮食采取过筛清杂、烘干等工序，尽最大可能降低粮食中植物残体、杂草籽、土壤等杂质含量。应加强筒仓等的清洁工作，避免混杂其他粮食品种。最后，进口商应当优先选择企业管理及诚信水平较高的出口商及境外注册企业，支持配合海关结合风险分析实施企业分类管理以及差别化的监管措施。

3. 遵守现场查验规定

第一，履行申报义务。应当在粮食进境前向进境口岸海关报关，并提交相应的检验检疫单证；应当向进境海关书面申报进境粮食随航熏蒸处理情况，并提前实施通风散气。第二，落实接卸计划。应当按照指定监管场地的规定，提前制定接卸计划，落实泊位、卸货方式、仓储能力等条件，落实接卸过程的防疫措施，避免出现不符合规定的情况。第三，配合现场查验工作。以船舶散装进境的粮食，未经海关同意不得擅自卸货；以集装箱、火车、汽车等方式进境的粮食，应当在指定的查验场所实施检验检疫，未经海关同意不得擅自调离。第四，落实检疫处理工作。《粮食管理办法》详细列出了涉及熏蒸、消毒或者其他除害处理以及退运、销毁处理的情形，应当按照海关作出的处理决定，制定检疫处理方案并有效实施。

4. 落实定点加工要求

第一，落实调运计划。进口商应当按照检疫许可证规定的流向和数量，在"进境粮食检验检疫监督管理系统"填写调运计划并报海关审核。因客观原因确需变更的，粮食进境前应重新申办检疫许可证，粮食进境后则应申请办理变更手续。针对随意或以欺骗方式变更加工、储存场所的，将采取包括暂停办理其检疫许可证等必要的惩罚性措施。粮食调运涉及的进口商、中间商、定点加工企业以及接卸、运输单位等，必须履行各自职责，做好发运、接受环节的确认，环环相扣、单单相符、相互印证，尤其是许可证申请单位不能以货权转移等名义，免除自身落实定点加工要求的责任。第二，落实调运过程的防疫措施。承运人应当检查运输车辆、船舶的状况，保证车辆、船舶的密封性，在运输途中有效落实防撒漏措施，安全行驶，最大限度避免交通事故等意外发生。进口商、中间商、定点加工企业应当监督承运人落实上述措施，发运单位发现车辆、船舶不符合要求的，应当不予装运。第三，落实加工过程的防疫措施。定点加工企业应当定期检查生产加工设备状况以及防疫措施的落实情况，所有粮食全部用于本单位加工生产，做好下脚料收集、集中处理，对过筛、清杂等产生的仍有利用价值副产品，必须采取热处理、粉碎等有效的处理措施。

5. 履行风险管理义务

第一，做好全过程的清洁工作。在粮食装卸、存放、运输、加工等各环节，应及时做好场地、仓库、装卸及运输工具等的清扫、清洁，并做好必要的防疫消毒。第二，做好疫情监测工作。涉及粮食贸易的相关方，应当配合海关在粮食进境港口、储存库、加工厂周边地区、运输沿线粮食换运、换装等易洒落地段，开展杂草等检疫性有害生物监测与调查，并做好铲除、扑灭等工作。第三，做好异常信息报告工作。加工企业、收货人及代理人发现重大疫情或者公共卫生问题时，应当立即向企业所在地海关部门报告。第四，做好不合格召回工作。进境粮食存在重大安全质量问题，已经或者可能会对人体健康、农林牧渔业生产生态或安全造成重大损害的，进境粮食收货人应当主动召回，并将召回和处理情况向所在地海关部门报告。第五，做好生产经营档案记录工作。进出境粮食的收发货人及生产、加工、存放、运输企业应当建立相应的粮食进出境、接卸、运输、存放、加工、下脚料处理、发运流向等生产经营档案，做好质量追溯和安全防控等详细记录，记录至少保存 2 年。

ND# 第四章
国际组织及主要国家（地区）粮食检疫要求

CHAPTER 4

第四章
国际组织及主要国家（地区）粮食检疫要求

第一节
进出境粮食相关国际规则及检疫要求

国际规则是指广泛适用于国与国之间、国家和区域（或地区）之间等所有组织成员共同遵守的法规条例和规章制度的总和，包括国际性公约、条约、协定和准则等。简而言之，国际规则就是世界各国（地区）共同遵守的一般性规范和原则。植物检疫国际规则就是植物检疫领域内各国（地区）应该遵守的一般性规范和原则，粮食检疫工作无疑也应当遵循。

与粮食国际贸易植物保护相关的国际组织主要有联合国粮农组织（FAO）、世界贸易组织（WTO）、联合国环境规划署（UNEP），区域性植物保护组织如亚太区域植物保护委员会（APPPC）、北美植物保护组织（NAPPO）、欧洲和地中海植物保护组织（EPPO）、泛非植物检疫理事会（IAPSC）、太平洋植物保护组织（PPPO）等。与粮食国际贸易相关的国际公约、协定、准则，主要有《国际植物保护公约》（IPPC）、《技术性贸易壁垒协定》（《TBT协定》）、《实施卫生与植物卫生措施协定》（《SPS协定》）、国际植物检疫措施标准（ISPM）、《生物多样性公约》（CBD）、《卡塔赫纳生物安全议定书》（CPB）等。

一、植物检疫措施应遵循的一般国际规则

ISPM 1《关于植物保护在国际贸易中应用植物检疫措施的植物检疫原则》（以下简称 ISPM 1）、《TBT协定》、《SPS协定》确定了国际贸易中植物检疫应遵循的国际规则。

1. 主权原则

各缔约方拥有主权制定和实施植物检疫措施，以保护本国领土上植物健康；有主权确定本国适当的植物健康保护水平。"为了防止管制性有害生物传入他们的领土和/或扩散，各缔约方有主权按照适用的国际协定来管理植物、植物产品和其他管制物的进入，为此，他们可以采取查验、禁

止输入和检疫处理等一系列植物检疫措施。"

2. 必要性原则

只有在必须采取植物检疫措施防止检疫性有害生物的传入和/或扩散，或者管制的非检疫性有害生物的经济影响时，各缔约方才可以采取这种措施。"除非出于植物检疫方面的考虑，认为有必要并有技术上的理由，否则缔约方不应根据其检疫法采取任何一项措施。"

3. 风险管理原则

各缔约方应根据风险管理政策采用植物检疫措施，认识到在输入植物、植物产品和其他管制物方面，始终存在有害生物传入和扩散的风险性。"各缔约方应仅采取技术上合理、符合所涉及的有害生物风险，限制最小，对人员、商品和运输工具的国际流动妨碍最小的检疫措施。"

4. 最小影响原则

《国际植物保护公约》（IPPC）规定："各缔约方应仅采取限制最小，对人员、商品和运输工具的国际流动妨碍最小的检疫措施。"《TBT协定》规定各成员有权制定自己的技术法规、标准和合格评定程序（以下简称"技术性措施"），以实现维护国家安全、防止欺诈、保护人类和动植物健康或保护环境等合法目标。但要求各成员确保技术性措施的制定、采纳和实施要以科学资料和事实证据为基础，不应给国际贸易造成不必要的障碍。因此，技术性措施对贸易的限制不得超过为实现目标所必需的范围，并考虑这些合法目标未实现所带来的风险。

5. 透明度原则

透明度原则为实现自由贸易提供了基本保障。《国际植物保护公约》（IPPC）规定："植物检疫要求、限制和禁止进入规定一经采用，各缔约方应立即公布并通知他们认为可能直接受到这种措施影响的任何缔约方，并根据要求向任何缔约方提供采取植物检疫要求、限制和禁止进入的理由。各缔约方应尽力拟定和更新管制的有害生物名单，并提供这类名单。"《SPS协定》规定，各成员应成立国家SPS通报与咨询点，履行公布、通报与咨询的义务。为了保证各成员在制定技术性措施时具备一定透明度，《TBT协定》规定各成员应履行通知义务。每一成员制定一个新的技术性措施时，首先要提交"执行和实施协定声明"。公开该技术性措施供各成员评议（时间为60天），出口方可为保护本国（地区）利益针对不合理要求提出修改意见，敦促进口方依照 WTO 原则进行修改，每一成员应在协定对其生效之日后，迅速通知 WTO 技术性贸易壁垒委员会。

6. 协调一致原则

协调一致的含义指制定和实施与国际标准、指南及建议相一致的国家卫生与植物卫生法规。如果有科学理由或现有国际标准不能满足接受的保护水平，成员可以制定高于国际标准的保护水平。但必须进行适当的风险评估，并且与《SPS 协定》第五条的其他条件相一致。

7. 非歧视原则

《国际植物保护公约》（IPPC）规定，植物检疫措施的采用方式对国际贸易既不应构成任意或不合理歧视，也不应构成变相的限制。各缔约方可要求采取植物检疫措施，条件是这些措施不严于输入缔约方领土内存在同样有害生物时所采取的措施。《SPS 协定》规定，各成员在技术性措施的制定和实施方面，给予任意成员领土进口的产品的优惠待遇不得低于给予国内同类产品和其他成员同类产品的待遇。技术性措施对所有成员应一视同仁，对国内外产品进入本国市场的要求、待遇均应平等一致（最惠国待遇）。

8. 科学性原则

《SPS 协定》第五条规定，各成员制定的技术性措施必须以科学为依据，没有科学依据，则不能维持。风险评估和适当的卫生与植物卫生保护水平的确定方面，《SPS 协定》规定各成员必须在对实际风险进行评估的基础上制定技术性措施。

9. 等效性原则

当输出缔约方提出的植物检疫措施证明可以达到输入缔约方确定的适当保护水平时，输入缔约方应当将这种植物检疫措施视为等效措施。《SPS 协定》承认降低风险的不同途径，在不同国家可以有多种方法来确保食品安全或保护动植物健康，但同时又规定各成员应当相互接受在保护人类、动植物健康具有等效水平的措施，这有助于双边或多边避免在没有国际标准可以遵循的情况下出现争端。

10. 调整原则

《国际植物保护公约》（IPPC）规定："各缔约方应根据情况的变化和掌握的新情况，确保及时修改植物检疫措施，如果发现已无必要应予以取消"。

11. 区域化原则

《SPS 协定》规定，进口成员应对出口成员提出的非疫区进行认定，给予非疫区以区域化对待并允许非疫区内的产品进口。检疫性有害生物在一个地区没有发生，则该地区就可认定为非疫区，这可以是一个国家的全部或部分地区。各成员应特别认识到病虫害非疫区和低度流行区的概念。对这些地区的确定应根据地理、生态系统、流行病监测以及卫生与植物卫生控制的有效性等因素。

12. 特殊和差别待遇原则

《SPS 协定》要求在制定和实施卫生与植物卫生措施时，各成员应考虑发展中国家成员特别是最不发达国家成员的特殊需要。如适当的卫生与植物卫生保护水平有余地允许分阶段采用新的卫生与植物卫生措施，则应给予发展中国家成员有利害关系产品更长的时限以符合该措施，从而维持其出口机会。各成员应鼓励和便利发展中国家成员积极参与有关国际组织。

二、进境粮食检疫

1. 进境粮食检疫措施

根据 ISPM 20《输入植物检疫管理系统准则》（以下简称 ISPM 20），输入国（地区）对粮食的检疫措施分为在输出国（地区）采取的措施、运输期间采取的措施、入境口岸采取的措施、进境后采取的措施。

（1）输出国（地区）采取的措施。ISPM 7《植物检疫出证体系》（以下简称 ISPM 7）要求输出国（地区）对应检物出具植物检疫证书，包括通过出境前查验、实验室检测、检疫处理来证明粮食不携带输入国（地区）所关注的有害生物。

（2）运输期间采取的措施。包括对粮食采取适当的物理或化学方法处理（熏蒸）。

（3）入境口岸采取的措施。包括核查应检物的文件（植物检疫证书、熏蒸证书、贸易单证等）、确保货证相符，对入境粮食实施植物检疫现场查验、实验室检测、检疫处理以满足输入国（地区）检疫要求。ISPM 20还规定实验室检测未完成或处理效果未得到验证符合要求前，可以在指定场所扣留应检物。

（4）进境后采取的措施。由于入境口岸的条件限制，根据 ISPM 20 规定，可以将粮食扣留在输入国（地区）植物检疫机构指定的地点以便采取规定的植物检疫措施，也可以限制粮食的销售或使用（如要求以特定方式加工处理），这是我国进境粮食定点加工相关规定的国际标准依据。

2. 进境粮食检疫基本程序

（1）制定有害生物名单。ISPM 1、ISPM 20、ISPM 19《管制性有害生物名单准则》等规定了缔约方具有在风险分析基础上拟定、公布、调整管制性有害生物名单的权利和义务。

（2）从指定口岸入境。粮食从指定口岸入境是《国际植物保护公约》（IPPC）认可的植物检疫措施之一。《国际植物保护公约》（IPPC）规定："如果某一缔约方要求仅通过规定的入境地点进境某批特定的植物或植物产品，则选择的地点不得妨碍国际贸易。该缔约方应公布这些入境地点的名单。"ISPM 20 规定对进境应检物的措施包括"对特定商品指定入境口岸"；ISPM 31《货物抽样方法》（以下简称 ISPM 31）规定，对货物进行抽样时，可在进境国家指定口岸进行。

（3）办理进境许可证。多个国际植物检疫措施标准（ISPM）提到进境许可证的要求。ISPM 20 规定对进境货物可采取的措施包括"审批或办理许可证"。

（4）进境时的符合性核查。包括"文件核查；货物完整性核查；植物检疫查验、监测等"。ISPM 23《查验准则》（以下简称 ISPM 23）规定的查验步骤分为核实货物相关文件、验证货物及其完整性、对有害生物和其他植物检疫要求进行感官查验。查验内容可因目的不同而异，如进境查验、核实风险或风险管理等。该标准还详细规定了查验的具体内容和查验方法。为进行植物检疫查验，或为实验室检测，或用作参照，应该从进境整批粮食中抽取样品，以发现管制性的有害生物，确定货物的一般植物检疫状况，发现植物检疫风险未知的生物，验证符合植物检疫要求，确定货物受侵染比例等。ISPM 20、ISPM 31 规定了详细的抽样方法，包括简单随机抽样、分层抽样、偶遇抽样或有针对性抽样等。为了增加发现有害生物的机会，可采用目标抽样法。如果是为了提供货物的一般检疫信息，监测到多种有害生物，或确证是否符合植物检疫要求应采用统计取样法。抽样方法可以是多种方法的组合，如分层抽样可以是随机抽样或系统抽样。针对有害生物检测鉴定，ISPM 27《管制性有害生物诊断规程》描述了管制性有害生物诊断的程序和方法，对有害生物进行可靠诊断的最低要求。诊断方法包括以生物形态特征和形态测量为基础的方法，基于有害生物毒性或寄主范围的方法，以及基于生物化学和分子特征性的方法。

（5）发现违规、截获管制性有害生物的处置措施。输入国家（地区）从进境粮食中发现违规或截获管制性有害生物，根据 ISPM 1 规定，"当查明有新的或者未预计到的植物检疫风险时，各缔约方可以采用或执行紧急行动，包括紧急措施"。ISPM 13《违规和紧急行动通知准则》描述了明显违规事件，包括未遵守植物检疫要求，检出管制性有害生物等。在输入货物中发现未列入与该输出国（地区）该批商品有关的管制性有害生物、发现构成潜在植物检疫威胁的生物也可以采取紧急措施。对于发现违规、截获管制性有害生物如何处置，ISPM 20 规定"采取何种行动因情况而异，应当与所识别的风险相称的、所需采取的最小行动"。如植物检疫证书不完整的，可以通过与输出国国家植物保护组织联系给予解决。对于其他违规情况，一是可以采取扣留、检疫处理、销毁、转运（退回）等行动。二是违规通报，《国际植物保护公约》（IPPC）规定缔约方输入货物明显违反植物检疫要求的事件，输入缔约方要尽快向输出方通报有关明显违规事件和对输入货物采取的紧急行动。根据 ISPM 20 第 5.1.6.4 条规定，"如果出现反复违规、重大违规以及不断截获的情况，输入方可以采取如取消授权许可、禁止进口等紧急行动"。ISPM 23 第 2.5 条规定，"如果出现多次没有遵照要求进行检疫的情况，可以增加对相关货物的检验强度"。

（6）监测调查。监测是国际植物检疫的一项具体操作措施，也是国家植物保护组织的一项法定职责。监测制度是一种有效的预防机制，也是输入国家（地区）有害生物防疫的最后一道防线。《国际植物保护公约》（IPPC）规定："各缔约方应尽力对有害生物进行监测，收集并保存关于有害生物状况的足够资料。" ISPM 1 和 ISPM 17《有害生物报告》（以下简称 ISPM 17）对有害生物监测有明确规定，ISPM 6《监测准则》（以下简称 ISPM 6）、ISPM 9《有害生物根除计划准则》（以下简称 ISPM 9）和 ISPM 8《某一地区有害生物状况的确定》（以下简称 ISPM 8）规定了监测的具体方法和根除计划。

三、出境粮食检疫

为促进本国粮食出口，输出国家植物保护组织（NPPO）应该严格按照和应用相关的国际标准和规则，通过开展有害生物监测，有效管理有害生物风险，有效应对输入国家（地区）贸易技术壁垒等工作，使生产的粮食能够符合输入国家（地区）的植物检疫要求和质量安全标准。

与出境粮食植物检疫相关的国际标准主要体现在《国际植物保护公约》（IPPC）及ISPM 1、ISPM 2《有害生物风险分析准则》，ISPM 6、ISPM 7、ISPM 8、ISPM 9、ISPM 12《植物检疫证书准则》，ISPM 17、ISPM 14《采用系统综合措施进行有害生物风险治理》等。关键是我国确认根据国际规则所采用的综合措施符合输入国家（地区）进口粮食植物检疫要求，质量和安全符合输入国家（地区）要求。

植物检疫的主要工作包括：了解产区有害生物状况、开展有害生物风险管理、出境检疫和监督。通过监测确定出口粮食产区某种输入国家（地区）关注的有害生物发生状况，提供准确可靠的有害生物记录，根据风险大小制订有害生物官方控制综合措施和根除计划，是《SPS协定》与ISPM的关键内容，也是满足输入国家（地区）对其植物健康和检疫适当保护水平的植物检疫措施要求的基础。海关按照国际标准要求实施查验、抽样、检测鉴定、出具植物检疫证书并对有害生物采取综合措施和根除计划实施监督。

第二节
主要贸易国家（地区）粮食检疫程序和要求

一、欧盟检疫程序及要求

（一）进境检疫

由植物健康委员会负责植物健康工作，制定了统一的植物健康制度，制定统一的有害生物名单,实行统一的植物检疫和卫生措施,对各成员国关于违规和保护条款采取的措施实行监督,逐步用进境时检疫替代商品目的地检疫。欧盟的进境检疫有两种类型:一是非成员国货物进入欧盟的。二是成员国之间货物的流通。

1. 注册登记。欧盟通过对进境粮食生产者和进出口商进行注册登记,促使生产者和进出口商对植物健康的重视,能在发现问题后迅速查出疫情来源或哪些进出口商应对此负责,并对有害生物进行防除。

2. 产地检疫。对产自欧盟以外的粮食在被允许进入欧盟前必须在原产地国(地区)或输出国(地区)进行植物保护检查。

3. 植物检疫证书和植物通行证。输入欧盟的粮食,由输出国(地区)植物检疫机构签发植物检疫证书,标注进境物的一般信息并注明不带有欧盟规定的检疫性有害生物,以此证明粮食符合欧盟的检疫要求。为了方便贸易,欧盟内部实行植物通行证(植物护照),取代以前在口岸检疫和现行的植物检疫证书。

4. 现场检疫。欧盟法令规定,非成员国的植物产品进入欧盟时必须进行检疫。输入第三国(地区)产品,原则上在进入整个欧盟的第一个入境口岸(或外部边界)实施植物健康查验。对第三国(地区)产品一般采取两种检查措施,一是在货物出口到欧盟前,与第三国(地区)协调,包括欧盟检疫人员进行现场检查(与美国相同),检核证书、货证相符情况,偶尔对货物进行查验。二是对进入欧盟的粮食进行全面检查(进一步检查运输工具、包装物、取代表性样品、监测鉴定)。原则上由入境地国家(地区)检查人员实施,若发现携带欧盟关注的有害生物或疫情则采取非常严厉的措施,包括消毒处理(无害化处理)、销毁、退运等。

(二)出境检疫

欧盟对于输往其他地区的植物产品的检验检疫要求主要是依据输入国(地区)的检验检疫要求,但是对欧盟内部的植物产品贸易有非常明确的要求。

(三)转基因管理

欧盟采用"预防原则"(precautionary principle),即科学认识有局限性,对科学评估转基因产品所需的完整数据要等到许多年后才能获得,为以预防风险为由干涉贸易自由、保护欧盟市场留下了很大余地。欧盟认为，转基因技术有潜在危险，只要是通过转基因技术得到的转基因生物都要进行安全评价和监控。目前，欧盟成为世界上转基因产品管理最严格的地区。欧盟转基因管理模式，以过程为基础，风险分析中应用预防原则，单独立法，统一管理。欧盟成立欧洲食品安全局（EFSA），对转基因食品从农田到餐桌的整个过程实行全程监控，为欧盟委员会及各成员国的法律和政策提供科学依据。欧盟对转基因食品不仅有统一的审批和执行制度，还规定了转基因食品追踪和标识制度。如果食品中混入转基因成分的情况是偶然的或者技术上是不可避免的，当转基因成分的含量低于0.9%时，可以不对其加以标识。如果混入食品中的转基因成分来源于尚未被欧盟批准上市销售的转基因品种，尽管其已经被欧洲食品安全局（EFSA）认为不具有风险，但其转基因阈值只有低于0.5%时才能免除标识。此外，免除标识仍然要求生产者能够充分证明其已经在每个适当的步骤中采取了措施以避免转基因的污染。

二、美国检疫程序及要求

（一）进境检疫

美国植物检疫由美国农业部（USDA）管理，执行机构由辖属的美国动植物卫生检验局（APHIS）负责。美国农业部（USDA）按口岸设置、植物及其产品进口情况和检疫任务大小，在全国设立植物检疫机构，共设立15个入境植物检疫站，负责执行所在地区的检疫任务。植物保护与检疫处（PPQ）是美国动植物卫生检验局（APHIS）的主要单位之一，其职责是防止植物有害生物传入，植物及其产品出口检疫证书管理，植物病虫害调查和控制，执行国内外植物检疫法规，与外国政府官员就植物检疫和法规事宜进行协调，执行国际贸易方面保护濒危植物公约，收集、评估和分发植物检疫信息。植物保护与检疫处（PPQ）中的植物健康项目组负责生物技术事务管理、许可证及风险评估、入侵物种及有害生物管理、口岸执法、法规协调、检疫争端管理。内地检疫和口岸检疫协调一致，统一对有害生物进行监测与控制。

1. 检疫许可。需要检疫许可的植物和植物产品主要分为五大类：植物、种子和繁殖材料，水果和蔬菜，原木和木材，特殊批准的小麦和法规禁止的水稻、土壤、棉花、切花、玉米等。植物和植物产品起运到美国之前，进口商必须取得进口检疫许可。对某些植物和植物产品，还要求必须附有出口国家（地区）的检疫证书。

2. 产地检疫。美国动植物卫生检验局（APHIS）与出口国（地区）进行检疫合作，确保引进新的、健康的植物和植物产品。国际事务处检疫人员自1951年以来，一直在荷兰对郁金香、黄水仙和其他花卉球茎执行产地检疫。1981年以来也一直在智利对美国规定的水果和蔬菜执行产地检疫。

3. 有害生物风险分析。美国的有害生物风险评估基本是按照ISPM 2《有害生物风险分析准则》开展，植物保护与检疫处（PPQ）主要负责商品的PRA，每年要签署5000份进口植物、植物产品的许可，其中涉及许多新产品和新地区的产品，按照国际协议的要求，必须将其决策建立在PRA的基础上。

4. 进境粮食查验一般程序。确定是否允许进境—取样—检查是否存在有害生物—采取检查放行、扣留并进行处理、禁止进境等检疫措施。从巴西大豆输美的实例分析，美国对进境粮食的检验检疫并不复杂及严格。

（二）出境检疫

1. 出口检疫与出证。出口谷物植物检疫管理属于美国动植物卫生检验局（APHIS）的法定职责，根据1981年签署、2007年重新签署的"美国动植物卫生检验局（APHIS）与粮食检查、包装、储存管理局（GIPSA）合作备忘录"，联邦谷物检验局（FGIS）受委托负责出口谷物的现场植物检疫监管，美国动植物卫生检验局（APHIS）凭联邦谷物检验局（FGIS）填报检疫记录出具官方植物检疫证书。出口谷物真菌毒素、农药残留等安全卫生管理属美国食品药品监督管理局（FDA）的法定职责，根据1985年签署的"美国食品药品监督管理局（FDA）与联邦谷物检验局（FGIS）合作备忘录"，联邦谷物检验局（FGIS）协助美国食品药品监督管理局（FDA）对出口谷物实施安全卫生现场检查，并向美国食品药品监督管理局（FDA）通报异常情况。美国食品药品监督管理局（FDA）通过国内谷物安全卫生项目监控，认为作为食品原料的谷物，安全卫生问题不会成为突出问题，因此关注很少，只对黄曲霉毒素等个别项目要求实施早期预警。联邦谷物检验局（FGIS）是对出口谷物实施离境口岸检验检疫监管的唯一官方机构。联邦谷物检验局（FGIS）对大豆等谷物出口仓储企业实施注册登记管理，派驻检验员实施检验检疫监督管理，并收取检验费。当进口国有特定检疫要求时，植物保护和植物检疫人员负责检疫检验并出具证明。联邦与州植物保护和植物检疫人员跟踪、收集每个国家的检疫证书要求，建立出口植物和植物产品"摘要项目"数据库，提供给植物保护和植物检疫人员以及出口商使用。受美国动植物卫生检验局（APHIS）委托，联邦谷物检验局（FGIS）负责出口谷物植物检疫监管。但因技术专业限制，美方主要关注粮食仓储害虫等活虫问题，对中方关注检疫性杂草、病原菌、土壤等问题基本没有涉及，形成较大的检疫风险隐患。

2. 有害生物监测控制。为有效监测国内植物有害生物，美国农业部（USDA）设有"农业有害生物调查监测项目"，由联邦与各州植物保护和植物检疫人员共同实施"农业有害生物调查合作方案"，并将病虫害调查信息汇编成全国性数据库——全国农业有害生物信息系统，为国内外农产品贸易提供科学依据，并有效地开展重大病虫的封锁、控制和扑灭。美国动植物卫生检验局（APHIS）植物保护与检疫处（PPQ）设置一组"快速反应团队"，负责处理外来（国外新传入和国内新发现）植物有害生物。

(三) 转基因管理

美国主张遵循"可靠科学原则"（sound science principle），即科学是法律管制体制的基石，只有可靠的科学证据证明存在风险并可能导致损害时，政府才能采取管制措施。"可靠科学原则"成为美国在国内对转基因产品奉行自律管制、在国际上推行转基因产品自由贸易、对抗他国技术贸易壁垒的法理基础。美国转基因管理模式是以产品为基础，风险分析中应用实质等同性原则，不单独立法，多部门分工协作管理。

三、新西兰进境粮食检疫程序及要求

(一) 有害生物限量

新西兰只允许经生物安全局（BNZ）实施了 PRA 的粮食入境，对进口粮食的疫情防控要求与我国高度契合。对于进口粮食所含杂草之外的检疫性有害生物含量有限量规定，即有害生物的污染水平不得超过每千克 0.9 的有害生物最高限量（Maximum Pest Limit，MPL），不超过该 MPL 并达到 95%的置信度，在官方扦取的 5 千克样品中不得含有活的检疫性有害生物

（即接受数量=0）。谷物在入境口岸所在市区之外调运时，检疫性杂草种子的污染水平不得超过每千克3的MPL，不超过该MPL并达到95%的置信度，在官方扦取的5千克样品中检出的检疫性杂草种子不得超过8粒，超过该接受数量，谷物在新西兰将受到限制，只能在入境港口所在的城市范围内储存、除杂和加工。

（二）进口许可证和证书要求

所有谷物的进口均需要进口许可证。谷物必须具备以下证书。（1）国际植物检疫证书，原产国（地区）官方政府权威部门签发的证书，证明谷物在该国家（地区）已按适当的程序进行了检验，并且符合新西兰现行的植物检疫规定。该证书必须根据进境条件明细的需要进行背书；（2）取样证书，原产国（地区）官方政府权威部门签发的证书，该证书明确说明该货物（如取样的船舱号、集装箱号码或麻袋）并证明按新西兰农林部（MAF）权威部门批准的质量体系，或在装船过程中按每100吨谷物至少1个原始样品的方式，官方对每一批货物扦取了原始样品；（3）种子分析证书（Ⅳ级谷物不需要该证书），证明货物中与杂草种子有关的杂质状况的证书。

（三）批准卸货

谷物卸载前，进口商应执行MAF检疫官就储存和除杂场所、磨粉加工车间的条件发出的指令；将运输谷物的卡车、拖车以及其他运输工具，以及运输线路报MAF检疫官批准；向MAF检疫官提供谷物洒落时的《应急方案》并报MAF检疫官批准；开始卸货前向MAF检疫官提供进口许可证上要求的所有证书；如MAF检疫官要求，安排谷物的处理工作。

（四）卸货过程疫情防控要求

整个卸货过程中，进口商应有代表在现场。卸货只能在被批准的检疫区内进行；只能允许与谷物装卸直接有关的人员和运输工具进入检疫区；操作期间，检疫区内至少有150勒克斯（Lx）的光强照明；操作装卸谷物的设备时防止不必要的洒落；有适当的人员和装备，以便港口的任何区域发生任何程度的谷物洒落时能够立即采取补救措施。洒落的谷物应返回，或按检疫官的指令妥善处理；在用于其他工作前或在每个工作日结束前，清洁装卸谷物的设备，达到检疫官满意的程度。无论何时，只要不符合官方标准的要求，检疫官可以停止卸船、装车或卸车。

（五）运输疫情防控要求

1. 在港口装车。进口商应确保卡车和拖车装货时谷物的最低点和最高点之间的距离不超过150mm，离开装货地点时要摊平；离开检疫区前，妥善放置所有封、盖或防水油布，对所有运输工具外部（包括封盖）的洒落谷物及其残留进行清扫，达到检疫官满意的程度；满载谷物的车辆应按批准的线路直接运往储存、制粉加工场所。

2. 在批准的场所卸车。只能在批准场所的检疫区内卸车；卸车后，运输谷物的所有运输工具或集装箱已经可靠地关闭了所有通气口，安全地更换了所有封盖物，离开检疫区前外表散落的谷物及其残留已清除并达到了MAF检疫官满意的程度；所有运输进口谷物的运输工具在离开储存场所前经过了清洁并达到MAF检疫官满意的程度。

3. 意外洒落的紧急措施。进口商应确保准备适当的装备，以便处理任何运输工具或集装箱在运输途中发生的任何意外洒落；立刻将洒落发生的地点和程度尽可能地通知某个检疫官；让车辆改道，直到洒落清除并让出足够的道路；洒落发生后，尽可能地立刻开始清除；洒落的谷物只能用被批准的运输工具装运，并按检疫官的指令处理。洒落地点将被指定为检疫区，进口商必须承担清除洒落及随后对该地点进行检查和处理的直接费用和随后的其他费用。

4. 除杂、储存和加工疫情防控要求。用来除杂、储存或加工进口谷物的场所首先应经过检疫官的批准。任何用来除杂、储存或加工谷物的建筑物，包括圆筒仓，需有全天候的具顶板或封闭运输工具进入的通道，同时需具备遮蔽等功能，以防止谷物被风刮走。使用不在建筑物内的升降机或运送装置输送谷物时，谷物应保持封闭在管道中，防止谷物流失。

5. 记录。谷物生产加工存储均应保留原始记录，并可随时向检疫官提供，以便计算货物总量。谷物加工或调运前至少提前12小时通知检疫官。谷物存放在某个被批准的场所后，没有检疫官的批准、不符合所需要的条件，不得从该场所转移（除非在同样的前提下被批准制粉或加工）。

6. 加工疫情防控要求。对加工前产生的任何除杂产物必须妥善收集在密封、防漏的容器内，并且以MAF检疫官批准的粉碎、热处理、焚烧或深埋的某种方式处理。除非检疫官认为加工过程能达到如下标准，即最终产品中不太可能存在任何完整的检疫性杂草种子（如种子检测站没有发现完整的种子并达到95%的置信度，即每千克产品中检疫性杂草种子为3粒或少于3粒），则谷物可正式加工。进口谷物除杂、制粉或加工结束后，进口商应对所有的储存场所和机械设施进行清洁，达到检疫官满意的程度，对正在进行谷物除杂和加工的场所和设备可不需清洁。

7. 合格程序。按检疫官批准的方法进行处置销毁。出于植物健康的原因，MAF部长或其代表可以暂时中止任何谷物的进口而无须事先通告。

四、日本检疫程序及要求

（一）机构

日本农林水产省统管进出境动植物检疫工作，负责全国进出口农林水产品和食品的检验和检疫管理。日本谷物检定协会为民间检验机构，是农林水产省食粮厅指定进口大米、小麦的检验机构，按照国家制定的标准实施检验。地方各支部主要负责感官、重量等检验项目，中央研究所负责农残等实验室检验项目。

（二）指定进境口岸

日本对进口粮食（仅限于船运货物）实行指定海港进口制度，结合本国同类作物的分布情况综合考量，共指定5个谷物港，如横滨、神户等港口。

（三）口岸检疫

由农林水产省下设的植物防疫所负责。由于进境粮食大部分用作食品，在接受植物检疫所检疫之后还要由日本厚生劳动省下属的检疫所从食品的角度进行卫生防疫检查。对出口国农产品产地也有严格的规定，如农药、化肥使用种类和用量超出规定标准的产区粮食禁止进口。

根据日本植物防疫法规定，进口小麦、大豆、大麦、玉米时必须向植物保护站提交进口报告，并且必须在指定地点接受检验，在提交进口申请时必须附带由出口国政府机构发给的植物检疫证书。

现场检验检疫进口小麦、大麦、玉米、大豆类商品大都在货船上检疫。现场检查主要包括：外观检查，确认是否带有土壤、病虫害等；显微镜检查是否携带微小病虫害等。日本对进境农产品进行检疫检查时，只要发现活体害虫（按规定比例抽样）就要进行检疫处理（以熏蒸为主），没有虫量多少的规定。如发现菌核或麦角菌则需在仓库或加工厂隔离或加热处理。

（四）检疫不合格处置

如果在检查时发现任何由枯萎病和害虫引起的损害，均要采取熏蒸和消毒等处理。日本在截获活虫的处置上十分严格，只要发现活虫就要做出处理，将有害生物传入的风险降至最低。

（五）转基因管理

日本的转基因食品安全管理机构主要由文部科学省、通产省、农林水产省和厚生劳动省4个部门组成。转基因产品检验方法主要由食品综合研究所、农林水产省、厚生劳动省和农林消费技术中心研制。为推进转基因生物安全制度的实施，日本十分重视技术支撑能力建设，建立了一批规范的转基因生物环境安全检测机构和转基因产品检验机构，日本对未经安全确认的转基因产品限制极其严格，要通过出口国检测和本国复检。

日本政府对转基因的监管采用折中管理型模式。该模式介于产品管理型模式和技术管理型模式之间，既兼顾产品管理，又兼顾过程管理。日本政府对转基因坚持不鼓励、不抵制、适当发展的原则。日本希望在保护民众身体及生活环境不受侵害的前提下，大力发展本国转基因食品，增强自身在转基因研究与开发领域中的竞争力。

日本政府对转基因农产品实行强制标签和自愿标签相结合的标识制度。日本政府规定，对允许用于生产的转基因产品，如果加工后食品中仍含有重组 DNA 或由其编码的蛋白质，且排在前三位的食品主要原料中的转基因成分达到5%就必须要加贴标签。如果食品中的转基因成分含量不足5%，而且在生产、销售的每一个阶段都进行了周密的区别性生产流通管理，则可自愿加贴"非转基因"标签。转基因标识范围包括大豆、玉米、马铃薯、油菜籽、棉籽、甜菜和木瓜。

五、主要粮食贸易国（地区）进境粮食检疫制度比较

（一）进境检验检疫

检验检疫制度比较如表4-1所示。

表 4-1　主要国家和地区进境粮食检验检疫制度比较

	检疫准入（不含解禁）	境外预检	检疫审批	指定口岸	口岸查验	杂质限量	不合格处置	定点加工	安全风险监控
中国	√	√	√	√	√	√	√	√	√
加拿大	√	×	√	×	√	√	√	√	?
美国	√	×	√	√	?	×	√	?	?
欧盟	×	×	×	×	√	×	?	?	?
日本	?	×	×	√	√	√	√	?	√
韩国	×	√	×	×	√	√	√	?	√
新西兰	√	×	√	×	√	√	√	√	?
俄罗斯	×	×	×	√	√	×	√	√	?

1. 检疫准入。包括加拿大、美国、新西兰等，在批准粮食进口前，须完成风险评估，制定许可条件。

2. 境外预检。韩国明确提出境外预检制度。如果出口国（地区）存在韩国没有的病虫害，韩国在进行实地预检前，禁止输入。输出国（地区）要求韩国减少对进境时的检疫以及韩国农林畜产食品部认为有必要防止限制性有害生物传入时，韩国都会启动境外预检。产地检疫的国家及农产品范围由农林畜产食品部确定。

3. 检疫审批。包括加拿大、美国、新西兰等。加拿大规定，进口商必须取得加拿大食品检验局（CFIA）签发的许可证，申请许可证时，进口商必须提供关于进口谷物进口、运输、装卸、储存、加工和最终用途的信息。新西兰与加拿大的规定相同。美国对特定粮谷签发许可证，如从墨西哥进口水稻种子或稻谷（禁止从其他地区进口）应取得许可证，申请书上要标明原产地，首次到达的港口；对符合进境条件的玉米签发进境许可证。

4. 指定口岸。包括美国、日本、俄罗斯等。日本海运粮食指定口岸包括横滨、神户等5个港口；美国则规定高粱产品或高粱制成的制品，必须在指定港口到岸；从墨西哥进口种子或稻谷应从墨西哥边境口岸和批准的其他港口进境。俄罗斯则对来自小麦印度腥黑穗病疫区的小麦作出规定，只能在特定时间，通过指定口岸入境，并在指定地区的制粉厂、面包厂加工。

5. 口岸查验。口岸查验是各国（地区）普遍采用的措施。加拿大规定，所有进口或在加拿大境内调运的粮谷，都需要由加拿大食品检验局（CFIA）检查和/或抽样检测有害生物和土壤污染。欧盟规定，进境粮食运抵欧盟口岸前，承运人或其代理人应在至少提前3个工作日报告，并通过PEACH申报系统提交植物检疫证书（复印件）、提单、发票等单证。日本则规定水稻、小麦、大麦及其他各种粮谷应在卸货前登船进行初步检验后方能卸货。韩国规定现场查验是否有发霉、变质、水湿、有毒有害杂质，色泽、气味是否异常。新西兰则要求进口商至少应提前14日以书面方式通知检疫官即将到达的谷物预期的第一进境港口，并对卸货前、卸货过程、运输作出详细规定。

6. 杂质限量。加拿大、新西兰对进口粮谷中的杂质、杂草籽限量作出规定。加拿大规定进口粮谷不得带有土壤、检疫性昆虫和杂草。杂质，包括谷壳、植物残体，杂草种子和其他外来物质的含量不得超过2%。同时，加拿大还规定产业界可以对外来杂质的允许量有更高的标准。新西兰规定谷物中有害生物的污染水平不得超过每千克0.9的有害生物最高限量，谷物在入境口岸所在市区之外调运时，检疫性杂草种子的污染水平不得超过每千克3的最高限量，同时与定点加工结合，对杂草种子限量作出更详细的规定。

7. 不合格处置。各国（地区）普遍采取除害处理、退回、再出口、销毁等方式。日本对谷物中的活虫没有数量限制，只要发现活虫就需要采取熏蒸处理。新西兰规定除害处理必须在MAF检疫官的监督下进行。

8. 定点加工。一些国家（地区）虽然没有明确使用定点加工的概念，但实际上采取了定点加工的措施。加拿大要求进口谷物提供用于加工的证明，批准用于加工的设施在每次使用时应当进行审查，证明设施是否符合进口者在申请中说明的条件。日本则规定被检出检疫性有害生物的谷物如果用于食品或油料，且将马上进行碾磨、脱壳、榨油，在不影响执行相关规定的情况下，同意货物进口。新西兰对加工条件进行分级管理，Ⅰ级谷物可以在新西兰境内任何地方进行加工或用作动物饲料，其入境后的运

115

输、储存或加工不受限制；Ⅱ级谷物入境后的运输、储存或加工受条件限制，可以在MAF批准的远离农田的新西兰境内的任何地方加工；Ⅲ级谷物只能在入境港口所在的城市范围内储存、除杂和加工。用来除杂、储存或加工进口谷物的场所应经过检疫官的批准。对加工饲料的谷物，除非检疫官认为加工后不太可能存在任何完整的检疫性杂草种子，否则不得开始正式加工。俄罗斯对谷物的运输、加工条件、废弃物的处理提出了明确要求，用于仓储、转运和加工谷物及其加工产品的运输工具、货箱、仓库和设备，应当清理干净，无谷物及其加工产品散粒和残留物；深加工用谷物及其加工产品，无论有无检疫杂草种子，都应通过灭活种子生命力的技术进行处理，从处理地点运出的谷物及其加工产品，不准带有具有生命力的种子；谷物及其加工产品的废弃物，应以确保消除种子生命力的技术进行处理、废物利用和销毁。从事谷物及其加工产品仓储和加工的企业应当具备消除种子生命力的谷物及其加工产品处理技术，硬化地面卸货场地，焚烧谷物及其加工产品废料、堆积物及垃圾的设备或者植物检疫坑。

9. 安全风险监控。日本、韩国的做法与我国相似。日本定期公布年度监控检查计划及实施命令检查对象产品。监控检查抽查率一般为10%左右，出现一次违规情况，抽查频率提高到30%，出现两次则该进入命令检查阶段，实施批批检验。韩国在口岸查验时抽取样品进行农药、重金属、激素残留等项目检测的样品，如前期抽检合格率不高（具体比例无明确规定），可随时实施精密检验，即在一定期限内实施批批取样检验。

（二）出境检验检疫

比较美国、加拿大、澳大利亚的出口粮食检验检疫体系，三者在机构设置、管理制度、运作模式、关注重点等方面都十分相似。

1. 检验部门负责出口检验检疫。通过协议或备忘录等方式，委托负责谷物品质检验部门承担出口谷物检疫工作。如加拿大谷物委员会（CGC）受加拿大食品检验局（CFIA）委托对中转、出口设施、运输工具及谷物实施检查，检查发现对加拿大具有检疫意义的昆虫，立即通知加拿大食品检验局（CFIA），由加拿大食品检验局（CFIA）与加拿大谷物委员会（CGC）实施共同检查。联邦谷物检验局（FGIS）受美国动植物卫生检验局（APHIS）委托负责出口谷物植物检疫，凭联邦谷物检验局（FGIS）检疫记录出具官方植物检疫证书，如果发现活虫，联邦谷物检验局（FGIS）

将通知美国动植物卫生检验局（APHIS）监督熏蒸处理。对谷物的检疫均是以昆虫为主，杂草籽通常作为杂质，只要不超过合同规定的杂质含量标准即可。

2. 对出口设施注册及检查。美国、加拿大、澳大利亚均对出口仓储企业实施注册登记管理，并派驻检验员实施监管。澳大利亚要求所有的谷物出口公司及其终端谷仓等均需澳大利亚农业、渔业和林业部（DAFF）注册登记并取得相应的出口资质，注册设施必须保持干净卫生的环境，尽可能消除害虫藏身区域，减少粮食污染可能性，同时，澳大利亚农业、渔业和林业部（DAFF）对注册设施进行每年一度的定期审查。澳大利亚行业协会制定了详细的手册用来指导产业界遵守上述要求。加拿大食品检验局（CFIA）也制定了相关的检查程序。

3. 较为完善的储运及检验体系。作为主要农产品出口国，美国、加拿大、澳大利亚均拥有较为完善的谷物储运体系。以澳大利亚为例，出口储运体系包括产区谷仓（种植者）、中转谷仓（公司）和终端谷仓（公司）三个部分。产区谷仓主要用于储藏收获的粮食作物，具有烘干处理设施，部分具有除杂设施；中转谷仓属于谷物公司，用于谷物的储运和加工，具有烘干和除杂设施；终端谷仓位于港口，可对谷物进行分级和装运。中转谷仓按照合同从种植者中收购粮食并分级储存，终端谷仓也按照合同从中转谷仓购进粮食。从理论及实际操作来看，完全可以实现分级储运及溯源管理。以之相对应，出口国官方也建立了相应的检验体系。加拿大谷物委员会（CGC）直接对产区谷仓、中转谷仓、终端谷仓进行三级检验，在产区谷仓实行目测初检，在中转谷仓按国标分级、除杂和清理，在终端谷仓按出口标准和合同要求进行最终检验。对检验员也有严格的标准，在澳大利亚，授权检验员为农业、渔业和林业部（DAFF）的雇员、特定注册设施的公司雇员，也可以是承担1个或多个注册设施检验任务的第三方雇员，这些人员都必须经过农业、渔业和林业部（DAFF）的培训、考核和授权。

4. 实施安全风险监控计划。加拿大食品检验局（CFIA）的残留监控计划由3部分组成，分别为监控抽样、针对性抽样、合规性抽样。美国食品药品监督管理局（FDA）对国内谷物实施安全卫生项目监控，出口时只对黄曲霉毒素等个别项目进行监测。

5. 较为详细的技术法规体系。除了法律法规，美国、加拿大、澳大利亚通过制定系统详细的规程、标准、手册、指令等来提高实施的有效性和规范性。如澳大利亚谷物供应链管理手册、加拿大出口谷物注册设施检查程序以及出口谷物取样项目。澳大利亚对出口谷物中的活虫采取零允许量的政策，并基于抽样统计学方法制定了详细的检查方法。新西兰为保证进口谷物的检疫安全，对卸货前、卸货过程、运输、加工除杂等环节制定了详细规定。

6. 多部门协调促进体系高效运转。出口谷物体系涉及多个监管部门以及产业链上的各个经营主体，美国、加拿大、澳大利亚通过法律法规明确界定监管部门及经营主体的职责、义务，通过协议、备忘录等方式促进监管部门进行有效合作，通过规程、标准、手册等指导监管部门、经营主体执行。为了实现上述目标，美国、加拿大、澳大利亚采取了开放的法规制修订程序，推动各方达成最大共识，为法规有效实施奠定基础。以美国为例，谷物国家标准是以公共意见为基础的，通常在《联邦注册报》上公布，听取并收集谷物行业如育种者、生产者、经营者、出口商和进口商等各方面的观点和意见。

第五章
进境粮食检疫监管实务
CHAPTER 5

第一节
进境粮食监管目标

一、体系化

进境粮食监管是一项复杂的系统性工程，需要与之建立相应的体系。持续推动风险管理体系化，建立风险分析与预警、检测、监测、检疫处理与控制等技术体系，构建进出境动植物检疫技术标准体系框架，完善外来有害生物和疫情疫病国境防控科技支撑体系，推进技术集成与应用示范，形成一批拥有自主知识产权的口岸防控技术和标准体系。

二、科学化

实施任何进境粮食监管措施必须有科学依据。《国际植物保护公约》（IPPC）相关条款约定，各缔约方应当在技术上证明采取植物检疫措施的理由。符合国际植物检疫措施标准（ISPM）的植物检疫措施可认为具有技术理由。《SPS协定》指出，各成员在制定或维持动植物卫生检疫措施以达到适当的动植物卫生检疫保护水平时，考虑到技术和经济可行性，应确保这类措施不比要获取适当的动植物卫生检疫保护水平所要求的更具贸易限制性。我国《进出境动植物检疫法》也有类似规定，因口岸条件限制等原因，可以由国家动植物检疫机关决定将动植物、动植物产品和其他检疫物运往指定地点检疫。用于加工的进境粮食，由于加工过程中的温度、压榨等条件可以有效杀灭其携带的有害生物，因此除了发现活的昆虫、无有效处理方法等特殊情况，普遍采取指定加工处理方式的监管方式。

三、信息化

充分运用"大数据+""互联网+"动植检技术，建设智慧国门生物安全信息化系统，围绕"事前事中事后"全流程监管，构建统一的业务监管规则数据库，提高国门生物安全疫情监测、风险预警、统计分析和快速反应能力。建立监管指挥中心，发挥全流程、全领域的统筹作用。对国内外疫病疫情、口岸截获及不合格、风险监控、政策法规及市场准入等信息进行综合风险分析与评估，实现智能化的风险预警、处置及快速反应。

四、智能化

利用云计算、大数据、物联网、人工智能等现代智能化技术，实现检疫证书智能鉴别以及在后续监管、隔离检疫、检疫处理等领域智能监管。加强查验、检测装备等自主建设与推广应用，推广远程视频监控手段，深化应用机器人、无人机、图像自动识别、智能低温探测技术等新型智慧型基础设施。加大人工智能在图像识别和风险预警方面的研发投入，让人工智能在推动质量变革和增强质量优势中成为革命性力量。

五、精准化

根据进境粮食不同风险程度、不同运输方式，开发口岸现场非侵入式快速查验类、探测类、监控类、溯源类技术与装备，针对性研发适用口岸快速、精准查验的便携式设备，优化升级口岸远程鉴定以及口岸快速筛查等智能化信息化技术与装备，实现口岸现场商品确认、危害发现、快速鉴定技术的一体化实施。同时针对入境监管要素，开展风险抽查监测，系统和持续地收集检疫检测信息数据，实施更加主动的风险管理，实现国门生物安全防控从口岸被动防御到境外监测预警和口岸精准检疫的转变。

第二节 进境粮食检疫监管程序

进境粮食检疫监管程序主要包括受理报关及单证审核、现场查验、抽/取样、实验室检测鉴定、结果评定及出证、不合格处置、定点加工及后续监管、外来有害生物监测等环节。

一、受理报关及单证审核

进境粮食收货人或者其代理人通过国际贸易"单一窗口"、"互联网+海关"一体化办事平台进行申报，海关对申报材料进行检查审核。

涉及进境粮食检疫监管申报材料的审核要素包括该国家或地区该粮食品种是否已获得我国的检疫准入，是否办理检疫审批，境外粮食生产、加工、存放企业是否获得海关总署的注册登记，是否具有输出国家或地区出具的检验检疫证明类单证等内容。首先，检查企业的申报材料是否有进境动植物检疫许可证、农业转基因生物安全证书（仅限于申报为转基因产品）等许可证件以及输出国家或地区出具的检验检疫证明类单证，如输出国家或地区官方植物检疫证书、原产地证、品质证书、熏蒸证书，以及其他规定的单证，如美国小麦的 TCK 检验证书，加拿大油菜籽的检验证书和/或质量分析证书；其次，审核上述单证的完整性、有效性和一致性。

进境动植物检疫许可证、农业转基因生物安全证书已实现无纸化申报，企业仅需要申报证书名称及号码即可；农业农村部出具的农业转基因生物安全证书已实现监管证件联网核查，海关通关作业系统仅需凭企业申报的证件名称及其号码即可完成对监管证件底账数据的自动比对和智能核查。

目前，海关对进口粮食植物检疫证书的审核主要是通过人工对证书要素逐项进行验核，为了提高证书验核的质量和效率，海关总署一方面加大与主要贸易国家或地区的合作，不断推动植物检疫证书的数据传输以及电子植物检疫证书的应用；另一方面大力推行"智慧审证"改革，整合集成各类数据资源，应用 OCR 图像识别、AI 人工智能计算等前沿技术，创新建立企业随附单证的智慧审核新模式。

二、现场查验

现场检疫查验是指进境粮食抵达口岸时，海关查验人员依法登船、登车、登机或到货物停放地现场进行检疫查验。根据口岸类型（陆路口岸、海港口岸）、检疫形式的不同而略有差异，其主要内容包括以下 3 个方面：

（一）制订查验方案

查验人员接受查验指令后，根据报关信息和证书内容了解货物名称、数量、原产国家或地区、运输方式等基本情况，根据货物类别、常规生产加工工艺、运输方式和原产国家或地区初步判断其风险等级，并按照检验检疫依据制订查验方案。相关依据包括：政府及政府主管部门间双边植物检疫协议、备忘录和议定书规定的检验检疫要求；中国法律、行政法规和海关总署规定的检验检疫要求；中国国家技术规范的强制性检验要求；检疫许可证列明的检疫要求等。

（二）核查货证

核查报关单、贸易合同、信用证、发票和输出国家或地区政府动植物检疫机构出具的检疫证书、进境动植物检疫许可证等单证一致性和完整性，检查所提供的单证材料与货物是否相符，核对集装箱号和封识与所附单证是否一致，核对单证与货物的名称、数重量、产地、包装、唛头标志是否相符。

（三）现场检查

检查货物及其包装物有无病虫害，发现病虫害并有扩散可能时，及时对该批货物、运输工具和装卸现场采取必要的防疫措施。如有动植物性包装物、铺垫材料，检查是否携带病虫害、混藏杂草种子、沾带土壤。

三、抽/取样

抽采样品应按照抽采样国家或行业标准进行。对植物及其产品既要考虑到病、虫、杂草的特征，也要注意到货物不同部位的代表性；大型散装货物要分上、中、下不同层次，针对集装箱粮食则根据每批报检的集装箱数量确定抽检集装箱数量，再采用对角线、棋盘式或随机的方法，按规定的样品数量和重量采取原始样品。根据监控计划以及检验检测及相关规定的需要，制订抽取样品的详细计划，包括抽样方法以及抽样数量等。在抽采样过程中注意防止污染，以确保检疫结果的准确性。

四、实验室检测鉴定

实验室检测鉴定是指根据有关规定和合同条款，经现场查验，将粮食样品、截获的有害生物和其他需要进一步检测的样品送到实验室作鉴定、分离、培养等工作。实验室根据要求检验、鉴定的项目制订检验方案。有标准规定的，按照有关国家标准、行业标准及海关总署规定的方法检验鉴定。实验室检疫为现场查验提供必要的技术支持。实验室检测鉴定结果是对进出口货物作准予进境或检疫处理的重要依据。

（一）检疫

按生物学特性、形态学特征、分子生物学特征进行有害生物检疫鉴定，重点关注进境动植物检疫许可证、进境植物检验检疫要求所列检疫性有害生物。麦类要对小麦矮腥黑穗病菌（TCK）和小麦印度腥黑穗病菌（TIM），玉米对玉米细菌性枯萎病菌和玉米霜霉病菌，大豆对大豆疫霉病菌，油菜籽对油菜茎基溃疡病菌等作针对性检疫。发现麦角、曼陀罗、毒麦、猪屎豆属、麦仙翁和蓖麻等有毒有害菌类、植物种子，计算其含量（麦角为百分含量，其他为粒/千克）。

（二）检验

根据 GB 2715《粮食》、GB 2763《食品中农药最大残留限量》、GB 2762《食品中污染物限量》、GB 2761《食品中真菌毒素限量》对包括农药残留、污染物、真菌毒素等高风险物质实施检验。

对大麦、小麦等《实施检验检疫的进出境商品目录》内产品、海关总署有特别规定的产品（如油菜籽），按照贸易合同项目以及相关国家标准进行相应项目检验。进境粮食的品质检验项目主要包括水分、容重、杂质、损伤粒、蛋白质、含油量、降落数值等。

（三）转基因检测

对于申报为转基因的产品，对其农业转基因生物安全证书以外的转基因品系进行监控检测；对于申报为非转基因的产品，对常见启动子、终止子和外源基因实施监控。

五、结果评定及出证

现场检验检疫未发现重大疫情和质量安全问题的，准予卸货；发现TCK、TIM、活的检疫性昆虫和蜗牛等重大疫情，种衣剂粮食、麦角、有毒杂草籽等重大质量安全问题，按规定上报，经同意后方准卸货，或按批准的方式处理后方准卸货；决定作退运处理的，不准卸货。

按照法律法规和标准规定对检验检疫结果进行判定，并出具相应单证。检验检疫结果符合要求的，出具入境货物检验检疫证明。检验检疫结果不符合要求的，出具检验检疫处理通知书。货主或其代理人需对外索赔，申请出具证书的，根据不合格具体情况，另行出具以下证书：检疫不合格的，出具植物检疫证书；检验（包括安全卫生、品质、转基因项目）不合格的，出具检验证书。针对分港卸货的，卸毕港检验检疫机构汇总结果后，统一按规定格式对外出证。

六、不合格处置

原则上，检疫发现检疫性有害生物、检疫许可证或进境植物检疫要求中列明的有害生物、其他规定的有害生物（如警示通报规定），有有效除害处理方法的，监督作除害处理；无有效除害处理方法的，作退运或销毁处理。安全卫生检验发现不符合国家标准，有有效技术处理方法的，监督作技术处理，经重新检验合格准予使用；无有效技术处理方法的，或经技术处理后重新检验仍不合格的，作退运或销毁处理。转基因检验不合格的，作退运或销毁处理。

七、定点加工及后续监管

进境粮食应当在具备防疫、处理等条件的指定场所加工使用。未经有效的除害处理或加工处理，进境粮食不得直接进入市场流通领域。拟从事进境粮食存放、加工、期货交割业务的企业可以向所在地海关提出指定申请，海关根据有关要求，对申请企业的申请材料、工艺流程等进行检验评审，核定存放、加工粮食种类、能力。申请企业应当具备有效的质量安全及溯源管理体系，符合防疫、处理等质量安全控制要求。

海关对进境粮食的装卸、运输、加工、无害化处理、储备粮和期货交割粮的进出库等过程实施检疫监管，未经海关允许，企业不得擅自调运、加工、使用，禁止挪作种用。海关根据质量管理、设施条件、安全风险防控、诚信经营状况，对进境粮食相关企业实施分类管理。针对不同级别的企业，采取差别化的后续监管措施。

海关通过"进境粮食检验检疫管理系统"对进境粮食流向，口岸海关与属地海关检疫审批协作，存放企业接收、库存、发货情况，加工企业的接收、加工、下脚料处理情况等实现信息化管理，提高了进境粮食后续监管的规范性和时效性。同时，通过开展核查执法作业，实地检查企业的守法情况，强化海关后续监管工作。

八、外来有害生物监测

海关总署对进境粮食实施疫情监测制度，并制定相应的监测技术指南。根据进境粮食携带和截获的疫情情况，动态调整重点监测对象。近年来针对进境粮食实施监测的有害生物主要包括有害杂草、油菜茎基溃疡病菌等。

杂草籽是进境粮食中常见的有害生物，其中不乏我国进境检疫性杂草和外来有害杂草，这些杂草籽在装卸、调运、加工等过程中撒漏等情况都有可能造成疫情扩散的风险，因此是每年进境粮食疫情监测计划中的重点监测对象。根据杂草生物学特性和全国地理气候条件，将全国划分为四个监测气候区，各地海关根据当地气候情况，合理安排监测间隔频次，确保监测到本辖区内所有外来杂草种类。

油菜茎基溃疡病菌是近些年进境油菜籽上截获较多且危害严重的一种重要病菌，目前在我国尚无分布。为降低其传入定殖风险，尽早防范其定殖扩散，海关总署将该病菌列入年度疫情监测计划，监测时间主要为油菜籽进境后至自生苗结果期。相关海关结合进境业务情况与当地气候条件适时开展监测工作。

这两类有害生物监测与调查的重点区域包括粮食进境港口、储存库、加工厂周边地区、运输沿线粮食换运、换装等易洒落地段等；监测发现疫情的，海关应当及时组织相关企业采取应急处置措施，并分析疫情来源，指导企业采取有效的整改措施，相关企业应当配合实施疫情监测及铲除措施。疫情监测是进口粮食后续监管的重要补充，监测结果将作为港口、仓库、加工厂风险分类监管的依据。

第三节
进境粮食检疫监管要点

一、检疫准入

输出国家或地区官方检疫主管部门根据贸易需求，向海关提出书面申请，并说明拟出口粮食的种类、用途等信息。海关根据申请，向输出国家或地区提交一份涉及进行该种粮食进口风险分析资料的调查问卷，请输出国家或地区答复。收到输出国家或地区针对调查问卷的答复后，海关组织专家开展风险分析。根据资料评估结果，如有需要，海关将派专家组赴输出国家或地区进行出口粮食体系考察（如图 5-1 所示）。在完成所有风险分析工作后，海关提出从该国家或地区进口该种粮食的检疫议定书草案，双方就此进行协商，确定允许进口的条件。双方就议定书达成一致意见后，签署议定书。在开始进口贸易前，海关根据需要开展实地检查和境外企业注册登记工作，并通过公告发布进境粮食的检验检疫要求。

图 5-1　海关派员赴输出国家或地区开展出口粮食体系考察

进境粮食检疫议定书一般包括以下 10 个方面的内容：

1. 确定粮食品种、产地、加工方式、用途等；

2. 明确输华粮食不得带有的中方关注的检疫性有害生物名单、不得故意添加或混杂可能携带检疫性有害生物的其他谷物或者外来杂质；

3. 输出国家或地区应实施综合防治管理，采取措施最大限度降低中方关注检疫性有害生物的发生，根据需要开展有针对性的疫情监测调查；应在输华粮食生产、储存、运输期间采取适当有效措施防止传染检疫性有害生物，避免携带土壤、植物残体、杂草籽等；

4. 输出国家或地区应对输华粮食仓储、出口商等相关企业进行注册登记，并向海关总署推荐名单；

5. 输出国家或地区在出口前应对输华粮食实施检疫处理、对装载运输工具进行符合性检查；

6. 输出国家或地区在出口前应对输华粮食实施检验检疫，并按照要求出具植物检疫证书，包括备注注册企业信息、检疫处理情况以及在"附加声明"栏中标注格式化的声明内容。

7. 双方对输出国家或地区的植物检疫证书样本进行确认；

8. 输华粮食应办理进口检疫审批，从指定的口岸入境，并在经海关核准的加工厂生产加工；

9. 海关在输华粮食入境时实施检验检疫，明确针对发现的各类疫情相应采取的处理措施；

10. 明确双方就输华粮食检疫问题进行磋商的工作机制，包括检疫技术交流、海关总署派检疫官员赴输出国家或地区开展实地考察或预检、对议定书进行回顾性评估等工作。

二、检疫审批

进境粮食检疫审批受理及初审机构是粮食进境口岸所在地直属海关，终审机构是海关总署或其授权的直属海关。受理申请后，根据法定条件和程序进行全面审查，审查内容主要包括申请单位提交的材料是否齐全，输出和途经国家或地区有无相关的动植物疫情，是否符合中国有关动植物检疫法律法规和部门规章的规定，是否符合中国与输出国家或地区签订的双边检疫协定（包括检疫协议、议定书、备忘录等），输出国家或地区和生产企业是否在海关总署公布的相关检验检疫准入名单内，审查其运输、生产、加工过程是否符合检疫审批规定，按照有关规定审核其上一次审批的进境动植物检疫许可证的使用、核销情况。自受理申请之日起20个工作日内依法作出准予许可的，签发进境动植物检疫审批许可证；或者依法作出不予许可的决定。

进境粮食的检疫审批已完全实现网上办理，可在海关行政审批网上办理平台或者"互联网+海关"一体化办事平台完成申请、审核、出证、核销等手续。

三、注册登记

（一）注册登记的条件

境外粮食生产企业应符合输出国家或者地区法律法规和标准的相关要求，并达到中国有关法律法规和强制性标准的要求；获得输出国家或者地区主管部门的认可；具备过筛清杂、烘干、检测、防疫等质量安全控制设施及质量管理制度，禁止添加杂质。

（二）注册登记的程序

境外粮食生产加工企业应通过输出国家或者地区主管部门的审查合格，并由输出国家或者地区主管部门向海关总署推荐；海关总署对推荐材料进行审查确认，符合要求的国家或者地区的境外粮食生产加工企业，予以注册登记。

（三）注册登记的有效期

境外粮食生产加工企业注册登记有效期为4年。需要延期的，在有效期届满6个月前提出申请，经确认后有效期延长4年。

根据情况需要，海关总署组织专家赴境外对申请注册或申请延期的境外粮食生产加工企业进行实地抽查。

四、申报单证审核

对于进境粮食许可证件，审核重点包括证件是否在有效期内；报关单与许可证件以及证件间的商品编码、原产国（地区）等信息是否一致；报关单的申报数量是否超过许可数量的百分之五；证件申请单位、报关单的收/发货人、合同对外签约方、境内消费使用单位等相关方之间的逻辑关系是否符合要求；境外生产、加工、存放企业是否已获得海关总署的注册资质；入境口岸是否与许可证列明的口岸一致，是否符合进境粮食指定监管作业场地要求等；此外还需对证件进行核销。

对于输出国家或地区出具的检验检疫证明类单证，检查的重点包括单证的真伪识别，单证的内容是否符合要求，签字、印章、有效期、签署日期和表述内容等是否真实有效；植物检疫证书附加声明内容是否符合议定书要求等。

五、现场查验

（一）查验前准备

对进境粮食实施检验检疫前，查验人员应当根据报关企业提供的单证，详细了解货物产地、品种和货物装载、处理、运输情况，并根据输出国家或地区疫情发生情况，制订检验检疫方案。针对船载大宗散装粮食，应要求货主或者货物代理人及时通报货物运输情况、货物到达检疫锚地的时间，及时联系船舶代理安排开舱通风，如需实施锚地检疫，还需根据天气情况适时安排拖轮开展锚地登轮查验；确定登轮检疫时间以及相关施检人员，并做好登轮检验检疫记录相关准备。针对集装箱装运的粮食，应要求货主或者货物代理人及时通报货物运输情况，并在规定的时间内将货物运至指定查验场地，且须在箱口铺设编织布或塑料膜。此外，查验前还应准备好相关工具，如套管取样管、放大镜、显微镜、镊子、筛子、毛刷、手电筒、指形管、取样袋、样品袋卡口、扦样包、长孔筛或圆孔规格筛（根据粮食品种选择相应的规格筛）、长筒雨靴、样品袋、塑编袋、熏蒸剂残留检测仪、样品标签、查验 PAD 等。

（二）现场查验实施

进境粮食不同的运输方式和装载状态，其现场查验的事项和操作有所不同。船载散装和集装箱装载是目前进境粮食最主要的两种运输方式，现场查验具体要求如下：

1. 船载大宗散装粮食

船载大宗散装粮食现场查验主要包括运输工具检查、熏蒸剂残留检查、粮食表面检查、过筛检查。

查验人员登轮后，首先检查船舱四周是否有活虫、昆虫残体、动植物及其产品残留物、垃圾、杂质、检疫性有害生物等，向承运人了解货物装货港、运输线路及停靠港口、航行途中异常天气、熏蒸散气及熏蒸剂残渣清理、上一航次装载货物种类等情况，必要时并应查阅航海日志，索取货物配载图，核对货物种类、数量等与报关单证是否一致，有无来自不同国家或地区的粮食，不同国家或地区的粮食是否分舱装载。

运输工具检查完成后，在下舱实施粮食表面检查前，应进行熏蒸剂残留检查。用熏蒸气体检测仪检测舱内熏蒸气体浓度，特别要关注未满舱装载的船舱；查看货物表面是否有熏蒸剂残留物。发现熏蒸剂残留物，或者熏蒸气体浓度超过安全限量的，暂停查验；熏蒸剂残留物经有效清除且熏蒸气体浓度低于安全限量后，方可恢复现场查验活动（如图5-2所示）。发现异常情况的，应作好记录，并进行拍照或录像。

图5-2　海关实施熏蒸剂残留检查

粮食表面检查重点关注货物是否有水湿结块、发霉变质、发热酸败、异味等情况，情况严重的，应暂停查验并通知货主或其代理人；检查有无鼠类、鸟类等动物及尸体、动物排泄物等情况，必要时应启动重大动物疫情应急处置预案（如图5-3、图5-4所示）。

图 5-3　海关实施粮食表面检查

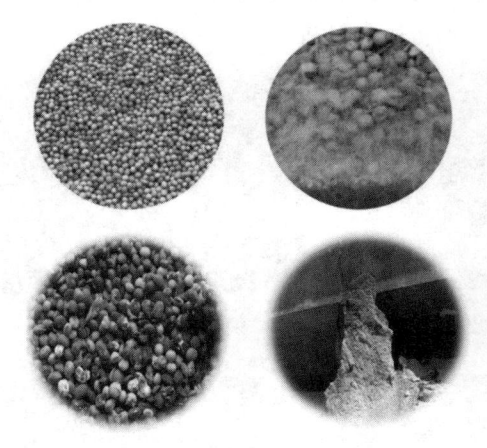

水湿结块、发霉变质　　　　　动物及尸体、动物排泄物

图 5-4　粮食表面检查重点关注内容

查验人员在船舱内选取均匀分布的 30~50 个点，每个点至少抽取 0.2kg 粮食并使用合适筛孔的圆孔套筛进行过筛检查。根据不同粮食种类选择不同孔径的圆孔筛，大粒用 4.5mm~5mm 圆孔筛，中粒用 3mm 圆孔筛，小粒用 1mm 圆孔筛。用回旋法过筛，回旋次数 6~10 次，用肉眼或放大镜检查筛下物中有无昆虫、杂草籽、粮谷残留物、小土壤颗粒；同时检查筛上物，注意挑选可疑粮食病粒、菌瘿及大型土块、仓储害虫，做初步感官鉴别，并作详细记录，将筛上物和筛下物分别装入样品袋，做好样品标签放入样品袋中，带回实验室作进一步检查（如图 5-5、图 5-6 所示）。同时，将现场无法鉴别的昆虫、杂草籽、可疑粮食病粒装入指形管并标

识，将外观气味异常的部分粮食单独扦取样品作为特殊样品，一并带回实验室作进一步检测。在过筛检查过程中，注意检查舱壁及扦样点四周有无蜗牛等软体动物、昆虫等情况；发现疑似种衣剂粮食、菌瘿等情况的，应扩大检查范围并作好记录，进行拍照或录像，及时将情况上报。

图 5-5　粮食过筛检查

杂草籽（假高粱） 　　活虫（谷斑皮蠹幼虫） 　　菌瘿（TCK 菌瘿）

其他粮食种子 　　可疑粮食病粒 　　麦角

可疑种衣剂粮食

图 5-6　粮食过筛检查重点内容

现场检验检疫未发现重大疫情和质量安全问题的，准予靠泊、卸货；发现 TCK、TIM、活的检疫性昆虫和蜗牛等重大疫情，种衣剂粮食、麦角、有毒杂草籽（毒麦、曼陀罗、猪屎豆属、麦仙翁、蓖麻）等重大质量安全问题，按规定上报，经同意后方准卸货，或按批准的方式处理后方准卸货。

2. 集装箱装载粮食

集装箱装载粮食现场查验主要包括核查货证、集装箱箱体检查、操作安全检查、现场查验及过筛检查。

查验人员现场核对抽检集装箱号码、铅封等信息与报关单证信息是否一致，并逐个检查集装箱有无变形、破损、渗水等情况，箱体表面有无附着土壤及软体动物等有害生物。在开启箱门实施检查前，应做好安全防护，并检查集装箱口挡板固定是否牢固，必要时进行加固，防止粮食突然倾泻造成安全事故。开箱时，用熏蒸气体检测仪检查集装箱内熏蒸剂残留浓度。发现熏蒸剂残留物，或者熏蒸气体浓度超过安全限量的，暂停查验；及时通知货主或其代理人将集装箱转移至安全地点，有效清除残留物并进行通风散气，直至低于安全限量后方可恢复现场查验活动。

查验集装箱装载的散装粮食，现场重点检查箱壁和四角有无活体昆虫、蜗牛等软体动物等；检查有无鼠类、鸟类等动物及尸体、动物排泄物等情况，必要时应启动重大动物疫情应急处置预案；检查是否有水湿结块、发霉变质、发热酸败、异味等情况；情况严重的，应暂停查验并通知货主。在箱内选取均匀分布的 7 个点，每个点至少抽取 0.2kg 粮食进行过筛检查。过筛检查使用的套筛以及具体操作、重点检查内容、异常情况处理等按照船载大宗散装粮食的过筛检查执行。

查验集装箱装载的袋装粮食，应检查粮食包装的标记、品种、等级是否相符，包装有无破损、污染、异味，包装内外有无虫痕，并注意查看袋中的粮食及包装内层四角、缝线等部位是否有有害生物的生存痕迹；对开箱查验的每个集装箱，还应随机抽取 3~5 袋粮食进行倒包检查，发现问题可适当增加倒包数量。倒包检查应将抽查的袋装粮食全部倒出并置于干净的水泥或者干净的铺垫物上进行检查，同时采用取样铲、单管扦样器等取样工具及其相应的取样方式，结合倒包检查进行取样过筛，检查内容及异常情况处置参照船载大宗散装粮食的过筛检查执行。

(三) 现场查验案例

1. 因多次从进境澳大利亚大麦中检出多种检疫性有害生物暂停从澳大利亚某企业进境大麦

2020年前三季度，黄埔、广州、宁波、南京、大连、南宁、青岛等口岸陆续在澳大利亚输华大麦检出我国检疫性有害生物——小麦线条花叶病毒。由于该病毒是种源性传播型病毒，其寄主范围广，通过种子传播，可危害小麦、玉米、燕麦、大麦、黑麦等作物，造成作物减产30%~50%，严重的甚至绝收。一旦该病毒传入扩散，会对我国小麦、玉米等作物的生产造成严重危害，并对生态环境安全造成巨大威胁。为保护国家生态安全，防止疫情传播，结合有害生物的特性以及进境大麦的用途及加工工艺，上述海关对检出小麦线条花叶病毒的大麦其装卸、运输、场地消毒、加工工艺、定点加工、监管协调等实施有针对性的监督管理，同时各地口岸海关对进境玉米加强了对小麦线条花叶病毒的现场查验、实验室检测工作。此外，从澳大利亚输华大麦中还多次检出硬雀麦、法国野燕麦、北美刺龙葵等我国检疫性有害生物，为防止有害生物传入，根据《进出境动植物检疫法》及其实施条例、《进出境粮食检验检疫监督管理办法》等相关规定，海关总署撤销违规情况严重的澳大利亚某企业输华大麦注册登记资质，暂停其大麦进口，并向澳方主管部门进行了通报。

2. 进境美国玉米因检出我国未批准的转基因品系而被退回、转口、销毁

2013年10月，深圳口岸从一船进口的美国玉米中检出未经我国农业部门批准的MIR162转基因成分，国家质检总局根据我国《农业转基因生物安全管理条例》等有关规定，立即开展风险评估并实施紧急措施——对后续进境美国玉米实施100%的转基因检测，而且散装船载玉米需表层转基因检测结果合格方可卸货；同时对现场检疫、抽样送检、检测复核等环节的工作提出了明确、统一的规范做法。这样既可确保对货物的符合性进行准确判断以便第一时间对不合格货物作出及时反应，也可以减少因卸载、存放等操作对设备和场地的污染，尽量将风险控制在源头以及最小的范围。2013年年底至2014年年初，我国陆续从90多万吨进口美国玉米中检出含有未经当时我国农业部门批准的MIR162转基因成分，各地检验检疫机构依法对不合格玉米作退回、转口或销毁处理。国家质检总局还将相关情况通报美方，要求美方加强对输华玉米的产地来源、运输及仓储等环节的管控，确保进口玉米符合我国《农业转基因生物安全管理条例》的有关规定；同时提请有关进口企业要注意依法保护自身利益，合同中宜明确进口玉米要符合我国的法律法规。

六、抽取样要求

（一）抽样工具或设备及使用操作

进境粮食常见的抽样工具包括双套管扦样器、取样铲、单管扦样器、机械自动化取样设备、深层扦样器等。

1. 双套管扦样器

适用于散装静态粮食的取样。根据粮食存放形式，选择适宜长度的双套管手持扦样器，关闭流样口，保持流样口向斜上方，用力将扦样器按与货物表层近于垂直的方向插入，旋转扦样器手柄180°打开流样口，紧握探管上下移动几次，然后回旋手柄关闭流样口，从货层拔出扦样器，旋开流样口，将抽取的样品无损失地倒入盛样容器或样品袋中。

2. 取样铲

能够分层次抽样时，从各个抽样点货物表面10cm以下铲取一定数量的样品，将抽取的样品无损失地倒入盛样容器或样品袋中，逐点抽取，直至抽完应抽各点样品。

3. 单管扦样器

适用于袋装粮食的抽样。手握扦样器把柄，流样口向下，从袋或袋的一角按对角线的方向插入袋内二分之一以上位置，旋转扦样器约180°使流样口向上，稍停片刻，使粮谷流入扦样器探管内，保持流样口向上的方向拔出扦样器，从手柄端将样品倒入盛样容器或样品袋中。

4. 机械自动化取样设备

适用于动态粮食的取样。依据卸货粮流速度，按每卸1000吨扦取1个样品，扦样频次至少设定100次的要求，按照设备具体参数设定方法设定。

5. 深层扦样器

适用于抽取粮食深层样品。将合适长度的抽样管沿水平方向插入货物内，当取样管顶端到达预先确定的第一个取样点后启动深层扦样器电源抽取样品，以后各取样点依次操作。

(二)抽样准备

根据装载粮食的运输工具、装载状态、查验现场条件等情况确定抽样方式并选择相应的抽样工具或设备。

对于船载散装粮食,查验人员可选择双套管扦样器和取样铲;如有机械自动化取样设备的,结合卸粮流速、取样数量、扦样频次等要求设定设备具体参数。(如图 5-7、图 5-8 所示)

图 5-7　人工取样 　　　　图 5-8　自动取样设备取样

对于集装箱装载的散装粮食,如集装箱内剩余空间较大,查验人员可以正常进入并能随机扦取到箱内任何部位样品时,可选择双套管扦样器;如箱内剩余空间较小,查验人员无法正常进入集装箱时,则可根据箱口挡板情况选择合适的抽样方式,常见的有以下三种方式:一是若封装挡板采用纸质或其他易于取样工具穿透的材料,可选择深层扦样器取样法;二是若封装挡板采用木板或其他取样工具难以穿透的材料,可选择集装箱立箱机配合机械、半机械深层扦样法;三是可将粮食卸至指定场所仓库,参照 SN/T 2504—2010《进出口粮谷检验检疫操作规程》等标准中散装库房粮食的方法取样。(如图 5-9 所示)

进入集装箱内抽样 　　　　在集装箱口进行抽样 　　　　集装箱立箱机配合半机械深层抽样

图 5-9　集装箱散装粮食抽样

对于集装箱装载的袋装粮食，查验人员可进入箱内或者通过掏箱随机抽取使用单管扦样器或倒包取样；无法进入箱内或者无法现场掏箱的，可将粮食卸至指定场所仓库，参照 SN/T 2504—2010《进出口粮谷检验检疫操作规程》等标准中库房堆垛粮食的方法取样。

（三）船载大宗散装粮食抽取样

表层粮食抽样参照 SN/T 0800.1《进出口粮油、饲料检验 抽样和制样方法》、SN/T 2504—2010《进出口粮谷检验检疫操作规程》、SN/T 2546《进境木薯干检验检疫规程》等标准，使用清洁卫生的抽样工具如金属双套管取样器、取样铲等，在距离船舱四壁至少 1m 远的全舱范围内至少均匀布点 50 个，从各个抽样点货物表面 10cm 以下扦取原始样品。每舱抽取一份不少于 5kg 的复合样品。

卸货过程抽样，对需实施法定品质检验、安全卫生及转基因检测、计算杂草籽等含量的，在表层扦取第 1 份小批样品后，每 1000 吨增加 1 个抽样批，不足 1000 吨的按 1000 吨计算，按 SN/T 0800.1《进出口粮油、饲料检验 抽样和制样方法》、SN/T 2504—2010《进出口粮谷检验检疫操作规程》、SN/T 2546《进境木薯干检验检疫规程》等标准扦取样品；如为机械自动扦样，依据卸粮流速度，按每卸 1000 吨扦一个样，扦样频次按照设备参数设定。除上述情况外的，可按上、中、下分舱分层取样。

（四）集装箱粮食抽取样

在抽检的集装箱内随机选取 7 个点抽取样品，尽量保证采样点在集装箱内分布均匀。

对于集装箱装载的散装粮食，同一报关号、同一品种、同一等级的粮食报关数量少于 10000 吨的，每 500 吨扦取 1 个原始样品，样品量不少于 8 千克，不足 500 吨的按 500 吨计，扦取 1 个原始样品；报关批数量大于 10000 吨的，以 10000 吨扦取 20 个原始样品为基数，每个样品量不少于 8 千克，每超过 1000 吨增加 1 个原始样品，不足 1000 吨的按 1000 吨计，扦取 1 个原始样品。

对于集装箱装载的袋装粮食，同一报关号、同一品种、同一等级的粮食根据其报关数量按照集装箱散装粮食的计算方式确定原始样品总数，再按照以下规则确定抽样袋（件）数，随后从抽检的集装箱内随机选取相应数量袋（件）粮食进行扦样：

报关总件数10袋（件）以下，逐袋（件）扦取；

报关总件数10~100袋（件），随机取10袋（件）；

报关总件数100袋（件）以上，按总袋（件）数的平方根扦取（计算结果取整数，小数部分向上修约）。

（五）样品保存

1. 样品的盛装。样品应用容量适宜的规定容器或样品袋盛装并密封，样品应防止任何外来杂质的污染、日晒、雨淋，避免其质量变化及外来生物的感染与寄生、繁衍等外部因素对样品引起的变化。

2. 样品的标识。抽取的样品应加以唯一性标识。样品标识至少应包括以下内容：报关单号、样品编号、货物名称、抽样时间和抽样人。

3. 样品留存。留存样品在通风、干燥、防虫的条件下保存。如不合格需对外出证索赔的，样品应当至少保留6个月。

七、定点加工储存企业核准

海关总署根据不同粮食种类、使用用途分别制定了进境粮食（油菜籽除外）加工企业、进口油菜籽加工储运、进口粮储备库和进口大豆期货指定交割库等检验检疫考核条件。各地海关对照相应的考核条件对进境粮食加工、存放企业、进口大豆期货指定交割库进行评审和核定。通过核准的企业，在海关总署官方网站上公布。

定点加工、存放企业的核准条件主要包括环境条件、管理制度要求、装卸场地要求、仓储条件、生产加工条件、下脚料及包装材料处理要求、视频监控要求和运输要求八方面的内容。

（一）环境条件

企业生产加工环境整洁；厂区相对隔离；厂区以及接卸港口1000米范围内没有种植与进境粮食种类相同的粮食作物。

（二）管理制度要求

企业应制定针对进境粮食接卸、储存、运输、加工、下脚料收集与处理、疫情监测、应急处置、防疫管理领导小组等防疫管理制度及措施，并纳入企业质量安全管理体系；管理制度及措施应上墙，或放置在明显位置。

加工企业与接卸、运输企业应签订防疫责任书，督促落实接卸、运输过程的防疫措施。

（三）装卸场地要求

企业的装卸场所相对封闭独立，卸货口附近应有一定高度的遮挡物；周边地面平整、硬化，无裸露土壤，面积应与装卸业务量相匹配，有防雨水设施。

（四）仓储条件

符合防疫、防鼠要求；有出入库记录；有除害处理常用药剂及器械或设施；仓容与加工能力相匹配。

（五）生产加工条件

进境粮食加工工艺流程应具备粉碎或者蒸热等工艺，确保破碎粮籽及其携带的杂草种子，最终加工产品不得带有完整籽粒；确保杂草种子达到灭活效果。

饲用粮日、年加工能力应符合一定要求，每次申请量应与其仓储及生产能力相适应，且不低于1000吨。

（六）下脚料及包装材料处理要求

企业厂区内应有下脚料（含废弃物）及包装材料专用存放库或场地、无害化处理设施。如无无害化处理设施，应与具备处理条件的企业签订委托处理协议。

（七）视频监控要求

接卸场地、加工企业的装卸、下脚料收集和处理等关键环节应安装视频监控设施。

（八）运输要求

企业应当选用密闭性能良好的粮食运输工具（包括船、车），鼓励使用粮食专用船、专用车，并采取有效的防撒漏措施。

八、进境粮食后续监管

进境粮食后续监管的内容主要包括防疫管理、调运管理、加工管理、储备粮/期货交割粮出库管理四方面。

(一) 防疫管理

进境粮食装卸、运输、加工、下脚料处理等环节应当采取防止撒漏、密封、消毒等防疫措施。

进境粮食装卸过程应及时清理装卸场地撒漏的粮食，对进出装卸场地的运输工具等采取清洁措施，必要时应对装卸场地、运输工具等作消毒处理等。粮食装卸或调运的运输工具应当符合密闭、无漏洞、无裂缝等防疫条件以及清洁、干燥、无异味、无有毒有害物质污染等安全卫生条件；鼓励使用自动卸粮及取制样系统装卸粮食；鼓励使用专用集装箱、厢式货车、铁路运粮车等运输工具调运粮食；使用驳船的，必须盖上舱盖或帆布。

加工、存放企业的厂区环境、仓库条件、功能区布局应符合相关要求；加工工艺具备有效杀灭杂草籽、病原菌等有害生物的条件。

进境粮食装卸过程产生的撒漏物、生产加工存放过程产生的下脚料和废弃物，应及时清理、收集并存放于专用的储存场所；装载撒漏物、下脚料和废弃物的运载工具应密闭、无漏洞，运输结束应及时做好清洁或消毒工作；进境粮食产生的下脚料应按要求自行或者委托他人进行有效的热处理、粉碎或者焚烧等除害处理。

企业应按要求开展有害生物和粮食自生苗监测及时配合做好铲除工作，并作好记录。

(二) 调运管理

1. 进境粮食调运的一般要求

加工、存放企业/储备库在进境口岸隶属海关辖区外的，进境口岸隶属海关审核进口商、储备库或定点加工企业申报的转运方式、运输路线及运输工具是否符合要求，在"进境粮食检验检疫管理系统"签发进境粮食调运/入库联系单，指运地隶属海关确认后，方可调运。

进境粮食调运过程中，中途需更换运输工具的，收货人或者其代理人应联系粮食换装地点所在地海关实施监管，换装地点防疫要求参照进境粮食指定监管作业场地条件。进境口岸、指运地及换装场所所在地海关建立沟通协作机制，确保监管工作有效对接。

2. 进境储备粮的调运要求

对进境储备粮食的调运，在满足一般要求的前提下，如进境口岸与储备库分属不同直属海关辖区，入库联系单需由两地所在地直属海关核准同意。

3. 期货大豆的调运要求

对期货用途的进口大豆，收货人或者其代理人须填报进口大豆期货交割出/入库联系单，并注明转运方式、运输路线、运输工具及防疫措施，经大连商品交易所（以下简称"大商所"）初审、海关核准后，到指定期货交割库办理大豆入库手续。

4. 变更流向

粮食入境后，原指定加工/储存单位因加工能力或仓容等客观原因而不能继续加工/储存，或者因进境粮食质量安全问题作改变用途处理等原因需变更进境流向的，收货人或者其代理人应向进境口岸所在地海关提出申请并随附相应证明材料，办理变更流向手续，由原流向地、拟流向地及入境口岸所在的海关审核同意后实施。

5. 发运管理

口岸经营单位应根据海关准调指令发运进境粮食，并在"进境粮食检验检疫管理系统"中填报发运明细；进口粮食加工、存放企业也应实时填报粮食出入库、加工等情况。

（三）加工管理

加工、存放企业是否针对进境粮食建立进境、接卸、运输、存放、加工、下脚料处理、发运流向等相关的生产经营档案，且按规定期限保存；是否存在擅自调运、加工、使用进境粮食的情况；其装卸、储存、地磅、查验、处理、下脚料堆放场所等关键区域视频监控是否正常运行，并可提供相关的监控记录。

加工企业是否按照报备的工艺流程对进境粮食进行加工或使用；进境粮食实际生产用量、仓储、生产加工能力是否与其申报备案情况相符，实际生产用量是否与成品数量匹配，是否与生产销售记录、生产时间以及原辅料投入量吻合。

（四）储备粮/期货交割粮食出库管理

进境粮食用作储备、期货交割等特殊用途的，储备粮出库、期货大豆出库应办理相关手续，企业可以通过"进境粮食检验检疫管理系统"线上申请。

进口储备粮出库需事先办理出库申请，并报所在地海关审核同意。加工企业与储备库分属不同直属海关辖区的，则需由相关直属海关审核同意。

期货用途的进口大豆调出交割库须事先办理出库申请，并说明转运方式、运输路线、运输工具及防疫措施，经大商所初审、海关核准后，到指定期货交割库办理大豆出库手续。加工企业与交割库分属不同直属海关辖区的，则需由相关直属海关审核同意。

九、外来有害杂草监测

（一）监测对象

监测对象包括检疫性杂草和其他外来有害杂草。检疫性杂草包括《中华人民共和国进境植物检疫性有害生物名录》中的杂草和对外协议、海关总署发布的警示通报等相关文件列明应进行管理的杂草；其他外来有害杂草，指非中国原产，对经济环境有一定负面影响，且尚未在本辖区正式报道或监测到的外来杂草。

（二）监测要求

直属海关根据粮食进境港口、接卸码头、运输沿线、定点加工厂、仓库等分布情况以及往年监测疫情情况，提前制订下一年的年度监测方案。监测方案包括根据当地气候条件确定适宜的监测时间、地点、人员与职责分工，以及针对上年监测疫情的监测重点和防除效果跟踪。从事监测工作的人员应具备杂草生物学鉴别知识，特别是熟悉本地杂草和检疫性杂草的鉴别能力，或者监测时邀请或聘请具有相关背景知识的专家参加监测工作。

（三）监测方法

1. 一般监测方法

监测人员按照监测方案在监测区域或监测点内踏查、逐株检查，携带定位仪记录检查路线。发现进口粮食撒落甚至生长成株的区域，应作为外来杂草重点监测区域。

发现疑似检疫性杂草或可疑的非本地杂草时，用数码相机采集高分辨率的植株图像资料，尽可能包括：整株形态，根、茎、叶、花、果、种子形态，环境状态等，尤其保证叶、花、果实和种子的清晰图片；同时采集标本、填写监测记录、建立监测档案，并将采集疑似或可疑的杂草制作标本。

发现疫情的，应扩大一倍监测范围、增加一倍监测频率。采取根除措施 2 年后未发现新疫情的可恢复常规监测程序。

2. 不同地点监测方法

港口、码头、仓库：需对装卸、储存地及周边区域进行监测，范围不少于 1000 米，对农田边缘、围墙墙角、排水口外及清扫垃圾（下脚料）堆放处等应进行重点检查。

公路、铁路：从公路、铁路的启运地点开始，沿运输方向对道路两侧 20 米范围进行监测。遇水渠、农田、交叉路口、垃圾场等特别适宜杂草滋生的区域进行重点监测。如发现检疫性杂草或外来杂草的，应向启运地点及目的地方向连续监测 2000 米。

航道：内陆运输航道以装卸码头向下游 20 千米堤岸河滩为重点，兼顾沿岸周边使用河水蓄水的鱼塘、浇灌的农田等。

定点加工厂：厂区内部，包括生产区、生活区、办公区等所有区域；重点包括农田、围墙周边、员工通道及垃圾（下脚料等）堆放处等地。厂区外围完全硬化地面超过 1000 米的，可不进行监测。

（四）鉴定和标本

1. 鉴定与复核

非首次发现的检疫性杂草或外来杂草，如根据植物学形态特征可以自行鉴定的，保留图像资料和地理信息记录。

首次在隶属海关关区发现的疑似检疫性杂草或可疑的非本地杂草，图像资料和标本送直属海关实验室鉴定，直属海关负责辖区内监测杂草的鉴定复核；属该直属海关辖区首次发现或不能鉴定的，应在规定时间内送有关专家进行复核和鉴定，国门生物安全监测秘书处（以下简称"秘书处"）和上海海关负责组织相关专家对各直属海关监测检疫性杂草的鉴定复核，必要时送国内外权威植物分类研究机构复核。杂草鉴定复核以实物标本为准。

2. 标本

杂草标本采集应包括根、茎、叶、花、果实，尽量注意其完整性。监测当年发现的检疫性杂草均制作至少 1 份标本留存。首次发现的疑似检疫性杂草或可疑的非本地杂草的，应至少制作 3 份植株标本。

（五）应急处置

监测范围内经鉴定为检疫性杂草和外来有害杂草的疫点，应启动应急预案，并及时向海关总署报告。必要时与当地农业、林业、环保等相关部门成立疫情防除联合小组负责疫情防除工作。

港口、码头、仓库、堆场、定点加工厂内的疫点在确认为苗期、偶发、零星的情况下可采取一次性防除措施。连片发生的，可根据生物学特性以及发生的地点、程度和环境等情况采取化学防除或组合防除措施。地面硬化、替代种植等辅助措施可强化防除效果。经防除的疫点应作为下一年度监测的重点，连续 2 年未发现疫情的，视为防除成功。如发现疫情反复，应加大防除力度，持续防除。

（六）记录与报告

杂草监测、鉴定、处理等应作详细记录，所有记录表建立专门档案，永久保存。对于国内或省内首次发现的疫情、面积较大并有扩散可能的疫情、扩大监测面积后发现更多疫情、可能来自新途径的疫情等重要情况的，各直属海关应及时向海关总署提交疫情专报，就疫情发生的地点、范围、程度、鉴定结果、处理及方法、分析建议等情况进行报告。

直属海关每年应在规定时间向海关总署和秘书处提交本年度杂草监测报告，报告应包括粮食进口及监管概况，监测结果、防除效果、问题分析、措施建议等。

第六章
出境粮食检验检疫监管措施

CHAPTER 6

第一节
出境粮食生产加工企业监督管理

一、注册登记

出境粮食企业注册登记是指海关依法对出境的粮食种植基地及生产、加工、存放单位（以下简称"出境粮食企业"）的资质、安全卫生防疫条件和质量管理体系进行考核确认，并对其实施监督管理的一项具体行政执法行为。其目的是从源头控制出境粮食质量安全，破解国外贸易性技术壁垒，维护国家利益和形象，提高我国粮食在国际市场的竞争力。海关总署对全国出境粮食企业实施注册登记统一管理，输入国家或者地区要求中国对向其输出粮食企业注册登记的，直属海关负责组织注册登记，并向海关总署备案。

申请注册登记的出境粮食企业应当按照《出境动植物及其产品、其他检疫物的生产、加工、存放单位注册登记行政审批事项服务指南》向所在地直属海关申请，提交出境粮食生产、加工、存放企业注册登记申请表，提供本企业厂区平面图及简要说明；涉及本企业粮食业务的全流程管理制度、质量安全控制措施和溯源管理体系说明；有害生物监测与控制措施（包括配备满足防疫需求的人员，具有对虫、鼠、鸟等的防疫措施及能力）等有关资料。注册登记申请程序及内容如下。

（一）申请条件

1. 具有法人资格，在工商行政管理部门注册，持有企业法人营业执照，并具有粮食仓储经营的资格。

2. 仓储区域布局合理，不得建在有碍粮食卫生和易受有害生物侵染的区域，仓储区内不得兼营、生产、存放有毒有害物质。具有足够的粮食储存库房和场地，库场地面平整、无积水，货场应硬化，无裸露土地面。

3. 在装卸、验收、储存、出口等全过程建立仓储管理制度和质量管理体系，并运行有效。仓储企业的各台账记录应清晰完整，能准确反映出入库粮食物流信息及在储粮食信息，具备追溯性。台账在粮食出库后保存期限至少为2年。

4. 建立完善的有害生物监控体系，制定有害生物监测计划及储存库场防疫措施（如垛位间隔距离、场地卫生、防虫计划、防虫设施等），保留监测记录；制订有效的防鼠计划，储存库场及周围应当具备防鼠、灭鼠设施，保留防鼠记录；具有必要的防鸟设施。

5. 制订仓储粮食检疫处理计划，出现疫情时应及时上报海关，在海关的监管下，由海关认可的检疫处理部门进行除害处理，并做好除害处理记录。

6. 建立质量安全事件快速反应机制，对储存期间及出入库时发现的撒漏、水湿、发霉、污染、掺伪、虫害等情况，能及时通知货主、妥善处理、做好记录并向海关报告，未经海关允许不得将有问题的货物码入垛内或出库。

7. 仓储粮食应集中分类存放，离地、离墙、堆垛之间应保留适当的间距，并以标牌示明货物的名称、规格、发站、发货人、收货人、车号、批号、垛位号及入库日期等。不同货物不得混杂堆放。

8. 应具备与业务量相适应的粮食检验检疫实验室，实验室具备品质、安全卫生常规项目检验能力及常见仓储害虫检疫鉴定能力。

9. 配备满足需要的仓库保管员和实验室检验员。经过海关培训并考核合格，能熟练完成仓储管理、疫情监控及实验室检测及检疫鉴定工作。

出境粮食中转、暂存库房、场地、货运堆场等设施的所属企业，应符合以上2、4、5、6、7条要求。

（二）办理流程

申请人向海关递交材料。海关向申请人出具受理单或不予受理通知书；所在地海关受理申请后，应当根据法定条件和程序进行全面审查，自受理之日起20个工作日内作出决定；经审查符合许可条件的，依法作出准予注册登记许可的书面决定，并送达申请人，同时核发注册登记证书。经审查不符合许可条件的，出具不予许可决定书。

（三）办理时限

自受理行政许可申请之日起20个工作日内作出行政许可决定。20个工作日内不能作出决定的，经本行政机关负责人批准，可以延长10个工作日。

（四）首次、变更、延续、注销申请

首次、变更、延续、注销申请均按上述流程及时办理。

（五）有效期及换证

注册登记有效期为3年。出境粮食企业应当在注册登记证书有效期满前3个月向直属海关提出复查申请。受理申请的直属海关对申请企业进行复查，合格的予以换证，不合格的或者未申请换证的不予换证。

二、分类管理与日常监管

海关部门根据质量管理、设施条件、安全风险防控、诚信经营状况，以出境粮食分类和产品风险分级为基础，针对不同级别的粮食企业，在粮食企业报关、出境检验检疫、查验及日常监管等方面，对出境粮食企业及产品采取差别化检验检疫监管措施，实施分类管理。

分类管理的核心是运用风险分析原理，对出境粮食进行风险分级，并以出境粮食企业的生产、加工、存放规模、对产品质量控制能力和诚信程度等要素，对粮食企业进行分类。对不同粮食企业和不同粮食品种采用不同出口抽查比例和监管方案，实施差别化管理，以引导企业树立产品质量安全主体责任和诚信经营意识，促进企业提升能力，诚实守信，自我完善，促进通关便利化。出境粮食企业分类管理制度主要包含以下3方面内容。

（一）企业评估分类

海关根据出境粮食企业信用状况，风险分析和关键控制点体系建立情况，生产管理和自检自控能力、产品质量状况、遵纪守法情况和人员素质等要素，对粮食企业进行评估和分类。同时，根据日常监管等情况可对粮食企业类别进行动态调整。通过正面激励引导和负面鞭策促动等措施，增强粮食企业产品质量安全意识，提升企业自检自控能力和管理水平。

出境粮食企业分类的依据之一是企业的诚信程度。2009年，海关总署印发了《出入境检验检疫企业信用管理工作规范（试行）》和《出入境检验检疫企业信用管理操作指南（试行）》，为出境粮食诚信管理体系建设奠定了基础，并进一步推进了企业诚信管理在出境粮食企业分类管理中的应用。企业诚信制度就是根据相关信息要素，对出境粮食企业信用进行评价，并将评价结果在一系列检验检疫工作中加以运用的出境粮食企业管理制度。通过建立出境粮食企业检验检疫信用等级评价体系，实施具体的可操作的信用评价考核措施和方法，引导企业自觉遵守有关法规。根据出境粮食企业信用等级、海关在受理报关、出口检验检疫和日常监管等各工作环节采取不同的措施，对信用良好的企业减少抽检、查验、监管频率，强化企业产品质量第一责任人的意识，促进出境粮食企业形成自我管理、自我约束和自觉诚信经营。

1. 采集诚信管理信息

诚信管理信息是实施检验检疫诚信管理的必要基础，海关通过出境粮食企业信息登记（出口报关注册填报的企业基本情况、电子档案内容）、信息调查（实施检验检疫和实验室检测的结果、检查记录，国内外客户的质量反映，企业获得的质量荣誉、不良行为、违规处罚记录等）、信息征询（获取市场、工商、商务、税务等相关对外贸易关系人对出境粮食企业的诚信记录信息）等方式，采集相关诚信信息，并进行整理、汇总、分析、评估，建立可供查询的外经贸企业诚信管理电子信息库。

2. 进行诚信评级

诚信评级是以统计方法确定科学的指标体系和量化标准，对出境粮食企业的履约可信程度进行客观、公正地分析和判断，并运用明确的文字符号来标明等级的活动。目前，海关根据日常采集的企业信用情况，将企业分为A、B、C、D四个信用等级。

3. 应用管理

根据出境粮食企业诚信等级，实施分级管理。A级企业重点支持，B级企业积极引导，C级企业加强监管，D级企业重点监管。同时，对严重失信企业采取即时布控、即时降级和列入黑名单等措施。按照守信受益、失信惩戒机制、根据信用等级评定结果，对不同级别的出境粮食企业实行相应的检验检疫监督管理措施。

（二）产品风险分级

运用风险分析原理，全面收集和分析出境粮食的特性、贸易国别、历史质量状况等各种信息，以及出境粮食可能携带的有害生物和有毒有害物质、按照一定的程序进行风险评估，评价并确定产品风险等级或风险项目等级。风险评估结果将直接用于日常监管、风险监控和企业自检自控，以提高产品质量安全控制的针对性和科学性。可以参照其他植物及其产品的风险分级进行设置，如在《出境竹木草制品检疫管理办法》中，将出境竹木草制品分为高、中、低三个风险等级，在《进出口饲料和饲料添加剂检验检疫监督管理办法》的相关配套管理规定中，将进口饲料及饲料添加剂分为四个风险等级。

（三）确定检验检疫监管方案

根据综合产品风险等级和出境粮食企业分类情况，对不同类别粮食企业、不同风险等级产品确定不同的监管频次和检验抽批比例，辅以差别化的安全风险监控，将产品风险控制在适当保护和可接受水平。

分类管理制度的实施，提升了出境粮食检验检疫监管工作的系统性、科学性和有效性，通过科学确定粮食风险和级别，有针对性地采取检验检疫监管措施，从而提高了把关的科学性和检验检疫资源的利用效率，并将有限的检验检疫力量投入关键环节、重点风险上，有效提高了出境粮食把关水平。对出境粮食企业进行以分类为核心的差别化管理，增强了出境粮食企业主体责任意识，促进企业主体责任落实。针对不同粮食和不同企业，采用不同检验抽批比例，对于管理好出境粮食企业，大大缩短了放行时间，促进了通关便利化。

三、疫情监测

海关对出境粮食实施疫情监测制度，海关根据输入国家或者地区的检疫要求，在粮食种植地、出口储存库及加工企业周边地区，通过技术手段对粮食生种植、生产、加工、存放过程中，某种有害生物的发生、发展、类型、变化进行系统、完整、连续地调查和分析，从而得出疫情流行趋势的过程。疫情监测旨在正确分析和把握植物疫情发生发展趋势，加强风险管理，增强检验检疫把关的预见性和有效性，提高出境粮食疫情预警预报能力，适应国际贸易中疫情风险评估工作需要，更好地促进国家粮食对外出口健康发展。

海关开展出境粮食疫情调查与监测。应加强与地方农业部门的沟通与联系，可与农业部门联合举行疫情调查与监测，调查监测信息可以互通共享，发现疫情应及时上报海关总署，同时及时告知地方农业部门跟踪铲除。

出境粮食疫情监测计划应本着科学性、系统性、可操作性的原则，明确适用范围、监测项目、采样要求、基准实验室、结果上报、信息沟通、监测数据汇总和分析、结果处置等一系列操作规范，建立出境粮食疫情监测体系。通过对出境粮食进行疫情监测，及时掌握出境粮食疫情动态，采取应急处置措施，实现对植物疫情风险有效"防"与"控"，进一步完善出境粮食防控体系，为强化把关、促进粮食出口、有效履行植物检验检疫工作职能奠定坚实基础。

（一）制定监测技术要求

为规范疫情监测工作，海关总署先后制定了《检疫性实蝇监测指南》《马铃薯甲虫检疫监测技术指南》《外来杂草监测技术指南》《舞毒蛾监测与检疫查验技术指南》《苹果蠹蛾性诱监测技术指南》等。针对出境粮食疫情监测，由各直属海关组织隶属海关，根据输入国家或者地区的检疫要求，在粮食种植地、出口储存库及加工企业周边地区开展疫情调查与监测。其内容主要包括：

1. 规定监测技术要求。依照输入国家或者地区的检疫要求，对其关注的有害生物，如杂草、害虫、病害等，规定监测时间、频率、调查方法、布点要求、诱捕器设置、诱剂更换等。

2. 规定出境粮食疫情监测样品或标本送实验室检测鉴定程序。

3. 规范实验室检测鉴定技术要求。主要明确对每种植物有害生物的检测鉴定实验室相关资格和诊断检测方法。

4. 规范检测结果报告制度和发现有害生物的处置程序。

（二）制订年度监测计划并组织实施

首先，对于出境粮食，特别是连续多年出口，输入国家或者地区固定且有明确检疫要求的，出境粮食生产、加工、存放企业所在地海关应每年制订年度监测计划。在年初，组织专家研究分析上一年度监测结果，结合实际制订本年度监测计划，并参照执行。其次，直属海关结合本辖区实际，制订辖区内出境粮食监测计划实施方案，将监测工作落实到每一个隶属海关和办事处。为保证监测计划的有效落实，在直属海关层面应组建相关组织机构，负责监测计划的实施。最后，海关总署在印发年度监测计划的同时，下拨专项经费，专款专用，部分检测器具和药剂统一购买，有效保证监测计划的落实。

（三）撰写监测分析报告

各海关在完成出境粮食年度疫情监测计划后，组织分析监测数据，并按照监测指南要求，撰写监测分析报告，上报海关总署。海关总署汇总分析全国数据，提出管理对策。

自 2000 年起，为进一步推动中国特色农产品出口，根据输入国家或地区的特定动物疫病和植物有害生物检疫要求，了解和掌握国内相关植物有害生物发生状况，海关总署开始在全国范围或特定地区陆续实施了检疫性实蝇、马铃薯甲虫、舞毒蛾、林木害虫、外来杂草的监测工作，并发展为常规性的植物有害生物监测工作。目前，海关总署已在全国 42 个直属海关辖区建立了全国检疫性有害生物监测体系。其中包括在 13 个直属海关开展的舞毒蛾监测；在 34 个直属海关辖区开展的检疫性实蝇监测；在 21 个直属海关开展的林木害虫监测，在中俄、中朝、中蒙边境 4 个直属海关开展的马铃薯甲虫监测，以及在 7 个有种子繁育或油菜籽进境检疫的直属海关开展油菜茎基溃疡病菌监测，10 个梨火疫病菌相关寄主种植地区开展梨火疫病菌/亚州梨火疫病菌监测等。

以对俄罗斯出口粮食为例，俄罗斯要求对其出口粮食需符合欧亚经济联盟 157 号决议要求，不得携带其关注的有害生物，并且来自其关注有害生物非疫区或非疫生产点。其中对于马铃薯，俄方关注马铃薯金线虫、茄科伯克氏菌（马铃薯青枯病菌）和马铃薯纺锤块茎类病毒等有害生物；对于大豆，俄方关注大豆紫斑病菌、独脚金属、瘤背豆象属、阔鼻谷象、谷斑皮蠹等有害生物；对于玉米，俄方关注玉米干腐病、玉米弯孢叶斑病菌、玉米小斑病菌和玉米细菌性枯萎病菌等有害生物。对于欧亚经济联盟 157 号决议要求关注的有害生物，出境粮食企业所在地海关应联合地方农业部门，制定监测技术要求和年度监测计划，在粮食种植季节和生产、加工、存放期间进行监测，撰写监测分析报告，提出管理对策。

四、安全风险监控

出口粮食安全风险监控，可由相关直属海关自行制订监控计划，报海关总署动植物检疫司备案后组织实施。各直属海关应结合出口产品风险、输入国家或地区要求、出口生产企业诚信等情况，参照企业分类与产品风险分级的分类管理规则，调整不同风险监控物质和监控抽批比例。

取样单及样品编号按海关总署年度监控指南执行。监控样品的抽取，应有计划性、代表性，并与实际进出口情况频度相适应，避免集中突击抽批。

监控检测样品的抽取制作，必须严格按照相关规程、标准，确保样品的代表性、有效性。实验室检测过程中，针对有国家推荐检测方法标准的，各监控物质应按照标准方法检测；如无标准方法，应对采纳的非标检测方法进行严格的实验室验证。

风险监控出现不合格或异常情况，必须经海关系统内有资质实验室复核，并由直属海关确认。必要时，报海关总署组织复核。对于出口粮食，应在满足我国国家标准前提下，同时满足出口国（地区）国家标准，其监控结果应作为出口货物合格评定的依据。

第二节
出境粮食检验检疫监管程序

一、受理报关及单证审核

出境粮食发货人或者其代理人通过国际贸易"单一窗口"、"互联网+海关"一体化办事平台进行申报，海关对申报材料进行检查审核，审核相关电子单据是否真实有效。经审核符合要求的受理申报，否则不受理申报。

根据产地检验检疫原则，发货人或其代理人应在粮食的生产加工地进行报关并实施检验检疫，报关时应提供出境货物报关单，贸易和运输类单证（如合同或信用证、发票等），货主声明或证明类单证（如代理报关委托书，仅适用于代理报关时用）等，贸易方式为凭样成交的，还应当提供成交样品。生产加工地不在口岸的凭产地海关出具的出境货物换证凭单到出境口岸办理报关手续，产地海关与口岸海关应当建立沟通协作机制，及时通报检验检疫情况等信息。

检验检疫已合格的出境粮食，因更改输入国家或地区，更改后输入国家或地区有不同检疫要求的，或超过检验检疫规定有效期的，应当重新报关。出境粮食的检验有效期最长不超过 2 个月，检疫有效期最长不超过 21 天。黑龙江、吉林、辽宁、内蒙古和新疆地区冬季（11 月至次年 2 月底）检疫有效期可酌情延长至 35 天。超过检验检疫有效期的粮食，出境前应当重新报关。

装运出境粮食的船舶、集装箱等运输工具的承运人、装箱单位或者其代理人，应当在装运前向海关申请清洁、卫生、密固等适载检验。未经检验检疫或者检验检疫不合格的，不得装运。

二、制订检验检疫方案

海关按照下列要求制订检验检疫方案，对出境粮食实施现场检验检疫和实验室项目检测：

1. 双边协议、议定书、备忘录和其他双边协定要求；
2. 输入国家或者地区检验检疫要求；
3. 我国法律法规、强制性标准和海关总署规定的检验检疫要求；
4. 贸易合同或者信用证注明的检疫要求。

三、现场检验检疫

（一）散装粮食检验检疫

1. 审核出境粮食换证凭条的内容和真实有效性、核查货证是否相符，检查散装粮食外观是否正常。

2. 对散装堆放的粮食，堆放高度不应超过 1.5m，以约 $50m^2$ 作为一个抽样批，均匀设取 50 个抽样点，使用双套管扦样器，抽取代表性样品约

4kg，送室内进行检验检疫；在抽样的同时，每个抽样点至少取 1000g 粮食，用 1.7mm×20mm 长孔筛或 2.5mm~3mm 圆孔规格筛进行筛检，检查筛下物中有无活虫、菌瘿、杂草籽或其他有害生物，并同时检查筛上物，根据需要将筛上挑出物及筛下物装入盛器，同时应注意四周有无活虫，将菌瘿、活虫、杂草籽装入指形管并标识，带回实验室作进一步检疫鉴定。

(二) 袋装粮食检验检疫

1. 倒包检验检疫：对报验粮食的每车（垛），按上、中、下、四周随机各倒 3~5 包进行检验检疫，检查粮食外观是否正常，有无发霉变质、结块、大型杂质等，同时用 1.7mm×20mm 长孔筛或 2.5mm~3mm 圆孔规格筛进行筛检，应注意四周有无活虫，检查袋内壁、袋角、袋缝有无隐藏害虫，将菌瘿、活虫、杂草籽装入指形管并标识，带回实验室作进一步检查。

2. 抽取检验检疫样品：参照 SN/T 0800.1《进出口粮油、饲料检验 抽样和制样方法》，以 500t 做批，用单管扦样器扦取检验检疫样品，依据驼峰曲线走向从垛的上、中、下各部位扦取样品。

3. 在船舶舱面割口倒包的粮食，必须经筛网进入舱内，筛网要严密覆盖舱口，网眼大小以 2cm×2cm 为宜，并定时检查筛网是否破损。

(三) 口岸查验、核查货证

1. 出境口岸海关核对出境货物换证凭单的批次代号、标记、车号与粮食包装上的批次代号、标记、堆放货位的车号是否相符，货证相符的按查验处理，品质查验比例不能少于 30%，查验的货物每车（垛）倒包数量应为 3~5 袋。在查验的同时应抽取整批货物数量的 3% 进行核验，发现问题应及时向签发出境货物换证凭单的产地海关通报。对袋装粮食在查验的同时进行有害生物检疫，检查粮食的堆垛（存放车辆）表层、堆脚、周围环境及包装外表、包装内层缝隙有无隐藏活虫和铺垫材料有无活虫及害虫排泄物、蜕皮壳、虫卵、虫蛀孔，作好记录。

2. 用肉眼或放大镜，直接观察粮食中有无活虫、菌瘿、杂草籽、土块、三稻（稻草、稻壳、稻粒）等，如有发现应将样品装好送实验室作进一步鉴定。

3. 用不同孔径的筛子筛检货物，并将筛上物和筛下物中的菌瘿、杂草籽装入指形管内送实验室作进一步鉴定。

4. 经产地海关检验检疫签发出境货物换证凭单的车皮装载出口粮食，卸车直接入散装筒仓的出境粮食，应在卸车前进行查验检疫，品质查验比例参照袋装出口粮食应不低于到货车辆的30%，同时核验不低于3%；检疫参照散装检验检疫抽样方法，使用3m双套管扦样器，逐车抽取现场检疫筛检样品及室内检疫用样品约2kg。

5. 集装箱装载出口散（包）装粮食应在装箱前按上述要求进行检验检疫，不允许在集装箱内进行检验检疫抽样。

6. 口岸海关对经产地海关检验检疫并出具检验检疫证书及换证凭条的粮食，实施口岸核查货证工作，核查比例不超过申报货物总报验批次的3%；对核查的粮食实施现场查验，抽查货物比例不少于总集装箱数的30%。

（四）检查运输工具

检查运输工具是否清洁，未用稻草作铺垫物。

（五）填写记录单及送样单

现场检验检疫工作结束后，填写现场检验检疫记录单及送样单。送样单应明确提出应检项目，填好后连同样品等一起及时送交实验室检验检疫。

四、实验室检验检疫

（一）样品制备及方法

按 SN/T 0800.1《进出口粮油、饲料检验 抽样和制作方法》规程要求，对抽取的出口大豆样品，在室内用分样器缩分制备供品质检验项目使用的小批样品、检疫鉴定项目样品（500t 做批）、蛋白质、黄曲霉毒素、呕吐毒素、赭曲霉毒素 A 等检测项目分析样品（1000t 做批）、保留复查样品。

（二）植物检疫项目

对现场扦取的代表性检验检疫样品进行病、虫、杂草等有害生物检测，并按生物学特性分别进行检验和鉴定。植物检疫项目应按进口国或地区的要求进行检疫。对出口韩国、日本、斯里兰卡及印度尼西亚的粮食，应特别注意三稻一土（稻草、稻壳、稻粒、土块）及相关的杂草，如菟丝子、匍匐矢车菊、丝路蓟、刺苍耳、刺缘毛莲菜、欧洲蓟、长刺蒺藜草、多裂叶老鹳草、毒参、田野勿忘草、田野茜草、麦瓶草、中间型琴瓶草。对出口俄罗斯的马铃薯需要抽样送实验室，对俄方关注的马铃薯金线虫、茄科伯克氏菌（马铃薯青枯病菌）和马铃薯纺锤块茎类病毒等有害生物进行检测；对出口俄罗斯的大豆需要抽样送实验室，对俄方关注的大豆紫斑病菌、独脚金属、瘤背豆象属、阔鼻谷象、谷斑皮蠹等有害生物进行检测；对出口俄罗斯的玉米需要抽样送实验室，对俄方关注的玉米干腐病、玉米弯孢叶斑病菌、玉米小斑病菌和玉米细菌性枯萎病菌等有害生物进行检测。以上有害生物是欧亚经济联盟 157 号决议中关注的有害生物，俄方要求对其出口的粮食进行检疫，确保向其出口的粮食不携带这些有害生物。

（三）检验项目

各直属关自行制订出境粮食安全风险监控计划，现场检验检疫人员按照安全风险监控计划抽取样品，送实验室检测安全风险监控项目。安全卫生项目根据不同的粮食，按进口国或地区的规定进行检验。如出口大豆、玉米、小麦需要检测黄曲霉毒素、呕吐毒素、赭曲霉毒素 A 等。

品质项目检测主要有水分、杂质、容重、蛋白质、不完善粒、异色粒、发芽粒等。检测按合同或信用证定明的项目和方法进行，进口国或地区无相应规定、合同或信用证也无要求的，海关将参照我国国内粮食项目及标准施检。

（四）转基因项目检测

因出口需要，出口商可以申请出口粮食转基因项目的检测。对俄罗斯大豆、玉米需要加大转基因项目检测频次。

（五）样品保管

由实验室按有关规定负责样品保存，一般样品保存期为 6 个月。

五、结果评定出证与放行

根据现场和实验室检验检疫结果，按照输入国家和地区的植物检疫要求、安全卫生项目检测标准、政府及政府主管部门间双边植物检疫协定、协议、备忘录、议定书和贸易合同、信用证中有关检验检疫要求等进行综合评定。

经检验检疫或口岸查验合格的，准予出境，出具出境货物换证凭单和植物检疫证书等有关单证。

检验检疫或口岸查验、核查货证不合格的，经有效方法处理并重新检验检疫合格的，允许出境并根据需要出具植物检疫证书有关单证。无有效方法处理的，签发出境货物不合格通知单，不准出境。

产地海关签发的出境货物换证凭单，需要一车一单，标记和车号清楚，批次代号规范。

对检疫不合格的或输入国家或地区、货主要求出具熏蒸证书的，在实施熏蒸处理后，出具熏蒸/消毒证书。

六、复验

报关人对海关的检验结果有异议的，可向原实施检验的海关或其直属海关申请复验，具体按《进出口商品复验办法》执行。

七、检验检疫处理

货主或其代理要求对货物实施检疫处理的，海关按照货主或其代理的申请提出处理意见，并依据检疫处理的有关规程，对检疫处理实施监督，并出具熏蒸/消毒证书或植物检疫证书。

经检验检疫发现不符合出境检验检疫规定的（如安全卫生项目指标超标、发现进口国家或地区规定的禁止进境物等），由海关签发检验检疫处理通知书，通知货主或其代理分别做加工整理或检疫处理，经复检合格后方可出境。对检验检疫不合格又无有效处理方法的，海关将出具出境货物不合格通知单，货物将不能出境。

八、检验检疫监管

海关按照《进出境粮食检验检疫监督管理办法》要求对管辖区内出境粮食加工、仓储企业进行注册登记管理。

海关对出口粮食的装卸、运输、储存、加工过程实施监督管理。装卸、运输、储存、加工在出境口岸海关管辖区内的，出境口岸海关负责进行监督管理。产地海关负责对其签发证书或换证凭单的出口粮食装卸、运输、储存、加工过程进行监督管理。

对出口企业和供货单位出境粮食实施监督过筛制度，完善袋装运输散装出境粮食的管理，包装袋上必须标有海关统一编制的标记号码。

九、信息上报

发现有害生物或有毒有害物质的，应填写出境植物疫情及有毒有害物质报告表，按有关要求报送海关总署。

对出境大豆检验检疫过程中发现重大疫情或有毒有害物质严重的或境外提出特殊要求的，除填写出境植物疫情及有毒有害物质报告表外，应按照《出入境动植物检验检疫风险预警及快速反应管理规定实施细则》和《进出境农产品和食品质量安全突发事件应急处置预案》要求及时以书面形式向海关总署报告。

境外对已经出境的大豆提出有关检验检疫问题的，及时向海关总署报告。

十、归档

（一）文案归档

检验检疫完毕，应及时将在整个检验检疫过程中形成的文案资料按以下类别进行整理归档。

1. 出境货物报检单及相关检验检疫流程记录。

2. 海关出具的证单和证稿类的留存联。如出境货物通关单、植物检疫证书、熏蒸/消毒证书、卫生证书、检验证书、出境货物换证凭单等。

3. 检验检疫原始记录类。如现场检验检疫记录单、监管记录、实验室检验检疫报告等。

（二）资料和标本保存

对现场、实验室拍摄的图片、影像等资料及有害生物标本妥善保存。

第七章
粮食重要有害生物及检疫鉴定技术

CHAPTER 7

第七章
粮食重要有害生物及检疫鉴定技术

第一节
粮食有害生物检疫鉴定常用技术与方法

粮食可携带多种有害生物，包括真菌、细菌、病毒、线虫、昆虫、杂草以及软体动物等类别。检疫鉴定关注的重点是《中华人民共和国进境植物检疫性有害生物名录》以及我国与粮食出口国（地区）签订的植物检疫双边议定书中规定的有害生物。粮食上有害生物类别不同，其检疫鉴定方法也有所不同。

一、粮食真菌病害主要检疫鉴定技术

目前，口岸常用的真菌检疫鉴定方法可归纳为两大类：形态学方法和分子生物学方法。如果形态特征能独立完成真菌种类的鉴定，则采用形态学方法进行判断；如果形态特征不能准确进行真菌种类的鉴定，则还需增加分子生物学方法进一步辅助判断。

（一）形态学方法

形态学方法是根据真菌的生物形态学特征，如真菌菌株培养特性、子实体显微特征等，对其类别进行鉴定和判定的过程。需要选择以下合适的方法对粮食进行相应的处理，以获取可供形态学进行鉴定的病原真菌。

1. 洗涤离心法

对附着在粮食种子表面的真菌孢子，采用该方法进行处理，可获得在显微镜下直接观察的真菌孢子。该方法是将现场检疫中扦取的复合样品充分混合均匀制备成平均样品，再从平均样品中称取 50g 作为试验样品，倒入锥形瓶内加入 200mL 蒸馏水（含表面活性剂），放于摇床上以一定转速振荡洗涤约 5min，将悬浮液转移至无菌离心管中，用 2000~4000r/min 的转速离心 10min~30min，使真菌孢子完全沉于管底形成沉淀，小心弃去上清液，加入适量的浮载剂，重新悬浮离心管内的沉淀，将各支离心管的悬浮液混匀、定容、制片、镜检。目前口岸实验室对进境粮食中的小麦印度腥黑穗病菌、小麦矮腥黑穗病菌等黑粉菌的检测采用此方法。

2. 保湿培养法

对粮食种子表面或内部携带的真菌，采用该方法进行处理。该方法是用0.1%升汞或70%酒精或1%次氯酸钠溶液等消毒剂对粮食种子进行表面消毒合适时间，无菌水冲洗3次；用3层无菌吸水纸，吸足无菌水后，铺于无菌培养皿中，将粮食种子按照一定的距离排列在吸水纸上，置于温度、光照适宜的培养箱中培养，在培养期间注意定期观察，记录种子表面菌落长出情况，然后进行纯化和镜检。

3. 分离培养法

对于粮食种子或病残体组织上表现出的病害症状，如霉变、病斑、畸形等，采用该方法进行处理。该方法是选择有典型发病症状的粮食种子和病残体样品，将种子样品预先浸泡吸水后进行冷冻处理，然后用0.1%升汞或70%酒精或1%次氯酸钠溶液等消毒剂进行表面消毒合适时间，无菌水冲洗3次，无菌操作将样品分成小块移至培养基表面，置于温度、光照适宜的培养箱中培养，观察真菌菌株出现情况，然后进行纯化和镜检。

（二）分子生物学方法

如果形态学方法不能对真菌进行准确鉴定，则需要通过分子生物学方法进一步鉴定。目前，在口岸粮食真菌检疫中广泛应用的分子生物学方法是在聚合酶链式反应（Polymerase Chain Reaction，PCR）基础上衍生和发展起来的，主要有以下三种：

1. 常规PCR

对从粮食种子或病残体中洗涤收集到的真菌孢子沉淀、保湿培养以及分离培养得到的菌株进行样品DNA提取，然后采用特异性PCR引物进行扩增，如果样品扩增产生特异性条带，该条带与某种真菌序列长度一致，则判定测试结果呈阳性；如果该样品无特异性扩增条带，则判定检测结果呈阴性。

2. 实时荧光PCR

对样品进行DNA提取，进行实时荧光PCR扩增，根据实时荧光PCR的Ct值进行判定，在进行40个循环的前提下，如果Ct值小于35的，则判定为阳性；如果Ct值等于或大于40的，则判定为阴性；如果介于35与40之间，则为可疑阳性，可疑阳性需要进行重复实验，或用其他方法进行验证。

3. 测序比对

对从粮食种子或病残体中保湿培养以及分离培养得到的菌株进行样品DNA提取，采用真菌通用引物进行PCR扩增，将PCR产物送专门测序公司进行序列测定，将测序所得到的核苷酸序列与已知序列进行比对，如果与已知的某种真菌相应的特异核酸序列完全一致，则判定检测结果呈阳性，不一致则需采用其他方法进行检测。

二、粮食细菌病害主要检疫鉴定技术

从上述内容中可以得知，一些粮食真菌的种类仅依靠形态学就能进行检疫鉴定，但相对于真菌而言，由于细菌形态特征区分度不大，因而细菌病害的检疫鉴定很难仅依靠形态学就完成种类的准确鉴定，其检疫鉴定是一个复杂、综合的过程。首先需要运用分子生物学方法对粮食种子进行初筛，对初筛结果显示为阳性的粮食种子样品进行细菌的分离与培养，对分离与培养获得的可疑细菌菌落再进行分子生物学检测，检测结果显示为阳性的确定为疑似菌落，然后对疑似菌落进行生理生化测定和寄主致病性测试，两者均为阳性的才能判断为检出某种细菌病害。经过以上系列流程，才能完成粮食细菌病害的检疫鉴定。

（一）分子生物学初筛

取待测粮食种子样品100g~200g，用自来水冲洗去掉表面粉尘及其他杂质，加入200mL生理盐水或PBS缓冲液，4℃浸泡过夜；浸泡液12000r/min离心20min，1mL灭菌水悬浮沉淀，离心后沉淀提取DNA（利用植物基因组DNA提取试剂盒即可）。利用目标菌特异性引物进行PCR扩增，若该样品扩增无特异性条带，则判定检测结果为阴性；若样品扩增产生特异性条带，该条带与目标细菌的序列大小一致，则判定该样品PCR初筛呈阳性。

（二）样品分离与培养

对通过上述分子生物学初筛呈阳性的样品再次进行如下处理：用0.5%次氯酸钠溶液表面消毒5min，灭菌水冲洗3次，加入100mL生理盐水或PBS缓冲液，4℃浸泡过夜；浸泡液12000r/min离心20min，1mL生理盐水或 PBS 缓冲液悬浮沉淀；悬浮液 1000r/min 离心 3min，弃沉淀；上清 12000r/min 离心 5min，弃上清液，用 1mL 生理盐水悬浮沉淀。悬浮液 10 倍梯度系列稀释，取各稀释液 100μL 涂布于适宜目标菌生长的选择性培养基平板；28℃下培养 2d~3d 后检查菌落生长情况。

（三）可疑菌落的分子生物学检测

2d~3d 后，检查是否有疑似菌落（疑似菌落的选取根据目标菌在选择性培养基平板上生长的典型形态），挑取疑似菌落划线纯化于 NA 平板上，1d~2d 后长出的菌落直接作为模板，利用目标菌特异性引物进行 PCR 扩增。若样品扩增产生特异性条带，该条带与目标细菌的序列大小一致，再将该条带送专业测序公司进行测序，将测序所得 DNA 序列与目标菌已知序列进行对比，如果与目标菌已知的相应 DNA 序列一致，则判定检测结果呈阳性。将该菌落再次纯化 2 次，并提取 DNA，菌落和 DNA 一并保存。

（四）疑似菌的生理生化反应

根据细菌在代谢过程中所产生的合成或分解产物的不同，将上述经过纯化培养的疑似菌落接种于特定的培养物或检测管，通过产酸、产气、颜色变化等反应，检测疑似菌的耐盐性、好氧性或厌氧性、对碳素化合物的利用和分解能力、对氮素化合物的利用和分解能力、对大分子化合物的分解能力等，鉴定疑似菌的种和属。以上过程可借助生化测定试剂盒、BIOLOG 鉴定系统等进行快速测定。

（五）疑似菌的致病性测试

1. 烟草过敏性反应测定

将在固体培养基上生长的疑似菌加灭菌水配制成 1×10^8 CFU/mL 的菌悬液，用注射针将菌悬液从烟叶下表皮注入叶肉细胞间。用灭菌水作空白对照，接种烟草植株保持在温度 25℃、相对湿度 85%、日照 16h/d 的条件下。24h~48h 内，注射部位变为褐色过敏性坏死斑块，叶片组织变薄变褐，表现枯斑症状的为阳性反应，3d 左右表现为黄斑症状的为阴性反应。

2. 寄主致病性测定

将在固体培养基上生长的疑似菌加灭菌水配制成 1×10^8 CFU/mL 的菌悬液，根据不同种类细菌病害的传播方式、侵入途径等特点选用适合的方法，如针刺接种、喷雾接种、剪叶接种、注射接种、伤口接种等，将菌悬液接种寄主植物。接种后的寄主植物保湿 24h~48h，一定时间后观察接种植物表现与症状。如果在寄主植物上疑似菌与目标菌表现出一致的发病症状，则表示疑似菌对寄主致病，致病性接种成功完成。

上述 5 个流程全部完成后，才可判断粮食种子中检出目标细菌病害。

三、粮食病毒病害主要检疫鉴定技术

目前，口岸粮食病毒病害的主要检疫鉴定技术包括症状观察、血清学检测、分子生物学检测、免疫电镜以及鉴别寄主反应等方法。首先根据植物病毒在粮食种子或者其植株上形成的症状特点，对可能携带病毒的样品进行挑选，然后采用血清学检测或分子生物学检测方法进行初筛。对于初筛呈阳性的样品，再采用不同的方法进行检测。必要时，采用免疫电镜及鉴别寄主反应等方法进行辅助鉴定。对于植物病毒的鉴定而言，通常需要两种或两种以上的检测方法结果均为阳性的情形下，才可以判定样品是否带有某种病毒。在口岸开展病毒病害的检疫鉴定，主要采用血清学检测方法和分子生物学检测方法。

（一）血清学检测方法

植物病毒血清学检测方法主要依据植物病毒蛋白抗原及其抗体特异性反应的原理，包括酶联免疫吸附法（ELISA）、免疫扩散、斑点免疫结合测定法（DIBA）、直接组织斑免疫测定（IDDTB）、沉淀反应、免疫电泳和荧光免疫等不同类型的检测方法。其中，ELISA 方法由于方便、高效、可操作性强、结果可靠，并且拥有商业化的检测试剂盒，可同时检测大量样品等优点，在口岸粮食病毒病害的检测中是经常使用的方法之一。在 ELISA 方法中，又以双抗体夹心酶联免疫吸附法（DAS-ELISA）使用最广，并可通过肉眼直接观察结果，或是通过酶标仪于 405nm 波长下测定 OD 值进行结果判定。

1. DAS-ELISA 工作原理。首先将目标病毒的抗体稀释至工作浓度后，包被于 96 孔酶标板上；然后样品中如果存在目标病毒，包被抗体就会与病毒进行特异吸附；最后酶标抗体和检测的目标病毒再特异结合。加入底物后，通过酶促反应形成肉眼可见的有色产物。通过颜色的变化可最终判定样品中是否存在目标病毒（如图 7-1 所示）。

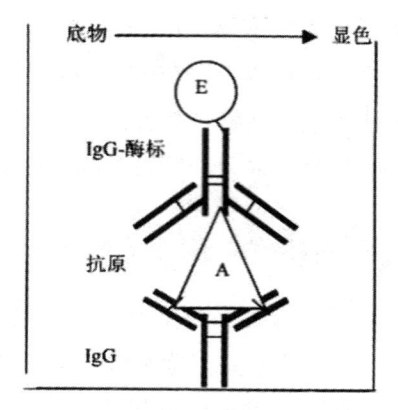

图 7-1　DAS-ELISA 工作原理示意图

2. DAS-ELISA 结果判定。对 DAS-ELISA 结果进行判定之前，需要满足质量控制要求。缓冲液孔和阴性对照孔的 OD405 值小于 0.15，阴性对照孔的 OD405 值小于 0.05 时按 0.05 计算。阳性对照有明显的颜色反应，孔的重复性以样品 OD 值的平行允许率控制，按照下列公式进行计算：

$$P = \frac{OD_1 - OD_2}{(OD_1 + OD_2) \times 1/2} \times 100\%$$

式中：P——平行允许率；OD1——重复样品 1；OD2——重复样品 2。

当重复检测样品 OD 值平行允许率（P）小于 20% 时，判定检测结果有效。

若满足不了以上的质量控制要求，则不能进行结果判定；反之，则按如下原则作出判定。样品 OD405/阴性对照 OD405 值大于 2，结果判定为阳性；样品 OD405/阴性对照 OD405 值在阈值附近，判为可疑样品，需重做或用其他方法进行验证；样品 OD405/阴性对照 OD405 值小于 2，判为阴性。

（二）分子生物学检测方法

分子生物学检测方法是粮食病毒病害最为常用的检疫鉴定技术之一，在实验室检测中，广泛应用于对样品中目标病毒的初筛、确认和复核。相比其他检测方法，分子生物学方法具有快速、灵敏度高、特异性好等优点，可以针对某种特定的病毒开展检测，也可以设计多重 PCR 方法，对多种目标病毒同时进行检测，缩短检测时长，提高检测效率。该方法依据检测原理不同，可细分为 RT-PCR 方法、免疫捕获（IC）-RT-PCR 方法、实时（Real-time）荧光定量 RT-PCR 方法、IC-Real-time RT-PCR 以及序列比对等不同方法。

1. RT-PCR 方法

粮食中的植物病毒大多数为 RNA 病毒，因此在进行 PCR 检测之前，需要提取样品中的总 RNA，并进行反转录（RT）生成 cDNA，再进行常规 PCR 检测，可采用一步法或两步法进行 RT-PCR 检测。RNA 提取最为经典的方法是 Trizol 法，也可以采用商品化 RNA 提取试剂盒。RT-PCR 所使用的引物、PCR 反应体系及反应条件、琼脂糖凝胶电泳检测可参考相应病毒的国家标准、行业标准、实验室制定的标准操作流程 SOP 或其他公开发表的文献资料。

RT-PCR 的结果判定：RT-PCR 反应结束后，对 PCR 产物需要进行电泳检测。在阳性对照、阴性对照及空白对照均正常的情况下，如果检测样品扩增出目标条带，且与阳性对照大小一致，则 RT-PCR 结果可判定为阳性；否则判为阴性。

同时，对于 RT-PCR 结果为阳性的样品，也可以通过测序的方法进一步确认。PCR 产物经双向测序及序列拼接后，在 GenBank 网站可进行序列比对和同源性分析。如果 PCR 产物的核苷酸序列与目标病毒的基因序列一致，则可判定结果为阳性；否则结果为阴性。

2. Real-time RT-PCR 方法

相对于常规 PCR 而言，实时荧光定量 RT-PCR 的主要优点是更加准确、灵敏度更高，既可以定性，也可以定量（确定 DNA 或 cDNA 拷贝数），即 qPCR。同时，荧光定量 PCR 可以在 PCR 反应过程中进行扩增产物的实时分析和检测，无须通过琼脂糖凝胶电泳，节省检测时间，提高实验效率。对于粮食中的 RNA 病毒而言，同 RT-PCR 一样，也需要先进行病毒 RNA 的提取及反转录，即 Real-time RT-PCR。

Real-time RT-PCR 扩增曲线有两个阶段：指数增长阶段和之后出现的非指数平台阶段（如图 7-2 所示）。Ct 主要取决于反应体系中模板的初始浓度，浓度越高，Ct 值越小。

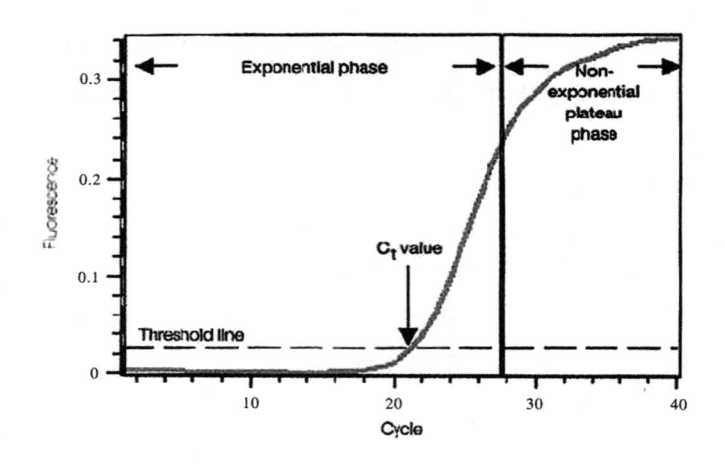

图 7-2　Real-time RT-PCR 扩增曲线示意图

x-轴，PCR 循环数；y-轴，扩增反应的荧光值；C_t，初始循环数 Real-time RT-PCR 所使用的引物及探针、反应体系及反应条件可参考相应病毒的国家标准、行业标准、实验室制定的标准操作流程 SOP 或是其他公开发表的文献资料。反应需要荧光定量 PCR 仪，如 ABI7500 型等，反应条件可根据具体的仪器设备进行适当调整，反应结束后保存各项数据和扩增曲线图像。

Real-time RT-PCR 的结果判定：在阳性对照有明显的扩增曲线，阴性对照和空白对照无扩增曲线的情形下，进行以下判定：待测样品的 Ct 值为 40 或无 Ct 值时，则判定结果为阴性；待测样品的 Ct 值小于或等于 35 时，则判定结果为阳性；待测样品的 Ct 值小于 40 而大于 35 时，应重新进行测试。如果重新测试的 Ct 值为 40 时，则判定结果为阴性；如果重新测试的 Ct 值小于 40 而大于 35 时，则判定结果为阳性。

四、粮食线虫主要检疫鉴定技术

粮食中线虫的检疫鉴定，主要依赖于形态学方法，如果形态学方法不能完成种类鉴定，则还需要增加分子生物学方法进一步辅助判断。

（一）形态学方法

线虫形态学鉴定主要根据雌虫和雄虫的生物形态学特征，如头部结构、口针形状、食道类型等进行鉴定。需要利用线虫趋水性、重力作用、浮力作用，选择合适的方法对粮食进行相应的处理，首先要将线虫从粮食中分离出来，然后才能进行形态学鉴定。粮食中线虫常用的分离方法有直接挑拣法、洗涤过筛法、贝尔曼漏斗浸泡分离法。

1. 直接挑拣法

将粮食种子样品放在白瓷盘内观察，挑拣畸形、变色等病粒种子，或者用适宜种子大小的筛孔分样筛筛检，把病粒富集筛选出来。将挑拣出的病粒种子放入表面皿内，加适量清水，浸泡数分钟，在体视显微镜下用挑针刺破病粒，病粒内的线虫就会游出。

2. 洗涤过筛法

有些线虫附着在粮食种子表面或混杂在种子间土粒杂质上，可以用洗涤过筛法。取粮食种子放入锥形瓶内，加适量清水浸泡、摇动，让线虫恢复活力，一段时间后，用20目、300目和400目的套筛淋洗过筛，将300目和400目筛上物洗入表面皿内，再放在体视显微镜下观察线虫。

3. 贝尔曼漏斗浸泡分离法

用贝尔曼漏斗（如图7-3所示）对粮食种子进行浸泡后分离，该方法是分离种子类样品中线虫最常用的方法之一，分离得到的线虫液清洁、杂质少，体视显微镜下观察时干扰少。

将线虫滤纸平放在筛盘筛网上，将待测粮食样品轻轻放置其上，注入水量以淹没供分离的样品为宜，在15℃~28℃下放置24h后，打开止水夹，接取5mL~10mL的水样于表面皿中，置于体视显微镜下观察线虫。

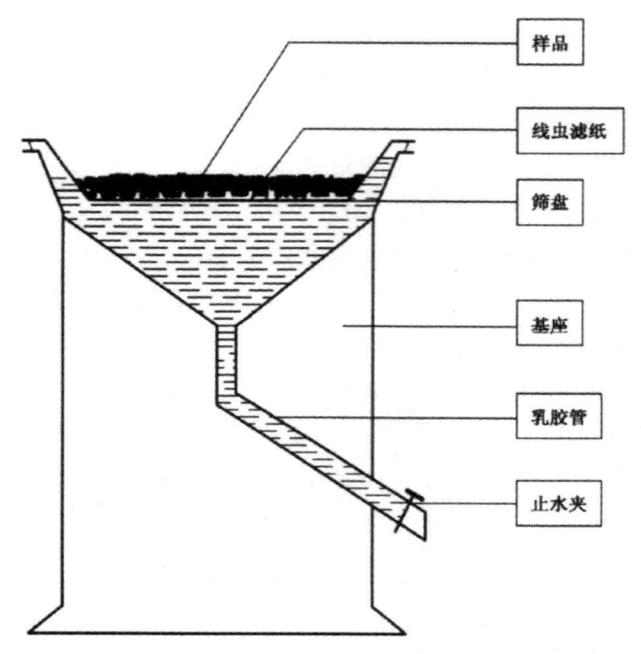

图 7-3　贝尔曼漏斗浸泡分离线虫装置示意图

（二）分子生物学方法

对形态学观察结果仍不能鉴定到种的线虫，还需要通过分子生物学方法进一步鉴定。线虫的分子生物学检测方法，大体与真菌病害一致，主要也包括常规 PCR、Real-time RT-PCR、测序比对三种。

五、粮食昆虫检疫鉴定技术

目前，口岸常用的粮食害虫的检疫鉴定主要采用形态学方法，通过查找专著、文献、标准、学术网站、对照标本等，采用体视显微镜观察、光学显微镜观察、解剖鉴定等方法确定昆虫的科、属、种分类地位。一般以成虫的形态特征作为种类鉴定的依据，检疫现场获得的幼虫、蛹、卵等虫态应饲养为成虫后再进行鉴定。部分斑皮蠹属、长蠹科等少数种类可通过幼虫鉴定到种，但依赖于该类群良好的幼虫分类研究基础。如果无法顺利完成形态学鉴定，还可以采取分子生物学方法作为辅助判定。因此，需要选择以下合适的方法对粮食进行相应的处理，以获取可供形态学进行鉴定的昆虫样本。

(一) 形态学方法

1. 直接挑拣

用肉眼或手持放大镜直接检查粮食样品中有无昆虫，或将样品倒入白瓷盘中，用镊子或挑针进行挑选检查。除成虫外，检查发现的幼虫、蛹和蜕皮，也应一并收集。

2. 过筛检查

按样品颗粒大小，选用合适孔径规格筛（一般用 0.3cm~0.4cm），取适量样品，用回旋法过筛，回旋次数一般不少于 20 次，把筛上物和筛下物分别倒入白瓷盘进行挑选检查。

3. 剖开检查

观察粮食表面是否有虫孔，发现可疑的可破粒查虫。对于一些较小昆虫，破粒查虫时易损坏虫体，应仔细操作；也可根据产品和可疑有害生物情况，采取针对性的方法将虫体取出。如发现咖啡豆表面有孔，怀疑有咖啡果小蠹时，可用微波振动水煮法，使咖啡豆粒膨大，虫体从孔洞振出。

4. 染色法检查

用不同的化学药品进行染色，根据蛀孔的颜色与寄生物颜色不同区分有无害虫。方法如下：将样品放入 1%碘化钾溶液或 2%碘酒溶液中，使样品全部沉浸在染色液内，并轻轻晃动，使样品表面与染色液充分接触。2min 后，将样品取出放在 0.5%氢氧化钠或氢氧化钾溶液内固定 1min，然后用清水漂洗 30s，蛀孔显褐色至深褐色，挑取有虫孔的样品进行剖检。

5. 比重法（漂浮法）检查

用不同溶液的不同比重区分有无害虫。方法如下：将样品放入清水或氯化钠溶液中，样品与溶液的容积比为 1∶5，充分搅拌后，静置 8h~12h，捞取上层漂浮物进行直接检查或解剖检查。

6. 软 X 光机透视检查

将粮食样品摊成薄薄的一层，放在软 X 光机工作台上或铺在胶带纸上，通过透视观察或拍摄相片，将带虫的样品挑出，再进行剖开检查。

7. 饲养检查

当检查到幼虫、蛹或怀疑有卵或幼虫的样品时用此方法。常规方法如下：将适量样品放置在光照培养箱内，温度设置在 25℃左右，饲养 3d~5d 或更长时间，再进行检查。进行饲养时要注意防止昆虫逃逸。不同的昆虫种类及寄主类别，其饲养方法不尽相同，具体可参照相应的检疫鉴定方法标准。

（二）分子生物学方法

如果无法顺利完成形态学鉴定，如样品数量少、虫体破损、饲养周期过长等原因，则还可以增加分子生物学方法进一步辅助判断。昆虫的分子生物学检测方法，大体与真菌病害一致，也主要包括常规 PCR、Real-time RT-PCR、测序比对三种。

六、粮食杂草检疫鉴定技术

进境粮食中常夹杂杂草，需要先对送检样品进行分样、制样和检验后再进行鉴定。鉴定方法主要采用形态学方法和分子生物学方法，若发现未成熟、残缺植株或种子无法通过形态鉴定的，可以使用分子生物学检测方法，并根据不同实验室检测能力和样品的具体情况，选择一种或多种方法进行检测鉴定，一种方法不能进行准确鉴定的，则应选择多种方法，以便对检测结果进行互相验证。

（一）分样和制样

将现场检疫抽取的送检种子类样品充分混匀，制成平均样品。采用四分法，取平均样品的 1/2~3/4（样品较少时）作为检验样品，其余的作为保存样品贴标签保存，称取并记录检验样品的数量。当送检样品不足 1kg 时，需要全检；包装材料、运输工具和动物皮毛中的杂草检查采取直接挑拣的方法。

（二）检验方法

1. 过筛检验

送检种子类样品，根据检验样品个体的大小确定套筛的规格，将检验样品放上电动筛或规格套筛内，按照孔径从大到小依次套上套筛并加上筛底，将检验样品倒入最上层的套筛内，盖上筛盖，以回旋法过筛，或用电动筛振荡，使样品充分分离。把过筛的筛上物和筛下物分别倒入白瓷盘内，当检验样品个体大于所检的杂草籽时主要检查筛下物，检验样品个体小于所检的杂草籽时主要检查筛上物。

2. 挑拣检验

对不能过筛的饲草饲料、棉麻类、动物皮毛中的杂草籽实的检验，以人工挑选为主。

3. 冲洗法检验

对微小粒的杂草种子可采用冲洗法检验。

(三) 鉴定方法

1. 形态学方法

杂草形态学鉴定主要采用肉眼、光学显微镜（体视显微镜和生物显微镜）、电子显微镜等观察其主要形态特征，并与其近似种的特征比较，根据所观察到的杂草总苞、果实、小穗、小花、种子、颖果等籽实的外表及解剖的内部特征进行描述鉴定，并附上鉴定依据与参考文献。根据这些特征确定杂草的分类单位：科、属、种。

目测鉴定：主要是用肉眼或借助扩大镜、低倍解剖镜对个体较大的杂草的外表形状、大小、颜色、附属物等特征明显的形态特征进行观察鉴定。

镜检鉴定：对于个体较小的杂草种子，可将其置于体视显微镜或扫描电镜下观察外表形状、颜色、附属物、种脐的局部结构和表面纹饰等特征来进行鉴定，其中植物种子的表面纹饰的微形态特征的鉴定主要是根据种子外表皮细胞的排列、形状、纹饰等。

一般解剖鉴定：当杂草在外部形态上难以鉴别时，可采取解剖镜检的方法，根据杂草果实、种子内部形态特征来区分和鉴定。在解剖之前，先将杂草种子浸泡在温水中，待其吸水充分膨胀变软后，用解剖刀或者刀片按种子的纵向或横向切开，或者两者兼用，然后置于放大镜或者解剖镜下观察其内部形态、结构、颜色、胚乳的有无、质地、胚的形状、大小、位置和子叶数目等特征。

显微切片鉴定：在制作石蜡切片之前，先将种子放入潮湿器皿内（或底部盛以水的干燥器）24h，待种子变软后取出放于96%的酒精中浸2h，脱水后上蜡切片，将切下的切片用毛笔蘸以二甲苯将石蜡溶解，再移置于载玻片上，滴上甘油并加盖盖玻片，置于显微镜下进行观察鉴定。

2. 分子生物学检测方法

普通PCR法：先提取杂草样品DNA，设计特异性引物，再进行PCR

检测。样品的扩增产生特异性条带，如果该条带与某种杂草种类序列长度一致，则判定检测结果呈阳性；如果该样品无特异性扩增条带，则判定检测结果呈阴性。

荧光定量 PCR 法：杂草样品 DNA 提取后进行常规 PCR 检测，根据特异性条带判定，再进行实时荧光 PCR 检测，鉴定结果根据检测 Ct 值进行判定。

DNA 条形码鉴定方法：先提取杂草基因组总 DNA，然后用特异性引物进行序列扩增，取 PCR 产物检测后再测序，扩增的 PCR 产物，经处理后得到的片段登录 NCBI 数据库 BLAST 鉴定系统，对获得的 ITS 序列进行比对。若序列相似性为 100%，则判定到种；若序列相似性小于 100%，则需结合形态学进行进一步判定。

第二节
进境粮食检疫性有害生物

一、对双边议定书中的检疫性有害生物及我国口岸截获检疫性有害生物情况分析

植物检疫主要是针对性检疫，顾名思义，就是对预先设定好的有害生物种类进行检疫，其中 2007 年农业部颁布实施的《中华人民共和国进境植物检疫性有害生物名录》就是植物检疫的主要依据。目前该名录中列入的检疫性有害生物种类已由最初的 435 种（属）增加至 446 种（属）。此外，我国还与粮食出口国（地区）签订一系列的双边议定书，议定书中列出了我国需要关注的检疫性有害生物名单，这份名单是建立在对特定国家（地区）出口的特定粮食产品进行有害生物风险评估与分析基础上得出的，是 2007 年颁布实施的《中华人民共和国进境植物检疫性有害生物名录》的有益补充。

对于从事植物检疫岗位的人员来说，在粮食进口的事前事中环节，首

要任务是对双边议定书中的有害生物进行充分熟悉和了解，在此基础上，对照《中华人民共和国进境植物检疫性有害生物名录》，对检疫性有害生物的种类进行全面的梳理和分析；对实验室检疫人员来说，还应明确本批次样品检疫的重点和目标，针对携带可能性大的检疫性有害生物，进行针对性检测。

为便于查阅我国进境粮食中需要关注的检疫性有害生物种类，根据2008—2020年我国与相关出口国签订的双边议定书，按照大豆、大麦、小麦、高粱、油菜籽、玉米等主要进口大类进行归类和整理，同时对检出或截获的检疫性有害生物进行了梳理（见附录）。

从双边议定书列出的检疫性有害生物大类来看，以杂草和昆虫为主，其中又以杂草较多，其次是真菌、细菌及病毒，线虫种类最少。从检出或截获的检疫性有害生物大类来看，以杂草、真菌、细菌、病毒为主，其中又以杂草较多，其次是昆虫，线虫种类最少。从此意义上讲，进境粮食中杂草、细菌、病毒传入风险大，而昆虫传入风险相对要小，线虫传入风险最小。针对同一种进境粮食，将大豆议定书和口岸检出的检疫性有害生物种类进行对比可以看出，口岸检出的有害生物种类不一定出现在议定书的名单中，换句话说，口岸还截获一些议定书名单以外的检疫性有害生物，如从进境大豆检出了小麦矮腥黑穗病菌，而大豆双边议定书中却未列出小麦矮腥黑穗病菌，出现不一致的主要原因是议定书是针对大豆寄主本身进行有害生物风险分析和评估的结果，而口岸截获除了对大豆进行实验室检疫，随同大豆一同进境的其他杂质（如土块、其他杂粮、杂豆）也需一并检测，如此就有可能从其他杂质中检出议定书名单以外的检疫性有害生物。另外，就议定书而言，其中列出的检疫性有害生物名单也不一定全部出现在《中华人民共和国进境植物检疫性有害生物名录》中。近些来年，我国粮食来源国多样化，如大豆前些年主要以从美国、巴西、阿根廷等少数国家进口为主，近几年来，为确保进口大豆的价格、货源以及数量稳定，增加了乌拉圭、俄罗斯、埃塞俄比亚、哈萨克斯坦、贝宁等国的大豆进口，因此，针对这些新进口国进行有害生物个性化风险分析时，议定书中就会增加一些名录以外的检疫性有害生物。

综上，进境粮食议定书以及口岸截获的检疫性有害生物名单对植物检疫人员有着很大的参考价值。

二、粮食中重要有害生物介绍

1. 大豆疫霉病菌

【拉丁学名】 *Phytophthora sojae* Kaufmann & Gerdemann

【英文名】 Soybean Phytophthora Root Rot

【分类地位】 霜霉目 Peronosporales，霜霉科 Peronosporaceae，疫霉属 *Phytophthora*。

【地理分布】 亚洲：中国（北京、内蒙古、黑龙江、吉林、山东、安徽、江苏、浙江、福建、河南、新疆）、日本、韩国、巴基斯坦、伊朗。欧洲：法国、意大利、匈牙利、瑞士、波兰、俄罗斯、乌克兰、保加利亚、斯洛伐克。北美洲：加拿大、美国。南美洲：阿根廷、巴西、智利。大洋洲：澳大利亚。

【寄主】 大豆疫霉病菌专性寄生强，寄主范围不广泛，仅能侵染大豆、菜豆、豌豆以及羽扇豆等少数豆类作物。

【形态特征】 大豆疫霉病菌生长缓慢，菌落形态均匀，气生菌丝致密，幼龄菌丝体无隔多核，分枝大多呈直角，在分枝基部稍有缢缩。菌体老化时产生隔膜，并膨大形成结节状、球形、椭圆形等规则形的菌丝膨大体，菌丝体宽 $3\mu m \sim 9\mu m$。病菌在自来水和利马豆培养基中形成大量孢子囊，孢囊梗无限生长，单生，多数不分枝；孢子囊顶生，倒梨形，顶部稍厚，乳突不明显，新孢子囊在老孢子囊内以层出方式产生，孢子囊不脱落，大小（23~89）$\mu m \times$（17~52）μm，平均 $58\mu m \times 38\mu m$。游动孢子在孢子囊里形成，卵形，一端或两端钝尖，具2根鞭毛，尾鞭长度为茸鞭的4~5倍。该病菌在胡萝卜或利马豆固体培养基上生长约1周后可产生大量卵孢子，同宗配合，雄器侧生，偶有穿雄生，藏卵器壁薄，球形至扁球形，直径 $29\mu m \sim 46\mu m$，一般小于 $40\mu m$。卵孢子球形，壁光滑且厚，厚度 $1\mu m \sim 3\mu m$，有内、外壁之分。卵孢子直径 $19\mu m \sim 38\mu m$，卵孢子大小和孢子囊大小及乳突均受培养基种类和培养时间的影响而有变化，病菌可以产生厚垣孢子（如图7-4所示）。

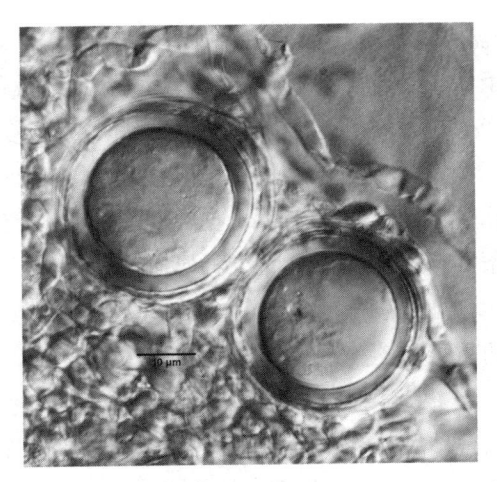

图 7-4 大豆疫霉病菌的藏卵器和卵孢子（显微镜下）

【危害情况】 在大豆的整个生育期，大豆疫霉病均可发生并造成危害，在感病品种上可造成损失 25%~50%，个别高感品种损失可达 100%。大豆疫霉病菌主要引起大豆根腐、茎腐、植株矮化、枯萎和死亡。田间典型症状表现为大豆茎基部出现黑褐色病斑（如图 7-5 所示）。

图 7-5 大豆疫霉病症状

【生物学特性】 大豆疫霉病菌最适生长温度 24℃~28℃，最高温度 35℃，最低温度 8℃。该病菌生理小种分化明显，至 2009 年已报道的生理小种达到了 54 个。大豆疫霉病菌能以抗逆性强的卵孢子在土壤中和病残体内越冬，在田间条件下至少可存活 4 年。当春季温度和湿度适宜时，该病菌卵孢子萌发，产生孢子囊。孢子囊在田间不断积累，在下雨或灌溉后土壤有积水时，孢子囊释放出游动孢子，随土壤水的流动而扩散至大豆根部，在根组织上休止，萌发，产生附着孢侵入寄主，在受侵染的根和茎部产生卵孢子。如条件合适，在根表面也可形成孢子囊进行二次侵染。

【传播途径】大豆疫霉病是典型的土传真菌病害，据报道，土壤是该病菌在田间传播的重要途径，孢子囊和游动孢子是田间传播的重要形式。大豆植株感病后，在根茎内形成大量卵孢子，卵孢子随着病残体落入土中，在土壤里和病残体中越冬，第二年春季当温湿度条件适宜时，卵孢子打破休眠萌发，长出芽管发育成菌丝体和孢子囊，孢子囊在土中不断积累，当土壤积水时，卵孢子萌发产生大量游动孢子，游动孢子通过水流被吸引到发芽的种子以及根周围，聚积并休止一段时间后萌发侵入寄主根部，条件适宜时，病菌向上扩展至茎部和下部侧枝，如遇阴雨连绵或潮湿多云天气，风雨还可将病土颗粒吹溅到叶面，出现叶部感染，并向叶柄和茎部蔓延，此时病情发展更为迅速且严重。

【检验检疫方法】因大豆疫霉病菌主要是通过大豆种子收获过程中混杂的土壤颗粒进行远距离传播，因此病菌的检测主要是通过大豆叶片诱集后进行形态特征鉴定，必要时还可通过 PCR 方法进行辅助判定。目前已有《大豆疫霉病菌检疫鉴定方法》《大豆疫霉病菌实时荧光 PCR 检测方法》等海关技术规范。

2. 小麦矮腥黑穗病菌

【拉丁学名】*Tilletia controversa* J. G. Kuhn

【英文名】dwarf bunt of wheat

【分类地位】腥黑粉菌目 Tilletiales，腥黑粉菌科 Tilletiaceae，腥黑粉菌属 *Tilletia*。

【地理分布】亚洲：阿富汗、叙利亚、伊拉克、伊朗、亚美尼亚、阿塞拜疆、格鲁吉亚、哈萨克斯坦、吉尔吉斯斯坦、塔吉克斯坦、土库曼斯坦、乌兹别克斯坦、土耳其、日本。欧洲：阿尔巴尼亚、奥地利、保加利亚、克罗地亚、捷克、丹麦、法国、德国、希腊、匈牙利、意大利、拉脱维亚、卢森堡、摩尔多瓦、波兰、罗马尼亚、俄罗斯、塞尔维亚、斯洛伐克、斯洛文尼亚、西班牙、瑞典、瑞士、乌克兰、英国。北美洲：加拿大、美国。南美洲：阿根廷。非洲：阿尔及利亚、利比亚、突尼斯。

【寄主】小麦矮腥黑穗病菌（TCK）主要为害小麦，也侵染大麦、黑麦等禾本科18个属的植物，包括小麦属、黑麦属、大麦属、落草属、黑麦草属、早熟禾属、山羊草属、冰草属、鹅股颖属、看麦娘属、燕麦草属、苋草属、雀麦属、鸭茅属、野麦草属、羊茅属、绒毛草属、三毛草属。但小麦以外的其他寄主很难自然发病。

【形态特征】冬孢子球形至近球形，黄褐色至暗褐色，直径 16μm~25μm，平均 19.9μm，孢子外壁为多角形的网状花纹（偶有脑纹状的），网脊高 1.5μm~3μm，网眼大小 3μm~5μm，孢子有胶质鞘，厚 1.5μm~4μm。不育孢球形、透明，壁薄光滑，直径 10μm~18μm，平均 13.7μm，偶有胶质鞘包围。（如图 7-6 所示）

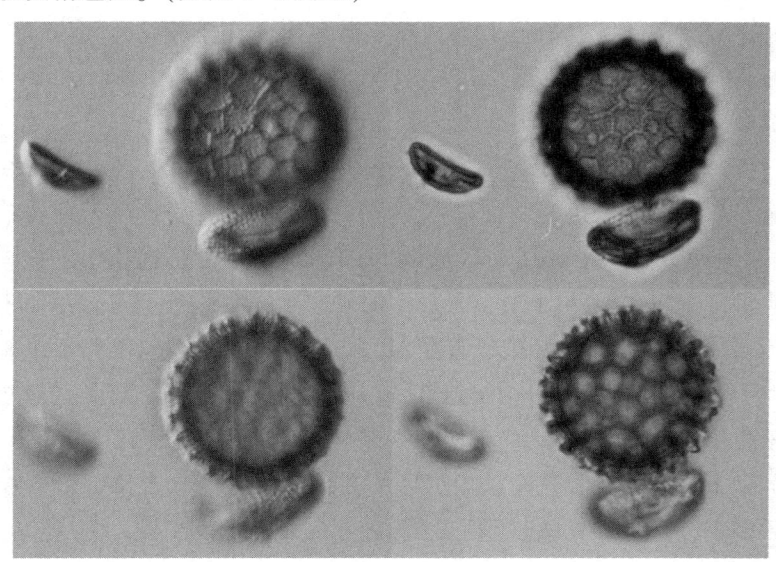

图 7-6　小麦矮腥黑穗病菌冬孢子（显微镜下）

【危害情况】小麦矮腥黑穗病是麦类黑穗病中危害最大、防治最难的一种病害。病菌系统侵染使植株矮化，病穗上的籽粒被黑粉所取代（如图 7-7 所示），造成严重减产。20 世纪 60~70 年代，美国西北部 7 个州发病严重，发病面积约 26 万公顷，重病田发病率可达 80%，冬小麦生产受到严重影响。

图 7-7　小麦矮腥黑穗病菌发病籽粒

【生物学特性】冬孢子萌发需要长期低温与光照。萌发最低温度为 -2℃，最适温度 2℃~8℃，最高温度 15℃。实验室条件下，冬孢子在温度 5℃且有光照条件下，于 3 周后开始萌发，萌发率最高出现在 6~8 周，若将冬孢子先在 5℃放置处理 3~4 周，再移至 0℃~2℃，短时间内可获得大量萌发。田间条件下，冬孢子萌发不需游离水，在土壤持水量 35%~88% 时都可萌发。用萌发的冬孢子接种小麦，在 0℃~10℃，甚至 15℃~20℃，可获得成功，但侵染适温为 5℃。

【传播途径】TCK 主要随土壤传播，带菌的种子、粮食也能进行远距离传播。TCK 冬孢子抗逆性强，在土壤中至少存活 3 年，在完整病粒中可存活 3~10 年。进口小麦是 TCK 传入我国的重要渠道，近几年，我国口岸多次从来自 TCK 疫区的小麦、大麦、麦麸和草籽上截获 TCK。存在于小麦中的 TCK 病粒，其所含冬孢子数在 10 万~100 万个之间，平均每个病粒所含冬孢子数为 30 万~60 万个，这些数以百万计的冬孢子，将随进口小麦进行远距离传播。病麦进口后，其中携带的冬孢子因在装卸、运输环节撒落，沉降于沿途各地及仓库、加工厂所在地。一旦进入农田，就会在土壤中存活多年，待条件具备时即可进行侵染。

【检验检疫方法】

（1）病症检查

将送检粮食样品倒入白瓷盘内检查，仔细观察病粒及其碎片，有无菌瘿。菌瘿短小近球形，压破后散出黑粉。取黑粉制片观察。取少量冬孢子，加适量席尔氏溶液镜检观察。

(2) 洗涤检验

称取 50g 作为试验样品。将试验样品倒入经干热灭菌（165℃，1.5h）后的 250mL 锥形瓶内，加蒸馏水 100mL，再加表面活性剂（吐温 20）1~2 滴。用铝箔纸或 Parafilm 膜将锥形瓶封口。将锥形瓶放在往复式振荡器上震荡洗涤 5min，将洗涤悬浮液注入经干热灭菌的 10mL~20mL 刻度离心管内，1000r/min 离心 3min。取出离心管，倾去上清液，再加剩余洗涤悬浮液，混合离心，直至所有洗涤悬浮液离心完毕，留沉淀物。在沉淀物中加入席尔氏浮载剂使之悬浮，视沉淀物多少定容至 1mL~3mL。可用调微量加样器吸取 5μL~20μL 沉淀物悬浮液至载玻片上，加盖玻片后在生物显微镜下观察。每份试验样品的沉淀物悬浮液至少镜检 5 张玻片，每片按视野依次全部检查，如果发现可疑 TCK 冬孢子，随机测量 30 个成熟冬孢子的网脊高度值。测量应在油镜（100×）下进行。如果测量 5 张玻片后仍不足 30 个冬孢子，则增加玻片检查数量，直至所有沉淀物悬浮液用毕。

(3) 菌瘿检验

当发现菌瘿，如果怀疑是小麦矮腥黑穗病菌，从菌瘿上刮取少许冬孢子粉至洁净的载玻片上，加适量蒸馏水制成冬孢子悬浮液，置于防尘处任其自然干燥。在干燥的冬孢子上加一滴无荧光显微镜物镜镜头油，加盖玻片，再加上述镜头油。将制好的玻片置于激发滤光片 485nm，屏障滤光片 520nm 的落射荧光万能显微镜上，确定观察视野，同时开始计时。每视野照射 2.5min 后开始检查视野中呈自发荧光正反应和负反应的冬孢子数。全过程不得超过 3min。每份菌瘿样品至少观察 5 个视野、200 个冬孢子，然后计算呈自发荧光正反应冬孢子的百分率，以百分率代表该菌瘿的自发荧光率进行鉴定。

(4) 冬孢子萌发试验

当发现菌瘿，但形态学和自发荧光显微学均不能正确鉴定时，可根据冬孢子在 5℃、17℃ 温度下不同的萌发特性，作为孢子萌发生理学鉴定。方法如下：取部分菌瘿加适量灭菌蒸馏水制成冬孢子悬浮液，均匀地涂在水琼脂平板上。冬孢子悬浮液的浓度以低倍（10×10）下每视野 40~60 个冬孢子为宜。将涂有冬孢子的平板置于 5℃±1℃ 和 17℃±1℃、有连续（或与 12h 黑暗交替）光照的条件下进行培养。在显微镜（10×10）下观察冬孢子的萌发。第一次观察可在培养 10d 时进行，以后每隔 3d~7d 观察 1

次，记录萌发情况并计算萌发率。

（5）判定依据

样品洗涤悬浮液中发现的 30 个冬孢子网脊高度平均值大于临界网脊高度指数值（0.95μm）的，判定为小麦矮腥黑穗病菌。菌瘿中 30 个成熟冬孢子的网脊高度平均值大于或等于 1.43μm 时，菌瘿定为小麦矮腥黑穗病菌；小于或等于 0.70μm 时，菌瘿不是小麦矮腥黑穗病菌。菌瘿的 30 个成熟冬孢子的网脊高度平均值为 0.71μm～1.42μm，自发荧光率大于或等于 80%时，菌瘿定为小麦矮腥黑穗病菌；小于或等于 30%时，菌瘿不是小麦矮腥黑穗病菌。自发荧光率为 31%～79%，5℃下萌发，17℃下不萌发，菌瘿定为小麦矮腥黑穗病菌；5℃和 17℃下均可萌发，菌瘿不是小麦矮腥黑穗病菌。

3. 大豆北方茎溃疡病菌

【拉丁学名】*Diaporthe phaseolorum* var. *caulivora* Athow & Caldwell

【英文名】stem canker of soyabean

【分类地位】间座壳目 Diaporthales、间座壳科 Diaporthaceae、间座壳属 Diaporthe。

【地理分布】亚洲：韩国。欧洲：奥地利、保加利亚、克罗地亚、法国、意大利、俄罗斯（俄罗斯南部）、塞尔维亚、西班牙等。北美洲：加拿大（安大略省）、美国（伊利诺伊州、印第安纳州、爱荷华州、马里兰州、密歇根州、明尼苏达州、纽约州、北达科他州、俄亥俄州、南卡罗来纳州、威斯康星州）等。南美洲：阿根廷、巴西（南大河州）、厄瓜多尔。

【寄主】主要寄主为大豆，野生寄主为苘麻。

【形态特征】大豆北方茎溃疡病菌（简称 DPC）在 PDA 培养基上菌落通常呈白色，菌丝致密、丛生，随着培养的时间延长，有些菌株变为浅棕色。子座通常较小（1mm～2mm），黑色，圆形，散布于培养基中。在光照刺激下可形成子囊壳，呈黑色，球形，大小为（165～340）μm×（282～412）μm，具长而突出的喙，长度 24μm～518μm，基部宽 85μm～192μm，顶部宽 22μm～36μm。子囊长棍棒形，无柄，大小为（30～40）μm×（4～7）μm。子囊孢子长圆形至椭圆形，透明，双细胞，分隔处稍缢缩，每个细胞具有双油球，大小为（8～12）μm×（3～4）μm。该病菌在 PDA 培养基上很少产生分生孢子器。

【危害情况】20 世纪 50 年代，大豆茎溃疡病害在美国中北部地区曾给大豆种植造成严重损失，有些田块植株发病率达 80%，产量损失达 50%。造成该病害流行的主要原因是种植了两个高感病的大豆品种。此后，由于减少了感病品种的种植，发病率逐渐降低，产量损失减少，该病害在此区域成为一个次要问题。1987—1988 年，在明尼苏达州试验田的发病率降到 5% 以下。20 世纪 80 年代，该病害在欧洲暴发，产量损失达 50%～62%。

【生物学特性】DPC 在田间可通过大豆病残体传播，引起幼苗发病。子囊壳通常在冬末发育而成；在春季，子囊孢子大量释放，正好与田间大豆苗期相吻合，通过风雨扩散，从而造成初次侵染。大豆开花期，可观察到该病菌在植株上发生，在茎秆部位产生长圆形红褐色的病斑（如图 7-8 所示），并导致植物死亡。

图 7-8　DPC 在大豆茎秆上形成的病斑

DPC 可以在土壤表面的大豆残体上越冬，北半球 5 月底 6 月初通常会产生子囊壳。子囊壳的产生和子囊孢子的释放温度为 10℃～27℃（最适宜的温度为 20℃～25℃）。子囊壳的喙产生之后 5d～10d，在充足的降雨条件下，子囊孢子开始释放，并且在大豆整个生长期持续释放，通过风雨扩散。子囊孢子在 10℃～32℃ 条件下萌发，最适宜的萌发温度为 22.5℃。植株从发芽到开始成熟期间易感病，在整个花期和大豆成熟阶段发病率最高，症状最为明显。最新研究表明，被侵染的植株不会成为再次侵染的菌源。

【传播途径】

（1）种子。DPC 可以通过种子传播，种传率比较高，平均为 12.5%，最高达 22%。病原菌以菌丝形态存活于种子内，受侵染的种子皱缩、变轻、外表呈白垩状。

（2）病残体。该病菌还能以菌丝体和子囊壳在大豆植株残体上越冬，并随病残体进行远距离传播。

【检验检疫方法】

(1) 症状检查

根据大豆北方茎溃疡病菌的传播途径,在现场检验检疫和实验室检测时,可对大豆种子和病残体进行针对性检查,重点挑选皱缩、外表呈白垩状的疑似发病种子;同时大量收集大豆秸秆,观察表面是否有黑色小点,剖开秸秆,挑选内部呈现褐色的秸秆作为疑似样品,进行下一步实验室检测。

(2) 保湿培养

种子保湿培养:取疑似发病种子,用1.25%次氯酸钠溶液表面消毒3min~4min,放在垫有3层灭菌滤纸的培养皿中,20℃~22℃条件下放置24h,-20℃冷冻24h,转至25℃光照培养箱中培养,黑暗及近紫外光照各12h交替,10d后观察种子上是否有病菌长出。

豆秆病残体保湿培养:将具有疑似症状的豆秆病残体在75%酒精溶液中浸泡1min,进行表面消毒,经灭菌水洗涤后平铺于垫有3层湿润滤纸的培养皿中,转至25℃光照培养箱中培养,黑暗及近紫外光照各12h交替,10d后观察豆秆病残体表面是否出现白色菌丝。

(3) 分离培养及形态学鉴定

挑取白色菌丝转移至酸性PDA培养基上继续培养(如图7-9所示),黑暗及近紫外光照各12h交替,25℃培养,观察菌落中是否有黑色子座,用挑针挑取制成玻片,在显微镜下观察并测量子囊、子囊孢子形态与大小,进行形态学鉴定。

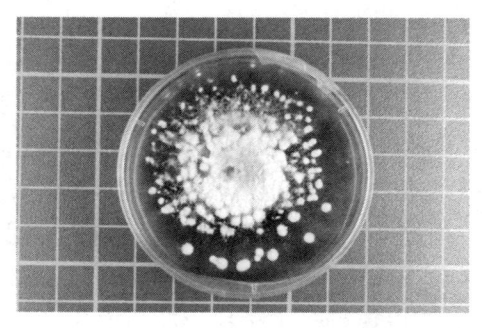

图7-9 DPC在PDA上的培养性状图

(4) 分子生物学鉴定方法

近年来,针对大豆北方茎溃疡病菌已开发了多种PCR检测方法,可以准确、快速鉴定大豆样品中是否带有DPC。

实时荧光 PCR 检测方法：SN/T 3399—2012《大豆茎溃疡病菌检疫鉴定方法—TaqMan MGB 探针实时荧光 PCR 检测方法》提供了用于鉴定该病菌的分子生物学检测方法，可以准确地将该病菌与其他近似种区分开来。

环介导等温扩增检测方法：基于环介导等温扩增技术（Loop-mediated isothermal amplification，LAMP），以 tef1α 为靶序列，设计 LAMP 特异性引物，建立了一种基于颜色判定的简单、快速和灵敏的 DPC 检测方法，该方法仅需 60min，即可通过肉眼直接目测试验结果，该方法的建立为大豆北方茎溃疡病菌的检疫以及其所致病害的快速诊断提供了新的技术。

4. 玉米细菌性枯萎病菌

【拉丁学名】*Pantoea stewartii* subsp. *stewartii*（Smith）Mergaert et al.

【英文名】bacterial wilt of maize

【分类地位】肠杆菌目 Enterobacteriales，肠杆菌科 Enterobacteriaceae，泛菌属 *Pantoea*，斯氏泛菌 *Pantoea stewartii*，斯氏泛菌斯氏亚种 *Pantoea stewartii* subsp. Stewartii。

【地理分布】亚洲：中国、印度、马来西亚、菲律宾、韩国、泰国、越南。欧洲：奥地利、比利时、克罗地亚、希腊、意大利、荷兰、波兰、罗马尼亚、俄罗斯、塞尔维亚、塞黑、斯洛文尼亚、瑞士、乌克兰。北美洲：加拿大、墨西哥、美国、哥斯达黎加、波多黎各岛、特立尼达和多巴哥。南美洲：阿根廷、玻利维亚、巴西、圭亚那、巴拉圭、秘鲁。非洲：贝宁、多哥。

【寄主】所有的玉米种都是该病菌的寄主，该病菌也已从鸭茅状摩擦禾和水稻中分离出来。许多禾本科属植物都能成功地人工接种，薏苡、鸭茅、宿根类蜀黍、*Schlerachne punctata* 可能是弱的次要宿主。

【形态特征】玉米细菌性枯萎病菌为革兰氏阴性，兼性厌氧，黏液样，无鞭毛，不移动的杆状菌，大小（0.4~0.8）μm×（0.9~2.2）μm。在营养琼脂培养基上的典型菌落呈乳黄色、橙黄色或者淡黄色，圆形，表面光滑，平到凸起，边缘完整，生长缓慢。

【危害情况】该病害主要在美国发生危害，尤其对甜玉米危害严重，影响玉米产量。该病害主要发生在北美洲，1960—1999 年曾多次在美国发生流行，造成玉米产量减少 20%~40% 的损失；1936 年在意大利发生更为严重的流行，该病造成的产量损失高达 90%；在加拿大也曾发生过，给玉米生产造成了极大的危害。

该病害在玉米上引起的玉米细菌性枯萎病菌是典型的维管束病害，细菌通过维管束扩展到植株的各个器官，在玉米的各个生长阶段均能发生。敏感品种在幼苗期感染病菌受害时，植物会迅速枯萎死亡。如果植株在生长后期感染，植株仍然可以长到正常大小，典型症状表现为叶上由淡绿色至黄色的线形条斑，边缘不规则或呈波浪状，与叶脉平行，在易感品种上条斑可延伸至整个叶片（如图7-10所示）。感病品种和中度感病品种可发生系统侵染，轮生新叶上有明显的症状。在抗性品种中，症状通常局限在跳甲取食的伤口周围2cm～3cm范围内，较少发生系统性侵染。若幼苗出苗后一周内感病，会导致主茎死亡，分蘖大量生长。

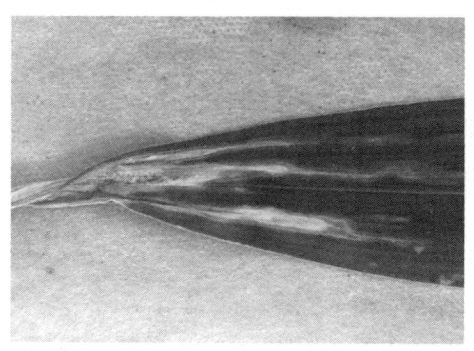

图7-10 玉米细菌性枯萎病在叶片上的危害症状

受到系统性侵染的玉米植株，雄穗可能会过早抽出变白，后枯萎死亡，靠近土壤表面的茎秆髓部变空。该病菌可通过维管束系统扩展，经过果穗可到达籽粒。严重感染的植株，维管束充满黄色黏液，切开茎秆可以看到黏液渗出。果穗的苞叶也能覆盖着黏液，并黏附到籽粒上。从严重感染的果穗中收获的种子通常会变形、萎缩和变色，并严重影响发芽。如果病害发生在雄穗形成后，叶片症状与幼苗萎蔫期相似，出现由短到长、不规则的淡绿色至黄色线形条斑，病害症状的组织变棕褐色，继而枯萎死亡（如图7-11所示）。有时叶片上症状从玉米跳甲取食的伤口处开始，坏死组织可能延伸整个叶片长度，或者症状可能限制在几厘米以内，这取决于品种的抗性或敏感性。玉米细菌性枯萎病导致的叶片过早死亡容易使衰弱的植株发生茎腐，进而造成玉米减产。

图 7-11 玉米细菌性枯萎病危害症状

【生物学特性】不同的菌株差异较大，有些菌株可以在 4℃下生长，有些可以在 37℃下生长，温度达到 41℃时则没有菌株能生长。Bradbury 等研究表明，玉米细菌性枯萎病菌的致病性、毒力与其产生孢外多糖有关。

【传播途径】昆虫带菌和种子带菌是玉米细菌性枯萎病菌主要的传播途径。玉米跳甲是该病菌在病区陆地范围内传播和扩散主要的介体昆虫。在北美地区，有玉米跳甲存在时，该病害就会发生。除玉米跳甲外，齿跳甲、玉米根甲、五月金龟子、玉米种蝇的幼虫及小麦金针虫等也可以作为媒介传播病菌。病菌在成虫体内越冬，翌春通过取食幼嫩玉米植株传播病原菌至田间。在美国，冬季 12 月至次年 2 月期间的平均温度对介体昆虫越冬具有很大影响，冬季气温越高（如果这一时期平均日温度高于冰点），介体昆虫的存活率较高，病害发生的可能性很大；这一时期日平均温度低于 -3℃，介体昆虫的越冬率很低，病害发生率很低或者不发生。洲际远距离传播的主要途径是带菌种子传播，带菌种子也是无病害区的主要初侵染源。病原菌主要存在于种子胚乳，很少存在于种皮。在种子收获后长达 5 个月时间里，病菌都能够存活，若在低温下贮藏玉米种子，其携带和病菌存活的时间会更长。在特殊条件下，叶面积被侵染超过 25%时产生的带菌种子即可使植物感病。种子带菌传播及侵染植株的严重程度也与其亲本的感病性和抗病性有很大关系，抗性强则种子传播侵染的概率低，易感病亲本则种子传播后侵染植株的概率较高。

【检验检疫方法】 玉米细菌性枯萎病的检测鉴定方法主要包括症状诊断及样品处理、分离培养、分子生物学检测、免疫学检测及致病性测定等。

（1）症状诊断及样品处理

植株材料：观察叶片是否有黄色线形条斑、棕褐色坏死组织等典型症状。切开玉米植株的茎秆或者叶片，观察横切面是否有黄色菌脓渗出。将有典型症状的植株组织的病健交界处用75%乙醇表面消毒5s~10s，无菌水冲洗，晾干，放在无菌器皿中，加入适量无菌水或生理盐水，将组织研磨，浸泡10min。

种子材料：取100g~200g玉米种子，用0.5%次氯酸钠溶液表面消毒10min，无菌水冲洗3次，加入200mL生理盐水（加0.02%吐温20），4℃冰箱浸泡过夜；浸泡液10000r/min离心30min，1mL生理盐水悬浮沉淀。

（2）分离培养

取植株或种子浸泡液10倍系列稀释，分别取10倍、100倍和1000倍稀释液各100μL涂布于NA或KB平板培养基；28℃下培养3d~5d后观察有无疑似菌落，该病菌在NA上典型菌落呈黄色或淡黄色，圆形凸起，边缘光滑整齐（如图7-12所示）。挑取疑似菌落纯化3次用于进一步检测鉴定。

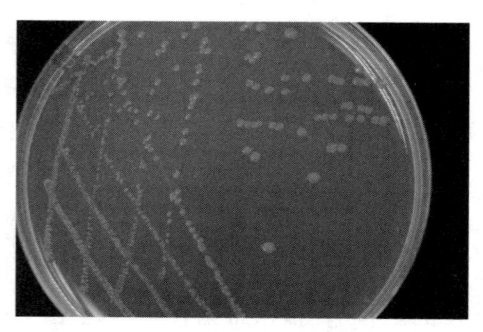

图7-12　玉米细菌性枯萎病菌在NA培养基上菌落形态

（3）分子生物学检测

常规 PCR 和实时荧光 PCR 特异性引物是一种检测植物病原菌非常有效和灵敏的方法。对分离的疑似菌株可进行特异性常规 PCR 检测或实时荧光 PCR 检测，使用商品化的细菌基因组提取试剂盒提取疑似菌落的基因组 DNA。

常规 PCR：利用基于玉米细菌性枯萎病菌的 cps 序列设计的引物，如表 7-1 所示。

实时荧光 PCR：EPPO 中推荐的基于 cpsD 基因的引物，如表 7-1 所示。

表 7-1　分子检测用引物及序列

引物探针	序列（5'-3'）	目标基因	片段大小（bp）
cpsAB2313F cpsR	AGAAAACGCTGATGCCAGA ACTATCCTGACTCAGGCACT	cps	256
cps-RT74F cps-177R cps-133	TGCTGATTTTAAGTTTTGCTA AAGATGAGCGAGGTCAGGATA FAM-TCGGGTTCACGTCTGTCCAACT-BHQ-1	cps	103

（4）ELISA（酶联免疫）检测

可使用商品化的 ELISA 试剂盒进行检测。

（5）致病性测定

取在 NA 上 28℃ 培养 48h 的玉米细菌性枯萎病菌，用无菌水配成 10CFU/mL 的菌悬液，针刺接种玉米幼茎，保湿培养 1d~2d 后，28℃ 继续培养。最初条斑症状可能在 3d~5d 后出现，一周或更长时间后出现更典型的症状（水渍状，维管束组织出现黄色菌脓），两周后可能会出现植株萎蔫现象。根据柯赫氏法则，对发病叶再分离病原菌，分离的病菌用 PCR 进行检测，完成整个测试程序。

5. 玉米褪绿斑驳病毒

【拉丁学名】 *Maize chlorotic mottle virus*，MCMV

【英文名】 Maize chlorotic mottle virus

【分类地位】 番茄丛矮病毒科 Tombusviridae，玉米褪绿斑驳病毒属 *Machlomovirus*

【地理分布】 主要分布在秘鲁、巴西、阿根廷、墨西哥、美国、泰国、肯尼亚、刚果等国家，我国云南、四川和台湾也曾有发生的报道。

【寄主】 自然寄主有玉米、甘蔗和石茅等；实验条件下可侵染的植物有小麦、大麦、燕麦、高粱等多种单子叶禾本科植物。

【形态特征】

（1）病毒粒体特性

病毒粒体为等轴对称二十面体（$T=3$），用磷钨酸负染色直径约 30nm，用醋酸铀负染色直径约 33nm，无包膜，粒体外形呈六边形，有的被染色剂渗透，有 180 个蛋白结构亚基。相对分子量 6.1×10^6。沉降系数 S_{20W}：109S。粒体浮力密度 CsCl 中 1.365g/cmo。A260/280 为 1.69~1.73（如图 7-13 所示）。

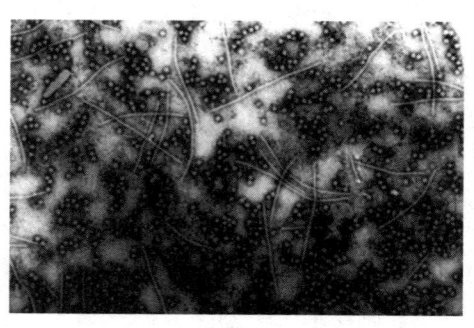

图 7-13 玉米褪绿斑驳病毒粒体形态

（2）核酸特性

病毒核酸为单分子线形 ssRNA，长 4437nt，核酸占病毒粒子质量的 18%。有的病毒粒子偶尔含有一个 1100nt 的亚基因组 RNA。

（3）基因组特征

单分体基因组，RNA3′端无 Poly（A），5′端有一个序列为 m7G5′pppA

的甲基化核苷酸帽子结构。病毒基因组含有 4 个 ORF，ORF 1 编码一个 32ku 蛋白，ORF 2 编码 50ku 蛋白，对 ORF 2 琥珀终止密码子的超读使翻译持续到 ORF 2RT，产生一个 111 ku 蛋白，该蛋白也可以在病毒 RNA 的体外翻译中得到。ORF 3 编码一个 9ku 蛋白，推测对 ORF 3 的 UGA 终止密码子超读产生一个 33ku 蛋白。ORF 4 编码 25.1ku 的外壳蛋白，在体内由 3′端亚基因组 RNA 表达产生。ORF 1 与 ORF 3 编码蛋白以及 ORF 3 超读产物的功能目前还不清楚，ORF 2 编码蛋白及其超读产物可能是病毒的聚合酶。

【危害情况】MCMV 自然条件下只能侵染玉米，可引起多种症状，产量损失可达 10%~15%。此外，该病毒还能与玉米矮花叶病毒（MDMV）、小麦线条花叶病毒（WSMV）和甘蔗花叶病毒（SCMV）复合侵染，作物产量损失最高可达 91%。

【生物学特性】在田间，玉米条叶甲的成虫、幼虫与该病毒病害流行关系密切。病毒在虫体中以非持久性方式传毒，在玉米根萤叶甲中保持 3d，在黑角负泥虫中保持 4d~6d。病毒在昆虫体内不能繁殖。

【传播途径】MCMV 可通过介体昆虫进行自然传播，主要包括黑角负泥虫、玉米跳甲、黄瓜十一星叶甲、长角黄瓜甲虫、玉米根萤叶甲和威廉花蓟马等；机械摩擦和嫁接也能传播；还可以随寄主植物以及通过种子进行远距离传播。

【检验检疫方法】

（1）症状观察

MCMV 单独侵染玉米可以引起叶片褪绿斑驳以及植株生长缓慢等轻微症状（如图 7-14 所示）。但是，当 MCMV 与 MDMV、SCMV 或 WSMV 等病毒复合侵染时，可导致严重的病害——玉米致死性坏死病（MLND），造成玉米大量减产。在玉米幼苗期，MLND 主要表现为叶片褪绿斑驳，植株矮化，叶片从边缘向内逐渐坏死，最终导致整株植物死亡；在玉米茎秆伸长期，MLND 表现为叶片褪绿斑驳并从边缘开始坏死，植株不能抽穗，玉米穗畸形或不结籽粒；在玉米生长后期，MLND 会导致叶片边缘部分坏死，苞叶早枯，籽粒不饱满。

图 7-14 玉米褪绿斑驳病毒粒体形态在玉米上引起的症状

（2）抽样及样品制备

抽样按照 SN/T 2122—2015《进出境植物及植物产品检疫抽样方法》的规定执行。

对于种子类样品，可挑取至少 500 粒种子（重点挑取畸形、不成熟的种子）样品，经 3% 次氯酸钠溶液表面消毒 10min 后，将种子置于灭过菌的土壤中，在适宜的发芽温度（25℃~28℃）条件下催芽，直至长出 3~4 片真叶进行检测。选取具有褪绿、畸形等症状的植株幼嫩叶片全部进行编号检测，同时随机抽取至少 20 株无症状植株样品进行混样检测。

对于有症状的种苗类样品单独检测，重点选取表现症状种苗类样品的幼嫩叶片；对于无症状的种苗类样品至少选取 20 株的幼嫩叶片进行混样检测。

（3）DAS-ELISA 检测

酶联免疫吸附法（ELISA）作为最常用的血清学检测方法，广泛应用于 MCMV 的检测。其中以双抗体夹心免疫吸附法（DAS-ELISA）最为常用，多采用商品化检测试剂盒开展玉米叶片等样品中 MCMV 的检测。

（4）RT-PCR 检测

参考 GB/T 31810—2015《玉米褪绿斑驳病毒检疫鉴定方法》中 RT-PCR 检测方法开展 MCMV 分子检测，其中上游引物 MCMV1 序列为 5′-CTACCCGAGGTAGAAAGCAG-3′、下游引物 MCMV2 序列为 5′-TTGTAGCT-GAGGGCACCGATC-3′，预期扩增片段长度为 429bp。

（5）实时荧光 RT-PCR 检测

参考 GB/T 31810—2015《玉米褪绿斑驳病毒检疫鉴定方法》中实时荧光 RT-PCR 检测方法开展检测，其中上游引物 MCMV TF 序列为 5′-CCAT-GTCCGAAATTCTGCTTG-3′、下游引物 MCMV TR 序列为 5′-GATGCGCA-CAGAGTTGAACAC-3′，探针 MCMV P 序列为 5′-FAM-CAGCCATTTGGC-CGCCCCAA-Eclipse-3′。

6. 小麦线条花叶病毒

【拉丁学名】*Wheat streak mosaic virus*，WSMV

【英文名】Wheat streak mosaic virus

【分类地位】马铃薯 Y 病毒科 Potyviridae，小麦花叶病毒属 *Tritimovirus*。

【地理分布】该病毒最初报道发生于美国，目前在乌克兰、俄罗斯、罗马尼亚、约旦、美国、加拿大、澳大利亚、巴西等多个国家均有发生，地理分布广泛。我国甘肃、陕西、新疆等地曾有发生报道。

【寄主】该病毒自然寄主有麦类、玉米等。主要包括小麦、大麦、燕麦、黑麦、玉米、黍以及多种单子叶杂草。

【形态特征】

（1）病毒粒体特性

该病毒粒体形态为弯曲线状，大小为（690~700）nm×（11~15）nm。

（2）核酸特性

病毒核酸为单分子正义 ssRNA，长约 8.5kb，核酸约占病毒粒子质量的 5%。

（3）基因组特征

单分体基因组，RNA3′端为 Poly（A），5′端为 VPg。基因组编码一个 344kDa 的多聚蛋白，然后切割成 10 个产物，分别为 40kDa 的 P1 蛋白、44kDa 的 HC-Pro 蛋白、32kDa 的 P3 蛋白、6kDa 的 6K1 蛋白、73kDa 的柱状内含体解旋酶、6kDa 的 6K2 蛋白、23kDa 的 VPg、26kDa 的 NIa 蛋白、64kDa 的 NIb 蛋白及 30kDa 外壳蛋白。

【危害情况】该病毒侵染小麦等植物后，可引起小麦严重花叶和矮化症状（如图 7-15 所示），对产量影响大，轻者导致减产 30%~50%，重者可造成作物绝收。该病毒可通过种子传播，极易扩散，对我国小麦、玉米等农作物生产和生态环境安全都会造成巨大影响。

图7-15 小麦线条花叶病毒引起小麦黄化和矮缩症状

【传播途径】该病毒可通过带毒的种子、螨虫介体——小麦卷叶螨和植物汁液摩擦等方式传播。其中，种传和介体传播是该病毒传播的主要途径，传毒介体小麦卷叶螨成虫和若虫可带毒传染，卵不传病毒。

【检验检疫方法】

（1）症状观察

小麦线条花叶病毒侵染小麦，可引起小麦严重花叶和矮化症状。在小麦苗期，植株叶色变淡，叶片变窄，叶面出现细小褪绿条点及黄色小点，与叶脉平行，并逐渐发展成苍白色断续条纹，部分组织坏死。苍白条纹不规则愈合，在苍白背景的叶片下有残余绿色条纹，叶片由一侧向内纵向卷曲。新叶片上也有褪色条纹，叶脉浊化稍暗。小麦拔节后，节间向下成弧状弯拐，节外复又向上，各节的向地一侧异常膨大造成全茎呈弯拐状，此症状在基部1~3节最为明显。病情严重的植株，全株分蘖向四周匍匐，穗鞘扭卷，不易抽穗或穗而不实。整个病田表现植株松散，外形异常。

在玉米寄主上，传毒介体小麦卷叶螨取食玉米粒后，在其表面可形成红色线条状病斑，现场查验时可根据该典型症状进行针对性取样。

（2）抽样及样品制备

抽样按照SN/T 2122—2015《进出境植物及植物产品检疫抽样方法》的规定执行。对于种子类样品，可随机抽取或针对性挑选100粒种子，表面消毒后，用灭菌水洗涤3次，将种子摆放在铺有湿润吸水纸的白瓷盘中。

在植物光照培养箱中,在20℃~25℃条件下催芽并长出叶片后进行检测。对于种苗类样品,可随机抽取20株种苗叶片0.2g,或者针对性地采集表现症状的叶片进行样品制备。

(3) DAS-ELISA 检测

在实验室开展 DAS-ELISA 血清学检测时,主要依据 GB/T 28103—2011《小麦线条花叶病毒检疫鉴定方法》,对抽取的样品开展检测。采用商品化 ELISA 检测试剂盒开展 WSMV 的检测。

(4) RT-PCR 检测

主要依据 GB/T 28103—2011《小麦线条花叶病毒检疫鉴定方法》中反转录聚合酶链式反应（RT-PCR）方法开展 WSMV 分子检测,其中上游引物 WSMV L2 序列为 5′-CGACAATCAGCAAGAGACCA-3′、下游引物 WSMV R2 序列为 5′-TGAGGATCGCTGTGTTTCAG-3′,预期扩增片段长度为190bp。

(5) 免疫电镜（IEM）检测

参考 SN/T 1840—2006《植物病毒免疫电镜检测方法》开展 WSMV 检测。在电镜下如果观察到弯曲线状病毒粒子,测定其大小为 15 nm×700 nm,病毒粒子周围有抗体晕圈,则 IEM 检测结果为阳性;否则 IEM 检测结果为阴性。

7. 小麦粒线虫

【拉丁学名】*Anguina tritici*

【英文名】wheat seed gall nematode

【分类地位】垫刃目 Tylenchida,粒科 Anguinidae,粒线虫属 *Anguina*

【地理分布】非洲:埃及、埃塞俄比亚。亚洲:阿富汗、阿塞拜疆、中国（台湾、安徽、贵州、河北、河南、江苏、山东、浙江）、印度（比哈尔邦、德里、哈里亚娜、查谟和克什米尔、拉贾斯坦邦、北方邦）、伊朗、伊拉克、以色列、巴基斯坦、沙特阿拉伯、韩国、叙利亚、土耳其。欧洲:奥地利、保加利亚、克罗地亚、塞浦路斯、丹麦、法国、德国、希腊、匈牙利、爱尔兰、意大利、立陶宛、荷兰、波兰、罗马尼亚、俄罗斯、塞尔维亚、塞尔维亚和黑山、斯洛文尼亚、西班牙、瑞典、瑞士、乌克兰、英国。北美:美国（格鲁吉亚、马里兰、北卡罗来纳州、南卡罗来纳州、弗吉尼亚州、西弗吉尼亚州）。大洋洲:澳大利亚、新西兰。南美洲:巴西。

【寄主】主要寄主有燕麦、大麦、黑麦、小麦，还可以侵染小斯佩耳特小麦、斯佩耳特小麦、二粒小麦、硬粒小麦。

【形态特征】小麦粒线虫属植物寄生线虫。雌雄成虫线形、较不活跃，内含物较浓厚，具不规则膜肠状体躯，卵母细胞及精母细胞成轴状排列。体环纹很细，通常只在食道区可以观察到。有4条或更多条很细的侧线，成虫的侧线只有在新鲜的标本上才可看到。唇区低平，稍有缢缩，唇片上有6个凸出的辐射状脊。食道前体膨大，在与中食道球交接处缢缩。食道腺球略成梨形，但形状有变化，有时为不规则的叶状，不覆盖肠。尾呈锥形，渐渐变细，形成一个钝圆的末端。染色体数为 $2n=38$。

【危害情况】有时一花裂为多个小虫瘿（如图 7-16 所示），有时是半病半健。上部叶表面有轻微的隆起，下部叶表面有凹痕。病穗较健穗短，色泽深绿，虫瘿比健粒短而圆，使颖壳向外开张，露出瘿粒。虫瘿顶部有钩状物，侧边有沟，初为油绿色，后变黄褐色至暗褐色（如图 7-17 所示），老熟虫瘿有较硬外壳，内含白色棉絮状线虫，瘿粒外形与腥黑穗病粒相同，但腥黑穗病粒外膜易碎，内为黑粉孢子。起皱，边缘向中脉卷曲，扭曲，屈曲，肿胀和鼓包。一个紧密的螺旋线圈进化，矮化，颜色损失或斑驳，发黄的外观和茎弯曲也可能发生。在严重感染时，整个地上植物在一定程度上被扭曲，疾病问题通常很明显。小麦麦粒顶端缩小，颖片以不正常的角度突出，使瘿暴露在外，但这种情况不会发生在黑麦麦粒上。幼嫩的瘿短而厚，光滑，浅绿色至深绿色，随年龄增长由棕色变为黑色，长 3.5mm~4.5mm，宽 2mm~3mm。黑麦瘿小，浅黄色，长大于宽，长 2mm~4.5mm，宽 1mm~2.5mm。

图 7-16 小麦粒转化为虫瘿
（解剖镜下拍摄）

图 7-17　被侵染的小麦粒
（普通相机下拍摄）

【生物学特性】 雌虫：肥大卷曲成发条状，首尾较尖，热杀死后向腹面呈螺旋状卷曲。体长 3mm~5mm，体宽 0.1mm~0.5mm，食道狭部有时在后部膨胀，称之为贮藏腺（storage gland），而与腺区交接处深深缢缩。前生殖管发达，卵巢通常至少有 2 个回折，有许多卵母细胞排列成轴状，轴末端为一杯状细胞。受精囊梨形，其宽端通过一括约肌与输卵管连接，其窄端陷入子宫。后生殖管为一个简单的后阴子宫囊。阴门唇突出。在某一时间子宫里可能有若干个卵。

雄虫：较小，不卷曲，体长 1.9mm~2.5mm，体宽 0.07mm~0.1mm。热杀死后虫体有时向背面弯曲，精巢有 1~2 个回折，精母细胞呈轴状排列，并终止于一个杯状细胞。输精管长约 200μm，与精巢交接处缢缩。交合刺一对，圈套，呈弓形，每个交合刺有 2 个腹脊，腹脊从顶端延伸到最宽部，基端膨大总向腹面折，引带简单，槽状，交合伞起于交合刺的前方而终于尾尖的稍前方。卵产于绿色虫瘿内，散生，长椭圆形，大小（73~140）μm×（33~63）μm，1 龄幼虫盘曲在卵壳内，2 龄幼虫针状，头部钝圆，尾部细尖，前期在绿瘿内活动，后期则在褐色虫瘿内休眠。（如图 7-18 所示）

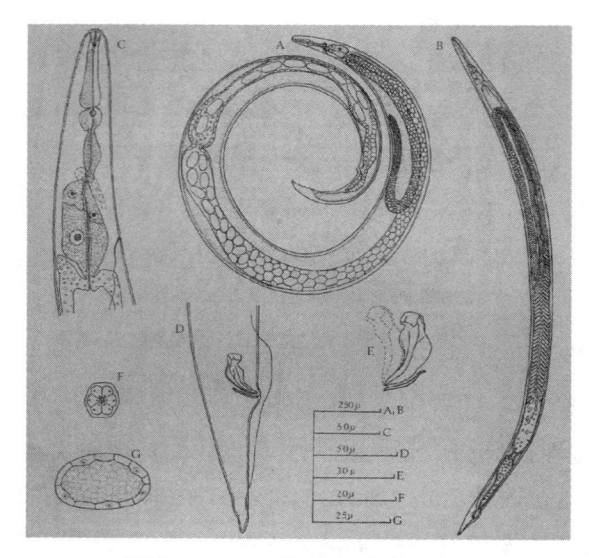

图 7-18　小麦粒线虫线描图

A. 雌虫整体；B. 雄虫整体；C. 雌虫食道区；D. 雄虫尾部；E. 交合刺；F. 唇部横切面；G. 横切面

【传播途径】粒线虫以虫瘿混杂在麦种中传播。虫瘿随麦种播入土中，休眠后 2 龄幼虫复苏出瘿。麦种刚发芽，幼虫即沿芽鞘缝侵入生长点附近，营外寄生，为害刺激茎叶原始体，造成茎叶以后的卷曲畸形，到幼穗分化时，侵入花器，营内寄生，抽穗开花期为害刺激子房致其畸变，成为雏瘿。灌浆期绿色虫瘿内幼虫迅速发育再蜕 3 次皮；经 3~4 龄成为成虫，每个虫瘿内有成虫 7~25 条。雌雄交配后即产卵，孵化出幼虫在绿虫瘿内为害，后虫瘿变为褐色近圆形，2 龄幼虫休眠于内。一个虫瘿内有幼虫 8000~25000 条。干燥气候，幼虫能存活 1~2 年。该线虫是小麦蜜穗病病原细菌（*Corynebacterium tritici*）侵入小麦的媒介体。该线虫除侵染小麦外，还可侵染黑麦、大麦和燕麦。发病轻重与播种材料中混杂的虫瘿量和播后的土壤温度有关。土温 12℃~16℃，适于线虫活动为害。沙土干旱条件下发病重，黏土发病轻。

【检验检疫方法】

（1）幼苗检疫

受粒线虫侵害的小麦植株接近地面的茎基部增粗，分蘖增多、矮化；

叶片卷曲、皱缩，生长呈畸形，整个植株看上去粗矮扭曲，抽穗提前30d~45d，但病株的穗数并不一定多。苗期症状随着植株的生长症状可能逐渐减轻，如果严重感染，植株可能在抽穗前死亡。病株叶片偶尔生有很小的圆形凸起，即虫瘿。

（2）成株检疫

受害穗子比正常的小，短粗，颖片上的芒很小或无芒。病穗的转黄通常比健穗需要更长时间，其部分或全部籽粒成虫瘿，初期虫瘿为绿色，比同期灌浆的麦粒要肥大且圆些，随后小麦上的虫瘿变成深棕色或黑色，而黑麦上的变成浅黄色，成熟的虫瘿略缩小，比麦粒短而圆，坚硬，不易捣碎。

（3）实验室种子检疫

从受检小麦种子中挑选虫瘿、瘪小粒放入小培养皿中，加入少量清水，在解剖镜下，用镊子和挑针挑破虫瘿表皮，释放出其中的线虫，用挑针挑取或用吸管收集线虫。

在载玻片上滴一滴清水，在解剖镜下，用挑针挑取线虫，放入载玻片上的水滴中，用酒精灯热杀死线虫，在解剖镜下整理好，95%乙醇数滴冲洗，将种皮放在载玻片上，加盖玻片。

在光学显微镜下100到400倍视野观察。

雌虫：虫体粗大，热杀死后向腹面呈螺旋状卷曲。体环纹细。头部低平，略缢缩。食道前体部膨大，其与食道球交接处缢缩。狭部有时膨大，与后食道腺接连处缢缩。后食道腺梨形。

雄虫：虫体比雌虫细。热杀死后虫体有时向背面弯曲。精巢有1~2个回折，精母细胞呈轴状排列，并终止于一个杯状细胞。

8. 四纹豆象

【拉丁学名】*Callosobruchus maculatus*（Fabricius）

【英文名】cowpea weevil

【分类地位】昆虫纲 Insecta，鞘翅目 Coleoptera，豆象科 Bruchidae，瘤背豆象属 *Callosobruchus*

【地理分布】亚洲：朝鲜、日本、越南、缅甸、泰国、印度、斯里兰卡、孟加拉国、伊朗、伊拉克、叙利亚、土耳其、也门、科威特。欧洲：俄罗斯、匈牙利、比利时、英国、法国、意大利、保加利亚、阿尔巴尼亚、希腊等。非洲：阿尔及利亚、埃及、塞内加尔、塞拉利昂、加纳、马拉维、尼日利亚、苏丹、埃塞俄比亚、坦桑尼亚、肯尼亚、扎伊尔、安哥拉、南非、赞比亚、乌干达。美洲：美国、洪都拉斯、古巴、牙买加、特立尼达和多巴斯岛、委内瑞拉、巴西、秘鲁、尼加拉瓜。大洋洲：澳大利亚。我国国内局部地区有分布。

【寄主】为害储藏的木豆、鹰嘴豆、扁豆、大豆、金甲豆、绿豆、豇豆等。

【形态特征】成虫：体长2.5mm~4mm。头黑色，被黄褐色毛；额区的中纵脊不明显；复眼深凹，凹入处着生白色毛；触角着生于复眼凹缘开口处，11节，由第4节向后呈锯齿状。前胸背板亚圆锥形，黑色或暗褐色，被黄褐色毛；后缘中央有瘤突1对，上面密被白色毛，形成三角形或桃形的白毛斑。小盾片方形，着生白色毛。鞘翅长稍大于两翅的总宽，肩胛明显；表皮褐色，着生黄褐色及白色毛；每一鞘翅上通常有3个黑斑，近肩部的黑斑极小，中部和端部的黑斑大。鞘翅斑纹在两性之间以及在飞翔型和非飞翔型个体之间变异很大。臀板倾斜，侧缘弧形。雄虫臀板仅在边缘及中线处黑色，其余部分褐色，被黄褐色毛；雌虫臀板黄褐色，有白色中纵纹。后足腿节腹面有2条脊，外缘脊上的端齿大而钝，内缘脊端齿长而尖。雄性阳基侧突顶端着生刚毛40根左右；内阳茎端部骨化部分前方明显凹入，中部大量的骨化刺聚合成2个穗状体，囊区有2个骨化板或无骨化板。（如图7-19所示）

图7-19 四纹豆象成虫

卵：长约0.6mm，宽0.4mm，椭圆形，扁平。

幼虫：老熟幼虫体长4.5mm~4.7mm，宽2mm~2.3mm。身体弯曲呈C形，淡黄白色。头圆而光滑，有小眼1对；额区每侧有刚毛4根，弧形排列；唇基有侧刚毛 1 对，无感觉窝。上唇卵圆形，横宽，基部骨化，前缘有多数小刺，近前缘有 4 根刚毛，近基部每侧有 1 根刚毛，在基部每根刚毛附近各有 1 个感觉窝。上内唇有 4 根长而弯曲的缘刚毛，中部有 2 对短刚毛。触角 2 节，端部 1 节骨化，端刚毛长几乎为末端感觉乳突长的 2 倍。后颏仅前侧缘骨化，其余部分膜质，着生 2 对前侧刚毛及 1 对中刚毛；前颏盾形骨片后面圆形，前方双叶状，在中央凹缘各侧有 1 根短刚毛；唇舌部有 2 对刚毛。前、中、后胸节上的环纹数分别为 3、2、2。足 3 节。第 1~8 腹节各有环纹 2 条，第 9~10 腹节单环纹。气门环形。

蛹：体长 3mm~5mm。椭圆形，乳白色或淡黄色，体被细毛。

【危害情况】严重危害菜豆、豇豆、兵豆、木豆等。在非洲的一般储藏条件下，经 3~5 个月储存的豇豆种子被害率达 100%；在埃及，储藏 3 个月豇豆的重量损失达 50%；在尼日利亚，豇豆储藏 9 个月后重量损失达 87%，年损失为 3 万吨。

【生物学特性】在美国加利福尼亚州，一年发生 6~7 代，在我国广东及北非，一年多达 11~12 代。在热带地区，该虫可在田间和仓内为害，在温带地区主要在仓内为害。四纹豆象以成虫或幼虫在豆粒内越冬。越冬幼虫于次年春化蛹。新羽化的成虫和越冬成虫离开仓库，飞到田间产卵，或继续在仓内产卵繁殖。产卵期可持续 5d~20d。一粒种子上通常着卵 2~4 粒，有时多达 10~20 粒。雌虫平均产卵约 100 粒。卵直接产在种子上，或产于田间即将成熟的豆荚上。雌虫喜欢将卵产于光滑的豆粒表面，卵牢固地黏附在种皮上。幼虫发育在种子内进行，经历 4 龄。成虫寿命短，在最适条件下一般不多于 12d。产卵的最适温度为 25℃。卵期在 28.6℃下为 5d~6d，在 11.6℃下为 22d。幼虫发育的最适温度为 32℃，最适相对湿度为 90%，在上述条件下虫期约为 21d。在温度 25℃、相对湿度 70% 的条件下，以豇豆种子为寄主，整个生活周期为 36d。

【传播途径】主要随寄主的调运远距离传播。

【检验检疫方法】（1）表面检查：仔细检查豆粒上是否有成虫的羽化孔，是否有黑幼虫蛀入点。（2）过筛检验：根据豆粒的大小，选择适宜孔径的圆孔筛对豆粒过筛，检查筛下物内是否有豆象成虫。（3）饲养检验：将可疑的被害豆粒装在玻璃瓶中，放置于温度 30℃~32℃、相对湿度 75%~90% 的光照培养箱内，待成虫出现后进行鉴定。（4）镜检：观察成虫的外部形态特征，首先确定是否属于瘤背豆象属，在此基础上再核对种的鉴定特征。

9. 巴西豆象

【拉丁学名】 *Zabrotes subfasciatus*（Boheman）

【英文名】 Mexican bean weevil

【分类地位】昆虫纲 Insecta，鞘翅目 Coleoptera，豆象科 Bruchidae，宽颈豆象属 *Zabrotes*

【地理分布】亚洲：越南、缅甸、印度尼西亚、印度、以色列、黎巴嫩。欧洲：法国、德国、意大利、葡萄牙、匈牙利、奥地利、波兰。非洲：加纳、几内亚、尼日利亚、埃塞俄比亚、肯尼亚、乌干达、坦桑尼亚、布隆迪、毛里求斯、扎伊尔、安哥拉、马达加斯加、南非。美洲：美国、阿根廷、巴西、古巴、危地马拉、尼加拉瓜、厄瓜多尔、牙买加、巴拿马、秘鲁、委内瑞拉、墨西哥。

【寄主】为害储藏的扁豆、多花菜豆、金甲豆、绿豆、菜豆、赤豆、豇豆等。

【形态特征】成虫：雄虫体长 2mm～2.9mm，雌虫体长 2.5mm～3.6mm；体呈宽卵圆形。表皮黑色，有光泽，仅触角基部 2 节、口器、前足中足胫节端及后足胫节端距为红褐色。头小，被灰白色毛；额中脊明显；复眼缺切宽，缺切处密生灰白色毛；触角节细长；雄虫触角锯齿状，雌虫触角弱锯齿状，第 1 触角节膨大，其长度为第 2 节的 2 倍。前胸背板宽约为长的 1.5 倍；两侧均匀突出，后缘中部后突，整个前胸背板呈半圆形。雄虫前胸背板被黄褐色毛，后缘中央有一淡黄色毛斑；雌虫前胸背板有较明显的中纵纹和分散的白毛斑。小盾片三角形，着生淡色毛。鞘翅稍呈方形，长约与两翅的总宽相当，翅的端部圆。雄虫鞘翅被黄褐色毛，散布不规则的深褐色毛斑；雌虫鞘翅中部有横列白毛斑构成的一条横带，这一特征可明显区别于雄虫。臀板宽大于长，与体轴近垂直，雄虫臀板着生灰褐色毛，偶有不清晰的淡色中纵纹，雌虫臀板多被暗褐色毛，白色中纵纹较明显。腹面被灰白色毛，后胸腹板中央有一凹窝，窝内密生白色毛。后足胫节端有 2 根等长的红褐色距。雄性外生殖器的两阳基侧突大部分联合，仅在端部分离，呈双叶状，顶端着生刚毛；外阳茎的腹瓣呈卵圆形；内阳茎的骨化刺粗糙，中部有一倒 U 形的大骨片。（如图 7-20 所示）

a. 雄虫　　　　　　　　　　b. 雌虫

图 7-20　巴西豆象成虫

卵：长约 0.5mm，宽约 0.4mm。扁平，紧贴在寄主豆粒表面。

幼虫：老熟幼虫呈菜豆形，肥胖无足，乳白色。头部具 1 对小眼，额部每侧着生 2 根刚毛。唇基着生 1 对长的侧刚毛，基部有 1 对感觉窝。上唇近圆锥形，基部骨化，端部有小刺数列，近前缘有 2 根亚缘刚毛，后方有 2 根长刚毛，基部每侧有一感觉窝。上内唇中区有 1 对短刚毛，端部有 7 根缘刚毛及少数细刺。触角 2 节，第 2 节骨化。上颚近三角形。下颚轴节显著弯曲；茎节前缘及中部着生长刚毛；下颚须 1 节；下颚叶具 5 个截形突，下方着生 4 根刚毛。后颏与前颏界限不分明，着生 2 对前侧刚毛和 1 对中央刚毛；前颏具一长的盾形骨片。腹部第 1~8 节为双环纹，第 9~10 节为单环纹。

【危害情况】此虫以幼虫蛀食豆类种子，对储藏的菜豆和豇豆危害尤其严重。在中美洲，此虫和菜豆象共同对菜豆造成的损失约为 35%；在缅甸和印度，可全年在仓内繁殖，主要为害金甲豆。在巴西，曾对 11 个栽培品种进行观察：在自然条件下储藏 9 个月，对种子的侵染率为 50%；储藏 12 个月，侵染率均达 100%。

【生物学特性】此虫主要在仓内为害。在巴西，一年发生 6~8 代；在我国云南和广西南部一年可发生 6 代。成虫羽化后即达性成熟，但多在豆粒内停留 2d~3d 才顶开羽化孔盖爬出来活动。雌虫直接将卵产于豆粒表面，卵牢固地黏附在种皮上。巴西豆象喜欢在光滑的豆粒上产卵，每次产卵量一般为 20~50 粒（平均约 40 粒）。产卵期持续半个月，但大部分卵产于雌虫羽化后的前 5d。产卵的适温为 25℃~30℃。幼虫发育最快的温度为 32.5℃。发育最低温度接近 20℃。在相对湿度 75% 的条件下，幼虫发育的温度范围为 20℃~37.5℃。一般认为，最适的发育温度为 27℃，相对湿度为 75%。在一定的温度范围内，成虫寿命与温度成负相关：在 37.5℃下，雌虫寿命平均为 5.6d，30℃下为 7.6d，25℃下为 11.7d，20℃下为 18.5d，15℃下为 54d。在适温下，相对湿度低于 50%使成虫寿命缩短。

【传播途径】成虫产的卵牢固地附着在豆粒表面，幼虫和蛹全部在被害豆粒内生活。因此，该虫的卵、幼虫、蛹和成虫很容易随寄主传播蔓延。

【检验检疫方法】注意豆粒上是否带卵，是否有成虫的羽化孔或半透明的圆形"小窗"；过筛检查看是否有成虫。成虫的鉴定比较容易，通过成虫一对红褐色的后足胫节端距和雄虫外生殖器可确定到种。卵的形态特点是十分接近圆形，宽与长的比值大于 0.8。这一特点可区别于其他几种常见的仓储豆象。幼虫的鉴定是根据上内唇近端缘的缘刚毛数目。巴西豆象老熟幼虫上内唇的缘刚毛有 7 根，而其他几种仓储豆象老熟幼虫的缘刚毛数为 4 根或 6 根。

10. 菜豆象

【拉丁学名】*Acanthoscelides obtectus*（Say）

【英文名】bean weevil

【分类地位】昆虫纲 Insecta，鞘翅目 Coleoptera，豆象科 Bruchidae，菜豆象属 *Acanthoscelides*

【地理分布】亚洲：朝鲜、日本、缅甸、越南、泰国、阿富汗、土耳其、马来西亚、印度、以色列、伊拉克、格鲁吉亚、哈萨克斯坦、塔吉克斯坦。欧洲：俄罗斯、波兰、匈牙利、德国、奥地利、瑞士、荷兰、比利时、英国、法国、西班牙、葡萄牙、意大利、罗马尼亚、阿尔巴尼亚、保加利亚、捷克、斯洛伐克、卢森堡、希腊等。非洲：尼日利亚、埃塞俄比亚、肯尼亚、乌干达、布隆迪、刚果、安哥拉、多哥、埃及、马拉维、毛里求斯、卢旺达、赞比亚、坦桑尼亚、塞内加尔、津巴布韦、摩洛哥、莱索托、南非。大洋洲：澳大利亚、新西兰、巴布亚新几内亚。美洲：加拿大、美国、墨西哥、洪都拉斯、阿根廷、伯利兹、玻利维亚、巴西、哥伦比亚、哥斯达黎加、古巴、多米尼加、萨尔瓦多、瓜德罗普、危地马拉、圭亚那、尼加拉瓜、巴拉圭、秘鲁、委内瑞拉。

【寄主】主要为害菜豆属，也为害豇豆、兵豆、鹰嘴豆、木豆、赤小豆、金甲豆、长豇豆、蚕豆和豌豆等。

【形态特征】成虫：头黑色，通常具橘红色的眼后斑；上唇及口器多呈橘红色；触角基部4节（有时包括第5节基半部）及第11节橘红色，其余节黑色。胸部黑色；足大部橘红色；鞘翅黑色，仅端部边缘橘红色。腹部橘红色，仅腹板基部有时呈黑色；臀板橘红色。毛被色：头及前胸密被黄色毛；鞘翅密被黄色毛，在近鞘翅基部、中部及端部有褐色毛斑；足被白色毛；腹面密被白色毛，或杂以黄色毛；臀板被白色或黄色毛。体长2mm~4mm。头部密布刻点；额中线光滑无刻点，由额唇基沟延伸至头顶，有时稍隆起。触角第1~4节丝状，第5~10节锯齿状，末节端部尖细。前胸背板圆锥形，中区布刻点，端部及边缘刻点变小。小盾片黑色，方形，端部2裂，密布倒伏状黄色毛。鞘翅行纹深，行纹3、4及行纹5、6分别在基部靠近。后足腿节端部与基部缢缩，呈梭形，中部约与后足基节等宽；腹面近端部有1个长而尖的齿，后跟2~3个小齿，大齿的长度约为前2个小齿的2倍；后足胫节具前纵脊、前侧纵脊、侧纵脊及后纵脊，其中前侧纵脊在端部1/4不明显；后足胫节端部前方的刺长约为第一跗节长的1/6。臀板隆起。雄虫第5腹板后缘明显凹入，雌虫稍凹入。雄虫外生殖器的阳基侧突端部膨大，两侧突在基部1/5愈合；阳茎细长，外阳茎瓣端稍尖，两侧稍凹入；内阳茎密生微刺，且向囊区方向骨化刺变粗，囊区有2个骨化刺团。（如图7-21所示）

图 7-21 菜豆象成虫

卵：长椭圆形，一端稍尖。卵长约0.66mm，宽约0.26mm，长约为宽的2.5倍。

幼虫：1龄幼虫体长约0.8mm，宽约0.3mm。中胸及后胸最宽，向腹部渐细。头的两侧各有1个小眼，位于上颚和触角之间。触角1节。前胸盾呈X形或H形，上面着生齿突。第8、第9腹节背板具卵圆形的骨化板。

足由 2 节组成。

老熟幼虫体长 2.4mm~3.5mm，宽 1.6mm~2.3mm。体粗壮，弯曲呈 C 形；足退化。上唇具刚毛 10 根，其中 8 根位于近外缘，排成弧形，其余 2 根位于基部两侧。无前胸盾，第 8、9 腹节背板无骨化板。下唇略呈三角形，两前颏骨片侧臂在端部相接；后颏骨片完整，呈狭长弓曲的带状。

蛹：体长 3mm~5mm，宽约 2mm，椭圆形；淡黄色，疏生柔毛。

【危害情况】该虫为多种菜豆及其他豆类的重要害虫。幼虫在豆粒内蛀食，对储藏的食用豆类造成严重危害。在墨西哥、巴拿马，菜豆象和巴西豆象在豆类储藏期间共同造成的重量损失为 35%；在巴西为 13.3%；在哥伦比亚，由于储藏期短，造成的损失为 7.4%。

【生物学特性】此虫以幼虫或成虫在仓内越冬，部分在田间越冬。次年春播时随被害种子带到田间，或成虫在仓内羽化后飞往菜豆田。另外，此虫同样可以在仓内连续繁殖。越冬成虫于次年春季温度回升至 15℃~16℃时开始复苏，气温达 18℃以上时开始交尾产卵。成虫寿命为 4d~37d，一般为 20d~28d；不需要补充营养；交尾持续 6min~7min，2h~3h 后开始产卵。产卵可持续 10d~18d。雌虫产的卵并不黏附在豆粒上，而是分散于豆粒之间，或将卵产于仓内地板、墙壁或包装物上。在田间，卵多产于成熟豆荚的裂隙处。每雌虫可产卵 50~90 粒，另有资料报道可产 20~209 粒（平均约 45 粒）。卵期一般为 6d~11d，随温湿度变化而异。最适发育温度为 30℃或稍高于 30℃，最适发育的相对湿度为 70% 左右。幼虫共 4 龄。初孵幼虫胸足发达，四处爬行寻找蛀入点。幼虫发育最适温度为 30℃；发育相对湿度为 30%~90%，最适相对湿度为 70%~80%。在最适条件下，幼虫期约为 30d。

【传播途径】主要借助被侵染的豆类种子通过贸易和引种进行传播。卵、幼虫、蛹和成虫均可被携带。

【检验检疫方法】过筛检查种子看有无成虫和卵，注意豆粒上是否有成虫的羽化孔或幼虫蛀入孔。成虫产的卵并不黏附在豆粒表面，必须在样品的筛出物中仔细寻找。新孵出的 1 龄幼虫四处爬行，寻找适合蛀入点。幼虫蛀入种子后，在种皮上留下一个裸露的圆形蛀孔，孔口被豆子的碎屑堵塞。幼虫老熟化蛹时，贴近蛹室的种皮呈半透明的"小窗"状，成虫羽化后打开"小窗"，在种皮上留下一个近圆形的羽化孔。羽化孔大小约为幼虫蛀入孔的10倍，容易发现；幼虫蛀入孔很小，不易发现，豆粒上若没有成虫羽化孔极易造成漏检。若被害种子为白色或接近白色，可用染色法迅速将蛀入点染成红色。若被害的种子为褐色、红色或其他深色，则不宜进行染色检验。有条件的话，也可借X光机检查豆粒内的幼虫或蛹。

11. 谷斑皮蠹

【拉丁学名】*Trogoderma granarium* Everts

【英文名】khapra beetle

【分类地位】昆虫纲 Insecta，鞘翅目 Coleoptera，皮蠹科 Dermestidae，斑皮蠹属 *Trogoderma*

【地理分布】亚洲：阿富汗、孟加拉国、塞浦路斯、印度、伊朗、伊拉克、以色列、朝鲜、黎巴嫩、缅甸、巴基斯坦、沙特阿拉伯、斯里兰卡、叙利亚、土耳其、也门、中国（台湾）。欧洲：奥地利、西班牙、瑞士、英国。非洲：阿尔及利亚、埃及、利比亚、马里、毛里塔尼亚、摩洛哥、尼日尔、尼日利亚、塞内加尔、索马里、苏丹、突尼斯、赞比亚、津巴布韦。美洲：委内瑞拉。

【寄主】严重为害多种植物性产品，如小麦、大麦、麦芽、燕麦、黑麦、玉米、高粱、稻谷、面粉、花生、干果、坚果、椰干等。此外，该虫也取食多种动物性产品，如奶粉、鱼粉、蚕茧、皮毛、丝绸等。

【形态特征】成虫：体长1.8mm~3mm，宽0.9mm~1.7mm，雌虫一般大于雄虫。体呈长椭圆形，体壁发亮，头及前胸背板暗褐色至黑色，鞘翅红褐色，触角及足淡褐色。前胸背板近基部中央及两侧有不明显的黄色或灰白色毛斑。鞘翅密被淡褐色至深褐色毛，上面有淡色毛形成的极不清晰的亚基带环、亚中带和亚端带，腹面被褐色毛。触角11节（极少数个体为9~10节）；雄虫触角棒3~5节，末节长约为第9、第10节长的总和；雌虫触角棒3~4节。触角窝后缘隆线特别退化，雄虫约消失全长的1/3，雌虫约消失全长的2/3，颏的前缘中部具深凹，两侧钝圆，在凹缘最深处的高度不及颏最大高度之半。雌虫交配囊骨片极小，长约0.2mm，宽约0.01mm，上面的齿稀少。雄虫第9腹节背板两侧着生刚毛3~4根。（如图7-22所示）

图7-22 谷斑皮蠹成虫

卵：长约0.7mm，宽约0.25mm。长筒形稍弯曲，一端钝圆，另一端较尖并着生许多刺状突。刺突的基部粗、端部细。卵初产时乳白色，后变为淡黄色。

幼虫：老熟幼虫体呈纺锤形；长4mm~6.7mm，宽1.4mm~1.6mm。背面乳白色至红褐色或淡褐色。第1腹节端背片最前端的芒刚毛不超过前脊沟；身体背面的箭刚毛多着生于背板侧区，尤其在腹末几节背板最集中，形成浓密的暗褐色毛簇。箭刚毛末节呈枪头状，其长度约等于其后方4个小节的总长。第8腹节背板无前脊沟，或仅以间断线形式存在。上内唇具感觉乳突4个。触角3节，第1、第2节约等长，第1节上的刚毛散布于该节周围，仅外侧1/4无刚毛，第2节上无刚毛或有1根刚毛。

蛹：雌体长平均5mm，雄体长3.5mm。离蛹，淡黄色，扁圆锥形，体表着生多数细毛。

【危害情况】该虫为国际上最重要的检疫性害虫之一，以幼虫取食为害。幼虫十分贪食，除直接取食外，还有粉碎食物的习性。1只雌幼虫每天消耗食物0.136mg~0.77mg，为雄幼虫的2倍。幼虫通常先取食谷物种子胚部，然后取食胚乳，种皮被咬成不规则的形状。幼龄幼虫取食破损的粮粒，而老龄幼虫可取食完整的粮粒。对谷物造成的损失一般为5%~30%，有时高达73%甚至100%。

【生物学特性】在东南亚，谷斑皮蠹一年多发生4~5代。4~10月为繁殖危害期，11月至次年3月以幼虫在仓库缝隙内越冬。成虫羽化后2d~3d开始交尾产卵。卵多散产，偶尔2~5粒卵黏结在一起。成虫丧失飞翔能力，也不取食。在适宜条件下每一雌虫产卵50~90粒（平均70粒，最多达120粒）。卵期3d~26d。在正常情况下，幼虫有4~6龄，在不利条件下龄数增加。在不发生滞育的情况下幼虫期26d~87d，蛹期2d~23d。完成1个世代，在34℃~35℃下需要25d~29d，在30℃下需要39d~45d，在21℃下需要220d~310d。在幼虫滞育的情况下完成一代需要数年。成虫寿命3d~19d。

【传播途径】谷斑皮蠹成虫虽有翅但不能飞，主要随货物、包装材料和运载工具传播。

【检验检疫方法】对谷斑皮蠹进行检验时，首先注意与传播有关的动植物材料、包装材料及运载工具。花生仁、花生饼传带的可能性更大，包装麻袋是该虫栖息的理想场所。除动植物产品外，填充料、铺垫材料也有传带的可能性，因为这些物品都可作为谷斑皮蠹的食物。若在粮仓内调查，要注意检查墙壁、梁柱和地板的缝隙内。在货轮上，多栖息于机舱附近温度较高的场所。此虫在不同货物中发生的部位往往有别：就椰枣而言，多出现于包角、包缝或包口附近；就棉花而言，多发现于包皮和包皮内棉花皱褶之间。被谷斑皮蠹侵染的物品，往往会发现幼虫和虫蜕。在没有活虫的情况下，仔细寻找和收集幼虫的虫蜕，在室内进行鉴定，同样可确定该批货物是否受到谷斑皮蠹侵染。

12. 大谷蠹

【拉丁学名】*Prostephanus truncatus*（Horn）

【英文名】larger grain borer

【分类地位】昆虫纲 Insecta，鞘翅目 Coleoptera，长蠹科 Bostrichidaae，尖帽胸长蠹属 *Prostephanus*

【地理分布】原产于美国南部，后扩展到美洲其他地区，20世纪80年代传入非洲。当前分布于亚洲的印度，非洲的多哥、肯尼亚、坦桑尼亚、布隆迪、赞比亚、马拉维、尼日尔、尼日利亚、贝宁、几内亚、加纳、纳米比亚、卢旺达、南非，美洲的美国、墨西哥、危地马拉、萨尔瓦多、洪都拉斯、尼加拉瓜、哥斯达黎加、巴拿马、哥伦比亚、秘鲁、巴西。

【寄主】主要为害储藏的玉米、木薯干和甘薯干，还可为害软质小麦、花生、豇豆、可可豆、扁豆、糙米、木制器具及仓内木质结构。

【形态特征】成虫：体长3mm~4mm。圆筒状，红褐色至黑褐色，略有光泽。体表密布刻点，疏被短而直的刚毛。头下垂，与前胸近垂直，由背方不可见；触角10节，触角棒3节，末节约与第8、第9节等宽；索节

213

细，上面着生长毛；唇基侧缘不短于上唇侧缘。前胸背板长宽略相等，两侧缘由基部向端部方向呈弧形狭缩，边缘具细齿；中区的前部有多数小齿列，后部为颗粒区；每侧后半部各有一条弧形的齿列，无完整的侧脊。鞘翅刻点粗密，排成较整齐的刻点行，仅在小盾片附近刻点散乱，行间不明显隆起；鞘翅后部陡斜，形成平坦的斜面，斜面的缘脊明显。腹面无光泽，刻点不明显。后足跗节短于胫节。（如图7-23所示）

图7-23 大谷盗成虫

卵：长约0.9mm，宽约0.5mm；椭圆形，短圆筒状，初产时珍珠白色。

幼虫：老熟幼虫体长4mm~5mm。身体弯曲呈C形。有胸足3对。第1~5腹节背板各有两条褶。头长大于宽，深缩入前胸；除触角着生处的后方有少量刚毛外，其余部分光裸。触角短，3节；第1节短，狭带状；第2节长、宽相等，端部着生少数长刚毛，并在端部连结膜上有一明显的感觉锥；第3节短而直，约为第2节长的2/5或第2节宽的1/4，端部具微毛或感觉器。唇基宽短，前、后缘显著弯曲，前缘中部消失。上唇大，近圆形；前侧缘均匀而显著突出，具长而密的刚毛，在侧方刚毛变得稀疏，中区无毛、上内唇的近前缘中央两侧各有3根长刚毛。刚毛的近基部有3排前缘感觉器；第1排2个，相互远离；中排6~8个；后排2个，彼此靠近。前缘感觉器的每侧有一个前端弯曲的内唇杆状体；感觉器的后面有大量的向后指的微刺群，最后方为一大的骨化板。

蛹：体白色，随蛹龄增加渐变暗色。上颚多黑色。鞘翅紧贴虫体。前胸背板光滑，端半部约着生18个瘤突。腹部多皱，无瘤突，背板和腹板侧区具微刺，刺的端部可分2~3个叉或不分叉。

【危害情况】大谷盗为农家储藏玉米的重要害虫，很少发生于大仓库内。成虫穿透玉米穗的苞叶蛀入籽粒，并由一个籽粒转入另一籽粒，产生大量的玉米碎屑。该虫危害既可发生于玉米收获之前，又可发生于储藏期。在尼加拉瓜，玉米经 6 个月储藏后，因该虫为害可使重量损失达 40%；在坦桑尼亚，玉米经 3~6 个月储存，重量损失达 34%，籽粒被害率达 70%。此外，大谷蠹可将木薯干和甘薯干破坏成粉屑。特别是发酵过的木薯干，由于质地松软，更适合大谷蠹钻蛀为害。在非洲，经 4 个月的储藏后，木薯干重量损失有时可达 70%。

【生物学特性】大谷蠹主要为害储藏的玉米，但对田间生长的玉米也能危害。在田间，当玉米的含水量降至 40%~50% 时该虫开始危害。不同玉米品种对大谷蠹的抗性不同，硬粒玉米受害较轻。另外，玉米穗上的籽粒受害重，脱粒后受害减轻。成虫钻入玉米粒后，留下整齐的圆形蛀孔。在玉米粒间穿行时，则形成大量的粉屑。交尾后，雌虫在与主虫道垂直的盲端室内产卵。卵成批产下，一批可达 20 粒左右，上面覆盖碎屑。产卵高峰约在产卵后的第 20d。在温度 32℃和相对湿度 80% 的条件下，产卵前期 5d~10d，产卵期持续 95d~100d，产卵量平均为 50 粒。

【传播途径】此虫除自然扩散外，主要通过被侵染的寄主远距离传播。

【检验检疫方法】禁止从疫区调运玉米、薯干、木材及豆类等。特许调运者，必须进行严格检疫。检查时注意玉米等有无蛀孔。有条件时可对种子进行 X 光检验。对感染的物品和包装材料等，用磷化铝或溴甲烷进行严格的熏蒸处理。

13. 阔鼻谷象

【拉丁学名】*Caulophilus oryzae*（Gyllenhal）

【英文名】broadnosed grain weevil

【分类地位】昆虫纲 Insecta，鞘翅目 Coleoptera，象虫科 Curculionidae，阔鼻谷象属 *Caulophilus*

【地理分布】欧洲：英国、德国、芬兰、比利时、葡萄牙。非洲：摩洛哥。美洲：美国、墨西哥、波多黎各、牙买加、危地马拉、巴拿马、古巴。

【寄主】为害储藏的小麦、大麦、玉米、大豆、鹰嘴豆、干姜、豌豆、甘薯、鳄梨、橡子等。

【形态特征】成虫体长 2.5mm~3.5mm。赤褐色或黑褐色，略有光泽。

头部的喙宽短，长约为宽的 2 倍，两侧近平行，背缘向上拱隆；触角着生于喙中部，远离复眼，共 9 节，第 1 节伸达复眼前缘，触角末端呈球杆状。胸部长宽略等，前胸背板刻点小而均匀，基部 1/3 有凹窝。鞘翅略呈圆筒状，不宽于前胸背板中部，其长大于前胸背板长的 2 倍，遮盖整个腹部；刻点行深，行内刻点粗密，近鞘翅端部刻点变小或消失；行间凸，刻点不明显，第 7、第 8 刻点行在肩部联合。前足胫节内侧凹入。成熟幼虫体长 2mm～2.5mm，白色，无足。虫体中度粗而背面隆起，被少量细毛。腹部的下后侧片没有分开，仅有一排侧褶。头部无小眼；大部灰白色，仅前缘及上颚色暗。腹部的后背刚毛近等长，第 1～7 腹节各有后背刚毛 5 根。（如图 7-24 所示）

图 7-24 阔鼻谷象成虫

【危害情况】该虫一般为害破碎、受损伤或田间不太成熟的籽粒，在美国佛罗里达州等地是一种重要的储藏谷物害虫。

【生物学特性】该虫善飞。在美国南部既可在仓内为害，也可由仓内飞往田间为害尚未成熟的玉米。雌虫产卵方式与玉米象相似。每一雌虫产卵 200～300 粒，卵多产在谷粒破损处。在美国南部的气候条件下，其产卵前期一般 1～2 个月，最短 9d；产卵期平均 123d，最长 176d；卵期 4d；幼虫共有 3 龄，1 龄 5d～8d，平均 6d；2 龄 3d～7d，平均 5d；3 龄 5d～14d，平均 9d。前蛹期 1d，蛹期 5d。完成一个发育周期需 25d～38d，平均 30d。成虫寿命平均 152d。整个幼虫期均在种子内蛀食为害。该虫对不利条件有较强的抵抗力，如在 16.6℃的温度下可忍耐饥饿 55d。

【传播途径】成虫通过飞翔进行扩散蔓延，但主要靠被害寄主调运进行远距离传播。

【检验检疫方法】在检疫现场发现疑似阔鼻谷象为害植物的粮谷作物、

块茎、水果、根茎或种子，观察有关寄主植物为害状，如果发现疑似成虫，用指形管盛装；发现疑似白色、虫体中度粗而背面隆起的幼虫，用可封口塑料袋装幼虫和为害的样品。上述指形管、可封口塑料袋均加标签或编号，记录时间、地点、寄主、采集人等，带回实验室。将检出的幼虫、卵或蛹随寄主植物一同放入饲养缸中，置于温度28℃～30℃、相对湿度70%～75%的光照培养箱中进行饲养观察；蛹待成虫羽化后进行形态学鉴定。

14. 谷拟叩甲

【拉丁学名】*Pharaxonotha kirschi* Reitter

【英文名】Mexican grain beetle

【分类地位】昆虫纲 Insecta，鞘翅目 Coleoptera，大蕈甲科 Erotylidae，拟叩甲属 *Pharaxonotha*

【地理分布】原产于南美洲，当前分布于墨西哥、美国、危地马拉、洪都拉斯、尼加拉瓜、哥斯达黎加、巴拿马、哥伦比亚、委内瑞拉、菲律宾。我国国内发现于云南瑞丽及广东雷州。

【寄主】为害储藏的玉米、小麦、大麦、高粱、豆类、面粉和薯干等。

【形态特征】成虫：体长4mm～4.5mm，宽1.2mm～1.5mm。表皮暗褐至黑色发红，有强光泽，背面疏被细短倒伏状毛。头部布圆形或卵圆形刻点；唇基前缘具宽浅的弧形缺切；触角第2～8节大小略等，末3节构成松散的触角棒。前胸背板宽大于长，后缘宽于前缘，前缘稍呈圆弧形前突，两侧微弓曲，基缘和两侧的缘边粗，端缘的缘边十分细；近基部侧有一宽纵凹陷，每个凹陷内有1条窄纵脊。鞘翅长约为前胸背板的3倍，行纹不明显凹入，中区行纹内的刻点宽为行间宽的1/3～1/2，刻点纵向间距通常为刻点直径的1～1.5倍，刻点在翅端变得稀小，每行间有稀小刻点1列，鞘翅基部的副行纹有刻点7～9个。后胸腹板的中陷线几乎伸展到前1/4处。雄虫腹部第5腹板端缘中央有一短齿，雌虫无此结构。前足的前3个跗节鞘膨扩，中足及后足跗节不膨扩，各足的第4跗节较第3跗节显著短而狭窄。（如图7-25所示）

图 7-25　谷拟叩甲成虫

卵：长 0.94mm~0.99mm，宽 0.35mm~0.39mm。长椭圆形，但形状有时多变。乳白色。

幼虫：成熟幼虫体长约 8.5mm。亚圆筒形，体长约为宽的 6 倍。表皮灰白色，每节背板中部较暗，在暗色区两侧有发达的毛环瘤。上颚切缘无齿，具膜质的宽臼叶。虫体末端有臀突 2 个，每个臀突前方还有 1 个小的前臀突。

【危害情况】成虫、幼虫均能为害储藏的原粮作物，如薯干、玉米、面粉、小麦和豆类等。成虫产卵于食物表面。成虫为害木薯干后，常形成蛀孔，取食后常排泄出大量粉状物。薯类等粮谷在整个加工储藏过程中极易受到谷拟叩甲的侵染，致使薯干在储存、远距离调运期间遭受严重危害，尤以高温高湿季节发生猖獗，为害最烈。

【生物学特性】成虫产卵于食物表面。在温度 26℃、相对湿度 75% 的条件下，雌虫产卵持续 10d~12d，卵期、幼虫期和蛹期分别为 5.2d、31d 和 6.7d。当取食玉米和小麦粉时，其生殖力相近，在 42d 内每雌虫产卵 45~432 粒。与小麦、大麦和大豆相比较，该虫更喜食玉米、高粱的种子和面粉。

【传播途径】主要随储藏的玉米、高粱、小麦、大麦、豆和薯类等作物的调运远距离传播。

【检验检疫方法】在现场检查薯干、玉米、小麦、豆类等粮谷类农产品表层是否有活虫爬行或死虫附着，观察其表面是否有蛀孔、蛀屑和排泄物。对带皮的木薯干应剥开表皮观察是否有蛀孔和蛀屑。对可疑的或发现蛀孔和蛀屑的薯干进行剖开检查，检查是否有成虫、幼虫或蛹。对精细粉状制品可采用过筛和加热等方法检查是否有成虫、幼虫或蛹。将上述检查所获得的虫体放入保存液或者 75% 乙醇溶液中进行固定。固定后要做好必要的记录，注明样本获得来源地或口岸、寄主、时间、采集人等相关信息，带回实验室饲养和鉴定。

15. 褐拟谷盗

【拉丁学名】*Tribolium destructor* Uyttenboogaart

【英文名】false black flour beetle

【分类地位】昆虫纲 Insecta，鞘翅目 Coleoptera，拟步甲科 Tenebrionidaae，拟谷盗属 *Tribolium*

【地理分布】几乎全世界均有分布，但更普遍分布于北欧。主要分布的国家有亚洲的以色列、沙特阿拉伯、印度，欧洲的瑞典、挪威、丹麦、荷兰、德国、英国、法国、意大利、俄罗斯等，非洲的埃塞俄比亚，美洲的加拿大、美国、阿根廷。

【寄主】主要寄主有谷物、面粉、糠麸、禽饲料及混合饲料、干果、向日葵种子等植物性产品，也发现于毛及动物产品中。

【形态特征】成虫体长 4.5mm～5.7mm，多数体长在 5mm 以上。表皮暗红褐色至黑色，附肢的色较淡。头部在复眼上方有隆脊；侧缘在复眼前方向外突出略呈圆形；额中区刻点卵圆形，与小眼面约等长，通常彼此纵向相连接，刻点间光滑；触角 11 节，棒 5 节，第 7 节宽不及第 6 节的 1.5 倍；复眼深凹，凹陷最深处仅 1～2 个小眼面宽；两复眼的间距小于复眼直径的 2 倍。前胸背板中区布大刻点；基缘及侧缘的缘边明显；最宽处位于侧缘中央。鞘翅两侧近平行；第 1、第 2 行间大部分扁平，基部与中部无细脊，其他行间各有一细纵脊。雄虫前足腿节腹面基部 1/4 无凹窝和毛刷，阳基侧突向端部方向均匀收狭。幼虫腹部最末背板端有 2 个长锐突。第 1 触角节短，约为第 2 节长的 1/2。由中胸背板至腹部第 7 背板每节的前部有一条横脊。（如图 7-26 所示）

图 7-26　褐拟谷盗成虫

【生物学特性】雌虫产卵前期在 12℃ ~16℃ 下需 3~4 个月，在 25℃ ~ 30℃ 下需 1~2 周。卵散产于面粉或其他粉状食物上，通常日平均产卵 1.6 粒。成虫有多次交尾现象。在相对湿度 70%~75% 的条件下，将雌雄对成虫用小麦和黑麦饲养，13℃ ~15℃ 下产卵 73~129 粒；14℃ ~21℃ 下产卵 585~883 粒；25℃ ~26℃ 下产卵 400~1239 粒；28℃ 下产卵 236~526 粒；30.5℃ ~31.5℃ 下产卵 0~80 粒，最后一温度下产的卵不孵化。在 14℃ ~21℃ 下，产卵持续 970d。在 28℃ 下，卵的孵化率高达 80%，在 13.5℃ ~14℃ 下只有 10%。由卵发育到成虫，在 30.5℃ ~31.5℃ 下需 39d，在 15℃ ~17℃ 下需 212d。在 19℃ ~20℃ 下卵期 12d，幼虫期 70d，蛹期 17d。发育期的长短也与食物有关。将小麦粉与麦麸混合作饲料，在 24℃ 下完成发育需要 3 个月；但用花生、榛子、杏仁、玉米及碎小麦饲养时，发育期长达 7.5 个月；用小麦粉饲养，发育期少于 150d。成虫寿命 290d~730d，偶尔长达 3~4 年，高温使其寿命缩短。一年发生 2~3 代。该虫在温度 13℃ ~30℃ 及相对湿度 10%~100% 的范围内均可完成发育，但最适的温度为 24℃ ~28℃、相对湿度为 70%~75%。该虫适应温带气候，但对寒冷也较为敏感。在瑞典和英国冬季无加温条件的粮仓内，最低温达 -7℃ 和 -2℃ 时，褐拟谷盗不能存活。在瑞典，暴露到 0.5℃ ~5℃ 下 1 个月可杀死各虫态。在 3.5℃ 下 40d 或 -2℃ 下 10d 也可杀死各虫态。在 -6℃ 下经过 3d 成虫和幼虫也均死亡。然而，该虫对不利的相对湿度和营养条件显示出一定的抵抗力，成虫可在温暖干燥的条件下（小麦含水量为 10.8%）生活长达 2 年。

【传播途径】主要随被害物的调运进行传播。

【检验检疫方法】检查谷物、豆类等非粉状货物表面及其四周，注意观察是否有虫蛀孔，是否有散落粉屑，如果发现可疑受害状，应进行进一步检查；若发现成虫、幼虫蜕皮或成虫残体，放入指形管带回实验室进一步鉴定。检查粉状货物时，注意货物是否有难闻腥霉味，若有腥霉味的粉状物，可过筛取筛上物带回实验室鉴定，也可直接用取样铲取将粉状物放入取样袋带回。

16. 澳洲蛛甲

【拉丁学名】*Ptinus tectus* Boieldieu

【英文名】Australian Spider Beetle

【分类地位】昆虫纲 Insecta，鞘翅目 Coleoptera，蛛甲科 Ptinidae，蛛甲属 *Ptinus*

【地理分布】原产于大洋洲，现在广泛发生于温带及低温带区，包括澳大利亚、新西兰、欧洲及亚洲北部和东部、北非、美国和加拿大。

【寄主】储藏的小麦、玉米、大麦、黑麦、燕麦、面粉、豆类、麦芽、可可、饲料、鱼粉、羽毛、昆虫标本等均可成为该虫的寄主。

【形态特征】体长 2.5mm~4mm，宽 1.2mm~1.7mm。宽卵圆形至两侧近平行。表皮栗褐色，密生黄褐色毛。前胸背板基部 1/4 有 1 条完整的横沟；密生淡黄褐色细短毛及金黄色粗长毛；刻点深，圆形至椭圆形，刻点间距为 0.5~1 个刻点直径；后方缢缩部的两侧各有 1 个由倒伏毛构成的淡色长形毛斑。鞘翅肩胛突出；行间密生毛，着生倒伏状细短毛及斜生的长毛；侧面观，雄性外生殖器阳茎弓曲，基半部显著膨扩。（如图 7-27 所示）

图 7-27 澳洲蛛甲成虫

【危害情况】该虫发生于各种类型的储藏场所，为害多种植物性及动物性储藏品。澳洲蛛甲产卵多，发育快，代数多，是蛛甲科的优势种。

【生物学特性】该虫在 23℃~27℃ 下发育最快，发育的最高温度为 28℃，最低温度为 5℃~10℃。在相对湿度 70%~90% 时发育最快，完成发育的最低相对湿度约为 40%。在相对湿度低于 50% 的条件下发育缓慢，幼虫孵化受阻。在适合的条件下，卵的孵化率达 80% 以上。

【传播途径】随被害物的运输进行传播，各个虫态均有可能被携带。

【检验检疫方法】现场查验木包装等各种类型的储藏场所，均有可能发现该虫的为害症状，如有时在仓库的木制品上会有典型的幼虫钻咬疤痕。干燥的动植物物质包括谷物、香料、草药、鱼粉、干果及各种碎屑，均有可能携带澳洲蛛甲各虫态进行传播。在阴暗潮湿的地方，尤其夜间可以发现成虫聚集在面粉袋的边缘上，尤其喜欢聚集在靠近角落的面粉袋上。若发现成虫、幼虫蜕皮或成虫残体，放入指形管带回实验室进一步鉴定。

17. 假高粱

【拉丁学名】*Sorghum halepense*（L.）Pers.

【英文名】Aleppo grass，Johnsongrass

【分类地位】分类地位：禾本目 Poales，禾本科 Poaceae，高粱属 *Sorghumn* Moench

【地理分布】亚洲：缅甸、泰国、菲律宾、印度尼西亚、印度、斯里兰卡、巴基斯坦、阿富汗、伊朗、阿拉伯半岛、黎巴嫩、中国（山东、广东、广西、海南、江苏、浙江、福建、江西、四川、安徽、陕西、河南、贵州、北京和天津等省份）。欧洲：俄罗斯、波兰、瑞士、法国、西班牙、葡萄牙、意大利、罗马尼亚、保加利亚、希腊等。非洲：摩洛哥、几内亚、坦桑尼亚、莫桑比克、南非。大洋洲：澳大利亚、新西兰、斐济、美拉尼西亚、波利尼西亚、密克罗尼西亚。北美洲：加拿大、美国、墨西哥、古巴、牙买加、危地马拉、洪都拉斯、尼加拉瓜、波多黎各、萨尔瓦多、多米尼加。南美洲：哥伦比亚、委内瑞拉、秘鲁、巴西、玻利维亚、智利、阿根廷、巴拉圭。

【形态特征】多年生草本，茎秆直立，高达 2m 以上，具匍匐根状茎。叶阔线状披针形，基部被有白色绢状疏柔毛，中脉白色且厚，边缘粗糙。圆锥花序大，淡紫色至紫黑色，主轴粗糙，分枝轮生。小穗多数，成对着生。一枚无柄，小穗卵形，长 4.5mm~6mm，被柔毛，两性，能结实；另一枚有柄，长 5mm~7mm，狭窄，小穗柄被白长柔毛，为雄性或中性。结实小穗呈卵圆状披针形，颖硬革质，黄褐色、红褐色至黑色，表面平滑，有光泽，基部、边缘及顶部 1/3 具纤毛；稃片膜质透明，具芒，芒从外稃先端裂齿间伸出，膝曲而扭转，极易断落，有时无芒。结实小穗成熟后自关节自然脱落，脱落整齐。脱离小穗第二颖背面上部明显具有关节的小穗轴 2 枚，小穗轴边缘上具纤毛。颖果倒卵形或椭圆形，暗红褐色，表面乌暗而无光泽，顶端钝圆，具宿存花柱；脐圆形，深紫褐色。胚椭圆形，大而明显，长为颖果的 2/3。（如图 7-28 所示）

图 7-28　假高粱颖果

【危害情况】假高粱是谷类、棉花、苜蓿、甘蔗、麻类等 30 多种作物地里的主要杂草，假高粱侵入农田，会使农作物大量减产。据国外报道，由于假高粱的影响，有些地区的甘蔗减产 25%~50%，玉米减产 12%~33%，大豆每公顷减产 300kg~600kg。假高粱具有极强的繁殖力、适应性及竞争力，是一种危害严重又难以防治的恶性杂草。它主要以种子和地下茎繁殖，宿根，多年生草本。假高粱每个花序可结 50~2000 个颖果，每株就可产 1 万~2 万粒种子。据国外报道，经试验估计，假高粱在 1 公顷地里产生的地下茎总长度可达 600km，在一个生长季节可产生 5000 个节，每个节都可发芽长出植株。其地下茎能分枝，具极强的繁殖力，即使切成小段，只要有节，在条件适宜时仍能长出新株。假高粱利用根茎越冬而进行无性繁殖的特性，是其难以防治的主要原因。假高粱根的分泌物或腐烂的叶子、地下茎、根等，能抑制作物种子萌发和幼苗生长。假高粱的嫩芽聚积有氰化物，牲畜食后易受毒害。

【生物学特性】假高粱适生于温暖、湿润、夏季多雨的亚热带地区，是多年生根基植物，以种子和地下根茎繁殖。新成熟的颖果在当年秋季不能发芽，经过休眠，翌年 4~5 月发芽，开花期 6~7 月，延续到 9 月，结实期 9~10 月。假高粱耐肥，喜湿润及疏松土壤。常混杂在多种作物田间，主要有苜蓿、棉花、黄麻、大麻槿、高粱、玉米、大豆等作物，在菜田、柑橘幼苗栽培地、葡萄园、烟草田也有生长，还生长在沟渠附近、河流及湖泊沿岸。

【传播途径】假高粱的颖果可随播种材料或商品粮的调运而传播，特别是易随含有假高粱商品粮加工后的下脚料传播扩散，在其成熟季节可随动物、农机具、水流等传播到新区域。

【检验检疫方法】

将取回的混合样品充分混匀，采用四分法、点取法或用分样器进行分样，制备平均样品，视样品多少，取平均样品的 1/2~3/4 作为检验样品。每份检验样品应不少于 2kg；进口种子等样品可根据种类、数量等实际情况决定，送检样品不足 1kg 的全检。称取并记录检验样品的质量（精确到 0.01kg），剩余平均样品加贴标签作为保存样品保存。

当送检样品的最窄处横径大于 5mm 时，可采用过筛检验法与人工挑选法，当送检样品最窄处横径小于 5mm 时，应采用人工挑选法。

室内筛样检验时，至少采用双层筛子筛样。根据样品的直径大小确定套筛规格，从大到小依次套上不同孔径的规格筛和筛底，加入适量样品后盖上筛盖，以回旋法过筛，每筛旋转 15~20 次（或用电动振筛机振荡），使样品充分分离后，将各层筛上物及筛下物分别倒入白瓷盘内，挑选杂草籽放入培养皿。

人工挑选将少量检验样品倒入白瓷盘内，以保证样品不相互覆盖。用镊子挑拣杂草籽，并放置于培养皿内，对成熟且外部形态特征典型的种子可通过形态鉴定进行结果判定。

用肉眼或借助放大镜对杂草籽进行分类，将疑似蜀黍属小穗、带稃颖果、颖果等挑选出来，于体视显微镜下进一步观察。其小穗、小穗轴、稃片、颖果的外部形态特征。对外部形态判断模糊的，可用解剖法，根据其种脐、种胚的形状及大小等特征并进行鉴定。

对成熟度不够、种子受损等形态鉴定无法准确判定的疑似种应通过分子生物学方法进一步确证。将可疑种子的颖果用液氮研磨，利用基因组提取试剂盒提取植物基因组 DNA，利用 LA-PCR 方法对 $Adh1$ 基因进行扩增，条带大小约为 2000bp，并将 PCR 产物测序。LA-PCR 方法的结果判定以测序结果与 Genbank 比对核酸同源值为准，同源值最高且同源性高于 99.5% 者结果判定为阳性，否则结果为阴性。

18. 毒麦

【拉丁学名】*Lolium temulentum* L.

【英文名】annual ray-grass, berded darnel, cheat, darnel, Ivray, poison darnel, white darnel, darnel ryegrass, darnel, poison rye-grass, tare

【分类地位】禾本目 Poales，禾本科 Poaceae，黑麦草属 *Lolium* L.

【地理分布】亚洲：朝鲜、菲律宾、斯里兰卡、韩国、日本、印度、印度尼西亚、约旦、阿富汗、伊朗、伊拉克、新加坡、黎巴嫩、土耳其、以色列、叙利亚、巴基斯坦、中国（湖北、上海、内蒙古、河北、山东、山西、甘肃、河南、宁夏、新疆、江苏、江西、黑龙江、安徽、吉林、福建、云南、湖南、辽宁、四川、浙江、广西、青海、西藏、北京、陕西、广东等省份）。欧洲：波兰、德国、奥地利、英国、法国、西班牙、葡萄牙、意大利、阿尔巴尼亚、希腊、俄罗斯、捷克、罗马尼亚、瑞士。非洲：苏丹、突尼斯、摩洛哥、埃塞俄比亚、肯尼亚、南非、埃及。大洋洲：新西兰、澳大利亚、美国（夏威夷州）；北美洲：加拿大、美国、墨西哥。南美洲：哥伦比亚、委内瑞拉、巴西、智利、阿根廷、乌拉圭。

【形态特征】植株：一年生草本，须根较稀疏而细弱；秆成疏丛，茎直立，无毛，3~4 节，株高 50cm~110cm；叶鞘较疏松，长于节间，叶舌长约 1mm；叶片线形，长 10cm~50cm，宽 4mm~11mm，质地较薄，无毛或微粗糙；穗状花序长 10cm~25cm，宽 1cm~1.5cm，小穗 12~14 枚，穗轴节间长 5mm~7mm，下部的节间长可达 1cm。

小穗：毒麦每小穗含 4~7 朵花，以 5 朵花为多；小穗轴长 1mm~1.5mm，光滑无毛；小穗长 8mm~26mm，宽 3mm~5mm；除顶生小穗具外颖外，其余的外颖均退化；内颖长于小穗、背轴，披针形，具狭窄的膜质边缘，脉纹 5~9 脉，长 8mm~10mm，宽 1.5mm~2mm。

小花：毒麦的小花（带稃颖果）长 6mm~9mm，宽 2.28mm~2.8mm，厚 1.5mm~2.5mm；形状椭圆形或长椭圆形，粗短而膨胀；稃片淡黄色或黄褐色；内、外稃顶端较尖，外稃披针形，具五脉，背面较平直，腹而显著弓隆，先端急尖，基盘狭窄而截平，顶端膜质透明；芒自外稃顶端下方约 0.5mm 处伸出，长约 10mm；内稃约与外稃等长，具二脊，两边脊上具窄翼和微小的纤毛，近中部通常有横皱纹和纵沟；带稃颖果为内、外稃所紧贴，小且易剥离。

颖果：颖果长 4mm~6mm，宽 1.8mm~2.5mm，厚 1.5mm~2.5mm；颜色黄褐色灰褐色；形状椭圆形，背面圆形，腹面弓隆，腹沟宽而浅，先端无毛；胚部卵圆形或近圆形；果脐微小，凹陷；毒麦千粒重为 10g~13g。（如图 7-29 所示）

图 7-29　毒麦颖果

【危害情况】毒麦是麦田的一种有毒的恶性杂草，分蘖较强，主要与旱地作物争夺水肥，使作物降低产量和质量。混入作物种子种植，3~5年后混杂率可达 50%~70%。毒麦颖果的种皮与糊粉层之间含有毒麦碱（$C_{17}H_{12}N_2O$），能麻痹中枢神经，因而食用一定数量后对人和畜均有毒，是一种危险的有毒杂草。食用含有4%毒麦的面粉即可引起人体中毒症状，表现为眩晕、发热、恶心、呕吐、腹泻、疲乏无力、眼球肿胀、嗜睡、昏迷、痉挛等，重者中枢神经系统麻痹死亡。家畜吃食毒麦剂量达到体重的0.7%时也会中毒。未成熟或多雨潮湿季节收获的种子中的毒麦，毒性最强。但毒麦的茎叶无毒。

【生物学特性】一年生草本植物，常与小麦、大麦和燕麦混生，为麦类作物田的恶性杂草。适生海拔150m~1750m，以种子繁殖，结籽多，繁殖力比小麦强2~3倍，萌发土层深度≤10mm，储藏期2~3年。毒麦必须经过休眠期以后才能萌芽。萌发期5d，萌芽势较小麦缓慢；花期4~6个月（美国加利福尼亚州）。在中国东北地区，苗期4月末至5月初，比小麦晚2d~3d；抽穗期5月下旬；成熟期6月上旬。在中国南方地区，苗期3月下旬，抽穗期5月上旬，扬花、灌浆期比小麦长，成熟期6月10日前后。

【传播途径】随混杂有毒麦的原粮和植物种子等调运和引种等进行远距离传播危害。据报道，毒麦在澳大利亚混生于牧草中，在菲律宾混生于水稻中，在西班牙和新加坡混生于蔬菜中，在阿根廷混生于亚麻中，在希腊混生于燕麦中，在伊朗和伊拉克混生于大麦中，在哥伦比亚地区混生于马铃薯中。

【检验检疫方法】样品制备后过筛或挑选检查，对混杂于加工产品中毒麦籽实成分的含量，采取对制备的样品直接检测。

用肉眼或借助扩大镜将挑拣的杂草籽实进行分类鉴定，挑取疑似黑麦草属的小穗、小花（带稃颖果）。将疑似黑麦草属的果实置于解剖镜下，观察小穗、小花（带稃颖果）、颖果的外部形态特征。并依据毒麦小穗、小花（带稃颖果）、颖果等的形态特征及毒麦和其近似种分种检索表，对疑似籽实进行种类鉴定。

从外观上难于鉴别时，将小穗、小花（带稃颖果）放在体视显微镜的操作台上，用解剖刀或解剖针对其籽实进行解剖，镜检观察其横切面、种胚的主要形态特征来鉴定。将鉴定检出的毒麦小花（带稃颖果），放在电子天平上称重，并换算为千粒重。

对可疑小花（带稃颖果）、颖果等种子或可能混杂有毒麦成分的植物原粮及饲料粮等加工产品的样品进行 DNA 提取后进行 PCR 检测。SNP 位点的检测设计了 VIC 探针，检测结果中 VIC 探针出现的唯一扩增信号时，就是该种的扩增信号，即可判断为毒麦。以 PCR 检测结果为判定依据来鉴定样品中是否含有毒麦成分。

19. 法国野燕麦

【拉丁学名】*Avena ludoviciana* Durien

【英文名】winter wild oat

【分类地位】禾本目 Poales，禾本科 Poaceae，燕麦属 *Avena* L.

【地理分布】亚洲：日本、缅甸、印度、巴基斯坦、斯里兰卡、阿富汗、阿拉伯半岛、黎巴嫩、伊朗、土耳其。欧洲：英国、法国、希腊、保加利亚、西班牙、意大利、葡萄牙。非洲：埃塞俄比亚、肯尼亚、突尼斯、马耳他、摩洛哥、南非、埃及、阿尔及利亚。大洋洲：澳大利亚、新西兰。北美洲：哥斯达黎加、美国、墨西哥。南美洲：阿根廷、秘鲁、乌拉圭、厄瓜多尔、巴西。

【形态特征】一年生草本，圆锥花序，小穗含 2~3 朵花，下部的 2 朵有芒。颖较小花长。外稃顶端有 2 齿裂，背面具白色或淡棕色长硬毛，近基部的毛长 3mm~5mm，芒着生于外稃背面中部以上，膝曲而扭转，芒长可达 45mm。内稃大部被内卷的外稃所包裹。颖果长 5mm~8mm，宽 1.6mm~2.5mm，顶端钝圆，具茸毛；背面圆形，腹面较平，中间有一条细纵沟。果脐不明显。（如图 7-30 所示）

图 7-30　法国野燕麦颖果

【危害情况】 易混杂于越冬作物田，为害越冬作物，是麦田中的有害杂草。

【生物学特性】 一年生草本，混杂于越冬作物田，通常在 10 月至次年 3 月前发芽。

【传播途径】 随小麦或其他作物种子的调运传播扩散。

【检验检疫方法】 样品制备后过筛，混杂于植物原粮和植物种子中的法国野燕麦小花的籽实，一般在孔筛直径为 2.5mm 以上的筛上物中获得。当样品量少时，也可将全部样品放入白瓷盘中进行人工挑拣。用肉眼或借助放大镜将挑拣的杂草籽实进行分类，挑取燕麦属杂草籽实。将疑似杂草籽置于体视显微镜下观察小穗，小穗轴，小花的内、外稃和外稃上的芒等形态特征，并依据法国野燕麦小花的外表形态特征进行鉴定。

当小花的内、外稃等外部主要特征不明显或已被磨损，从外观上难于鉴别时，可将小花放在体视显微镜的镜台上，垫上已备好的棉花，用解剖刀和解剖针，对其籽实进行解剖和镜检，观察稃片内颖果、胚及籽实横切面等的形态特征。

20. 刺茄

【拉丁学名】 *Solanum torvum* Swartz

【英文名】 Devil's fig, prickly Solanum, terongan, wild tomato

【分类地位】 管状花目 Tubiflorae，茄科 Solanaceae，茄属 *Solanum L.*

【地理分布】 刺茄原产于加勒比海，现分布于世界热带和亚热带许多地区。亚洲：孟加拉国、文莱、柬埔寨、中国（广西、广东、云南、台湾）、印度尼西亚、印度、日本、马来西亚、菲律宾、斯里兰卡、泰国、缅甸。欧洲：意大利。非洲：喀麦隆、刚果（布）、刚果（金）、科特迪瓦、赤道几内亚、加纳、几内亚、利比里亚、马拉维、毛里求斯、尼日利亚、塞内加尔、塞拉利昂、马达加斯加、南非。大洋洲：澳大利亚、斐济、巴布亚新几内亚、萨摩亚、所罗门群岛、汤加、瓦努阿图、美国（夏威夷州）等。北美洲：墨西哥、美国（墨西哥州、佛罗里达州、北卡罗来纳州）、哥斯达黎加、古巴、多米尼加、格林纳达、洪都拉斯、牙买加、巴拿马、波多黎各。南美洲：巴西、厄瓜多尔、法属圭亚那、圭亚那、委内瑞拉、秘鲁。

【形态特征】植株：一年生常绿灌木，高1m～3m，全株被尘土色星状毛；小枝具皮刺，淡黄色，基部宽扁，基部疏被星状毛。叶片单生或双生，长6cm～19cm，宽4cm～13cm，卵形至椭圆形，浅裂、中裂或呈波状，裂片5～7，先端尖，基部心形或宽楔形，偏斜；两面密生星状毛；中脉在下面少刺或无刺，侧脉每边3～5条，有刺或无刺；叶柄长2cm～4cm，具皮刺1～2枚或无。伞房花序，腋外生，2～3歧，密被星状厚茸毛；总花梗长1cm～1.5cm，具1细刺或无，花梗长5mm～10mm；花白色；花萼杯状，长约4mm，外被星状毛和腺毛，5裂，裂片卵状长圆形，长约2mm；花冠亮白色，辐射状，直径约1.5cm，筒部隐存于花萼内，长12mm～18mm，檐部5裂，裂片卵状披针形，长0.8cm～1cm，外被星状毛；雄蕊5；花丝长约1mm，花药长约7mm；子房卵形，光滑；柱头截形，不孕花的花柱短于花药，孕性花的花柱长于花药。

浆果：圆球形，成熟时表面黄色，光滑无毛，基部被稀疏星状毛的宿萼。浆果直径1cm～1.5cm，宿萼外被稀疏星状毛，果柄长约1.5cm，上部膨大，内含种子约200粒。

种子：盘状、卵形、宽卵形、宽椭圆形、近圆形，偶呈扁平的C形；长2mm～3mm，宽1.5mm～2mm，厚0.3mm～0.6mm。种子黄褐色，表面具波浪形网纹。横截面长椭圆形。种脐线形，长0.5mm～0.8mm，位于种子腹面基部，平或略内凹，闭合或部分开裂呈一小圆孔状。胚环状弯曲，横截面可见胚2处。胚乳丰富。（如图7-31所示）

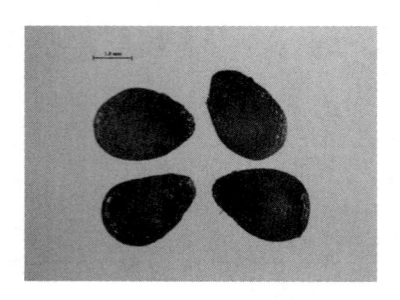

图 7-31　美国刺茄种子

【危害情况】刺茄传入美国佛罗里达州后，在牧场形成密集灌木丛。植株具刺，易形成密集的单一物种，侵占林地、牧场，影响生态环境和林牧业生产。刺茄是美国有害杂草。目前已普遍定植在毛伊岛（夏威夷群岛中的第二大岛），主要归化于牧场和农业区低洼的干扰地，在夏威夷州发现它是地中海实蝇的寄主之一。

【生物学特性】刺茄原产于西印度群岛和中美洲，现在是潮湿热带地区的常见杂草之一。生长在热带非洲的西部、东部和中部森林区域，同样分布于马达加斯加（马达加斯加岛）和南非。以种子繁殖，根系在幼苗期就快速发育，并渐成木质化，物理控制较为困难。由昆虫授粉，种子由食用果实的鸟和蝙蝠散布，也可通过水流、土壤和垃圾等散布。定植后，当环境恶劣时，它可通过落叶来抵御干旱。

刺茄为多年生植物，通常为多年生作物的杂草，在牧场是一种令人讨厌的物种，因为植株带刺，且可能有毒。未耕地如路旁、废弃的农田、花园、森林空地、房屋的周围常见。在原产区，刺茄是一种很常见的杂草化的灌木，在洼地、干燥或潮湿的灌木丛，常为次生生长，分布于海拔1500m 以上，在巴布亚新几内亚，它可生长在海拔约 2000m 的地方。刺茄能成功定植是因为它的一些特性：果实饱满且每个果实可产生大量的种子。在光照条件下种子发芽快速，而遮阴时则休眠。

刺茄通常分布在低海拔的干扰区，如老的花园、草地、路边和废弃地，同样分布于人类居住区的周围。在优质的土壤中生长良好，在废弃地快速生长，在开发的林地也很常见。它沿着澳大利亚昆士兰州的热带海岸边定植，被视为有害杂草和怀疑对牲畜有毒性。在尼日利亚，刺茄生长在潮湿的地方，土壤 pH 值为 6.1，如铁铝土、铁质的热带土壤和渣土。在南非，刺茄生长在海拔 200m 处，通常为红色的沙黏土，沿着河边和溪边，在沼泽林、开放灌丛、沿海多次灌丛和次生灌丛生长，通常生长在空地和干扰地。

【传播途径】自然扩散通过食用果实的鸟和蝙蝠，也可通过水流、土壤等传播。人为传播通过引种、农作物的调运。长距离的传播主要通过园艺贸易。植株本地扩散通过种子，它的种子依靠食用果实的鸟和蝙蝠，也可能通过车辆或污染土壤。

【检验检疫方法】样品制备后过筛，筛上物和筛下物分别倒入白瓷盘内，用镊子挑拣杂草籽，放置于培养皿内，于体视显微镜下观察。检验样品个体大于刺茄种子的主要检查筛下物；检验样品个体小于刺茄种子的主要检查筛上物。混杂于粮食、种子等植物及植物产品中的刺茄种子，一般在套筛的孔径为 1.5mm 以上的筛上物中获得。

将疑似种子置于体视显微镜下，观察种子表面的形态特征，并依据茄属植株形态特征、刺茄及其近似种的种子和植株形态特征进行种类鉴定。从外观上难以鉴别时，可采用解剖法，根据种子切面、种胚的形状、颜色及大小等特征鉴定。

21. 豚草

【拉丁学名】*Ambrosia artemisiifolia* L.

【英文名】bitterweed, blackweed, common rag-weed, hay-fever hogweed, may weed, rag weed, wild tansy

【分类地位】桔梗目 Campanulales，菊科 Asteraceae，豚草属 *Ambrosia* L.

【地理分布】原产于北美洲，现分布于亚洲的日本、中亚地区、中国（已传入为归化野生，湖北、江苏分布较广，湖南、江西、山东、河北、黑龙江、吉林、辽宁、安徽、浙江、上海等省份有分布）以及俄罗斯的亚洲部分，欧洲的匈牙利、德国、奥地利、瑞士、瑞典、法国、意大利，非洲的毛里求斯，北美洲的加拿大、美国、百慕大、墨西哥、危地马拉、古巴、牙买加的，南美洲的阿根廷、巴拉圭、巴西、智利。

【形态特征】一年生草本，高 20cm～150cm，茎直立。下部叶对生，具短叶柄，2 回羽状分裂，裂片狭小，长圆形至倒卵状披针形，全缘，有明显的中脉，叶面深绿色，被细短伏毛或近无毛，叶背灰绿色，被密短糙毛。上部叶互生，无柄，羽状分裂。雌雄花序同株。雄头状花序半球形或卵形，直径 4mm~5mm，具短梗，下垂，在枝端密集成总状花序。每个头状花序有 10~15 个不育的小花，花冠淡黄色。雌头状花序无花序梗，在雄头状花序下面或在下部叶腋单生，或 2~3 个密集成团伞状，有一个无被能育的雌花，总苞闭合，具结合的总苞片，倒卵形或卵状长圆形，顶端有围裹花柱的圆锥状嘴部，在顶部以下有 5~8 个尖刺，稍被糙毛，形成总苞。成熟后总苞呈倒圆锥形，木质化，坚硬，与其内的果实共同构成复果。复果长 4mm~5mm，宽约 2mm，浅灰色或浅黄褐色，有时带黑褐色斑，具稀疏网纹，网眼内粗糙，有时具丝状白毛。顶端中央形成粗长的锥状喙，周围的尖刺形成较细的短喙，有时短喙向下延长不明显的棱。总苞内是瘦果，椭圆形果皮黑褐色，较薄。剥开果皮，里面是 1 粒白色种子。（如图 7-32 所示）

图 7-32　豚草果实

【**危害情况**】豚草对环境造成污染，对人、畜健康有害。豚草花粉飞散到空气中，易感人群容易发生变态反应，引起"枯草热"，又称"花粉热"或"秋季寒热病"。患者出现眼、耳、鼻奇痒，打喷嚏，鼻流清水涕，有的出现胸闷、咳嗽、哮喘，有的出现过敏性皮炎和荨麻疹等症状。曾有报道，此症在北美洲发病率高达 2%~10%。豚草叶子中含苦味的物质及精油，被乳牛取食后乳液品质变坏，带有难闻的味道。豚草生命力特别强，植株高大粗壮，成群生长，繁殖茂盛，传播扩散快，可使大田、果园、草场和牧场很快荒芜，对农牧业生产造成危害。

【**生物学特性**】一年生草本，主要以种子繁殖，繁殖力强，每株可结实 2000~8000 粒。其幼苗在 4~5 月出现，花期 8~9 月，果期 9~10 月。刚成熟的种子在次年春天发芽生长。豚草生活力特别强。植株高大成群生长，有的刈割多次仍能再生长。多生长在庭院、住宅旁、垃圾堆、果园、公园、菜园、田野及江河冲积地上，在路旁、路基及峭壁和干燥的土中也能生长很好。在田间条件下可混杂在多种作物内，特别是大麻、大麻槿、玉米、高粱、大豆田里，抑制作物生长发育，降低作物的产量。

【传播途径】豚草种子易混杂于作物种子中传播，特别易随小麦、大豆等作物种子调运传播扩散。豚草种子可随作物种用材料及其他物品的运输进行传播，可借助水流传播，也可为鸟类、牲畜携带传播扩散。

【检验检疫方法】根据豚草属鉴定特征进行查看，对发现的疑似植株，应拍摄照片，并采集植株样本送实验室检验。送检植株样本应尽量保持完整，形态学特征完好。植株样本可用肉眼或借助放大镜、体视显微镜观察疑似植株的形态特征。

把原粮和种子样品制样后过筛，筛上物和筛下物分别倒入白瓷盘内，用镊子挑拣杂草籽，并放置于培养皿内待镜检。试验样品个体大于豚草总苞、瘦果的主要检查筛下物；试验样品个体小于豚草属总苞、瘦果的主要检查筛上物。原羊毛、棉花等纤维类样品以及从集装箱内清理出的残留物，需先放在白瓷盘中展开检查，将疑似豚草的籽实挑出，待镜检。

用肉眼或借助放大镜将拣出的杂草进行分类，挑出疑似豚草属植株、总苞和瘦果。将疑似杂草籽置于体视显微镜下，观察其总苞、瘦果、种子表面的形态特征，并依据豚草属形态特征对疑似杂草籽进行种类鉴定。当籽实表面形态特征模糊、从外观上难以鉴别时可采用解剖法。

22. 美丽猪屎豆

【拉丁学名】*Crotalaria spectabilis* Roth

【英文名】rattlebox，showy crotalaria，showy rattlebox，showy rattlepod，silent rattlepod

【分类地位】蔷薇目 Rosales，豆科 Leguminosae，猪屎豆属 *Crotalaria* L.

【地理分布】亚洲：中国（辽宁、山东、河北、河南、安徽、江苏、浙江、江西、湖北、湖南、福建、台湾、贵州、广东、广西、四川、云南、西藏等省份）、印度、缅甸、尼泊尔、巴基斯坦、泰国。非洲：肯尼亚、马里、坦桑尼亚、马达加斯加。大洋洲：澳大利亚（新南威尔士州、昆士兰州）。北美洲：巴哈马、古巴、多米尼加、瓜德罗普、牙买加、波多黎各、墨西哥、巴拿马、美国。南美洲：阿根廷、巴西、哥伦比亚、秘鲁、委内瑞拉。

【形态特征】植株：一年生草本（在热带地区，常为二三年生灌木），茎直立，高 60cm~150cm。茎枝圆柱形，近无毛，托叶卵状三角形，长约 1cm；单叶，叶片质薄，倒披针形或长椭圆形，长 7cm~15cm，宽 2cm~5cm，叶面无毛。

花序：总状花序顶生或腋生，花 20~30 朵，苞片卵状三角形，长 3mm~10mm，小苞片线形，长约 1mm；花梗长 10mm~15mm；花萼二唇形，长 12mm~15mm；花冠淡黄色，有时为紫红色，旗瓣圆形或长圆形，子房无柄。

果实与种子：荚果圆柱形或长圆形，长 2.5cm~3cm，厚 1.5cm~2cm，上下稍扁，秃净无毛，膨胀，内含多数种子。种子长 4mm~5mm，宽 3mm~3.5mm，肾形或近肾形，两侧扁平，黑色或暗黄褐色，表面非常光亮，两端与背部钝圆，中部宽；胚根与子叶分离，长度为子叶长的 1/2 以上，其端部向内弯曲成钩状；种脐位于腹面胚根端部的凹陷内，被胚根端部完全遮盖，种周围被细砂纸状的粗糙区所围绕；种子横切面椭圆形，子叶黄褐色，种子含少量胚乳。（如图 7-33 所示）

图 7-33　美丽猪屎豆种子

【危害情况】含有有毒生物碱，是美国东南部最常见的有毒植物种类之一。由于传播和定植迅速，美国将其列为入侵种并列入有毒有害杂草名单。生物碱在植株体内分布不均匀，含量分别为叶片 0.008%、心皮 0.366%、种子 1.958%，由于它的毒素主要集聚在种子中，家禽类（如鸡、火鸡和鹌鹑）对其都很敏感。当生物碱浓度为 0.01%~0.1%时可产生不利影响，当生物碱浓度为 0.3%时会导致家禽类死亡。马、牛、猪对其也很敏感，毒性表现为急性或慢性，症状包括出血性腹泻、贫血、黄疸、脱发和瘦弱，母鸡食用后产蛋量迅速下降，死亡率增加。鸟类的中毒症状表现为无精打采、蜷缩、死亡率增加、明显的腹部积水和肝脏组织破裂。因此，早在 1884 年猪屎豆属就被美国艾奥瓦州列为有毒植物。到目前为止尚无解毒的方法。巴西报道了它与当地种类的竞争。

【生物学特性】一年生或二三年生草本。花果期各国不一致，据《中国植物志》记载，花期在8~10月，果期在10~12月；在印度，花期11月至次年1月，果期12月至次年2月；在美国佛罗里达州整年开花；尼加拉瓜在4~5月开花，10月果实成熟。虫媒花，通过蜜蜂和其他昆虫传粉，可生长在路边、林边、干扰地、溪边、海岸沙滩和石灰岩碎石地，不能生长在遮阴的环境下。喜沙壤土，耐盐碱。未划破的种子培养6个月后萌发，99%具划痕的种子在播种后4d~7d发芽。

【传播途径】近距离传播，干燥季节，随着豆荚的开裂，将种子抛离一段距离。远距离传播，种子随作物种子传播扩散，曾在进口泰国稻米、美国小麦、巴西大豆中发现。

【检验检疫方法】样品制备后倒入规格筛内，用回旋过筛法过筛。检验样品种子大于美丽猪屎豆种子的检查筛下物；检验样品种子小于美丽猪屎豆种子的检查筛上物。

用肉眼或借助扩大镜将挑拣出的杂草籽实进行分类，拣出其中的猪屎豆属杂草籽。将疑似美丽猪屎豆种子置于解剖镜下，观察种子外形及胚根、子叶等内部结构特点，并依据美丽猪屎豆及猪屎豆属主要种的形态特征对疑似种子进行鉴定。对种脐等主要特征不明显或已损坏，从外观上难鉴别时，可根据美丽猪屎豆种子的胚根、子叶等内部形态和结构来区分和鉴定。

23. 南方三棘果

【拉丁学名】*Emex australis* Steinh.

【英文名】doublegee，spiny emex，three-corner Jack，Cat's Head

【分类地位】蓼目 Polygonales，蓼科 Polygonaceae，刺酸模属 *Emex* Campd.

【地理分布】亚洲：中国（台湾）、印度、巴基斯坦。非洲：肯尼亚、博茨瓦纳、莱索托、马达加斯加、马拉维、毛里求斯、纳米比亚、南非、坦桑尼亚、费比亚、津巴布韦。大洋洲：澳大利亚、新西兰、美国（夏威夷州）。北美洲：特立尼达和多巴哥、美国（加利福尼亚州）。

【形态特征】植株：一年生草本，株高50cm~120cm，直立或半匍匐状。直根系，主根粗壮。茎秆圆形具棱，多分枝，表面光滑无毛，基部和节点处略带紫色。单叶，互生，三角形至卵圆形，长3cm~12cm，宽2cm~10cm；下部叶具长叶柄，上部叶柄短于或等于叶片长度，叶柄基部均具膜质状叶鞘。花小而不明显，绿色，雌雄同株异花，雄花具短柄、串生，雌花位于叶腋处、无柄。

瘦果：被木质化的总苞所包裹。总苞呈二态。位于植株基部的地表果实个体相对较大，呈两侧平行，刺相对较短，嫩果为黄色或红色，成熟后为棕色，黏附在母株根冠处，次年在其原亲本位置处发芽；位于植株上部的总苞呈放射状对称，刺相对较长，嫩果为绿色或白色，成熟后棕色，并从植株上脱落，其横截面为三角形，具向上的尖刺，增加了随动物或交通工具进行传播扩散的机会。瘦果棕色，三角状卵形，长3mm~4mm，表面平滑，有光泽，顶端尖锐，有3棱，基部近圆形，横切面呈圆三角形，内含种子1粒。三棱状锥形或卵状锥形，黄褐色，表面有褐色的斑点和斑纹，内胚乳丰富，白色；胚位于种子一侧。（如图7-34所示）

图7-34　南方三棘果果实

【危害情况】南方三棘果是农田和牧场的有害杂草，通过种间竞争影响农作物产量，控制困难，严重影响发生地的农牧业生产。该杂草是澳大利亚和南非的重要杂草。在南非是小麦最重要的3种杂草之一，也是开普敦西部地区牧场最重要的杂草，同时被记录为紫花苜蓿、葡萄园的杂草。在澳大利亚的南澳大利亚州和西澳大利亚州是谷物种植区和牧场的主要杂草。在1974年，仅澳大利亚西澳大利亚州就有超过100万公顷的牧场和50万公顷的谷物受到影响。

该草在生长初期与农作物争夺氮肥，生长末期与作物争夺水分。对其进行控制能增加农作物的产量，小麦增产33%，羽扇豆产量每公顷增加400~800kg。如不进行控制，当密度为每平方米10株时，可使谷物减产 43%。

该草生长繁殖快，在牧场草地生长茂密，可持续开花结实，种子包在硬的保护层内，在土壤中可持续休眠多年，可抵抗不良环境，很难清除。繁殖力强，单株可产生 1000 粒以上的果实。果实具尖锐的 3 棘，落在地面上时总有一枚刺是朝上的，极易刺伤人、牲畜及农机具轮胎，甚至使动物致残。果实造成的伤口是导致羊黑脚病的原因，因此在严重发生区牧民们常给牧羊犬做"皮鞋"。

【生物学特性】一年生草本，适合在半湿润和半干旱的热带、亚热带和温带区域生长，能适应多种土壤类型，从沙土至黏土，中性至微碱性。在开阔地、干扰地和营养富集的土壤环境下，能成为农田的优势杂草，也是牧场、牲畜寄养场、葡萄园和荒地的杂草。与草类和豆类相比它的竞争力稍弱，但当环境条件恶劣，干旱或非季节性降水时能占据优势。

萌发与降水有明显关联，在地中海气候区，南方三棘果一般在降水充足的秋天开始萌发。如果土壤水分充足，种子能在一年的任何时间发芽，但主要还是在秋季和冬季。一年中有 6 个发芽高峰期，而每次萌发高峰都与降雨有关。幼苗的早期，快速生长且产生深的主根，使秋季不利条件下发芽的幼苗（如缺水）存活。发芽 6 周后的幼苗能产生种子，使它在不利条件下种群延续。通常第一朵花在莲座丛中心形成，茎继续生长并持续开花结果。花期通常在冬末至初夏，种子形成期在春季至夏季。大部分植株在夏季枯萎，当湿度适宜时可延续到秋季。果实能在土壤中存活多年（超过 4 年），土下 10cm 很少有出苗。

【传播途径】原产于非洲南部，最初仅限于非洲的西南和东南部地区，由欧洲人将其传播到大洋洲的一些国家。果实具刺，易随人、畜、农具、车辆轮胎和农产品的容器进行传播，可沿着铁路、建筑物四周和灌溉水渠等传播，木质化的果实易漂浮在水面，沿着水路和洪水进行扩散，可也随谷物、饲料的调运传播。

【检验检疫方法】样品制备后，根据样品种子的大小确定不同规格的孔筛，加上筛底，将检验样品倒入规格筛的上层内，盖上盖子，用回旋法过筛，每筛旋转 25～30 次后，把过筛的筛上物和筛下物分别倒入白瓷盘内，用镊子挑拣杂草籽实，并放置于培养皿内。混杂于植物原粮和植物种子中的南方三棘果的瘦果，一般在孔径为 2.5mm 以上的筛上物中获得。

用肉眼或借助扩大镜将挑拣的杂草籽实进行分类,挑取南方三棘果的果实并置于体视显微镜下,观察瘦果表面的形态特征进行分种鉴定。对南方三棘果瘦果顶端的刺、外表等外部主要特征不明显或刺已被折断、磨损,从外观上难于鉴别时,可采用解剖法。

24. 长芒苋

【拉丁学名】 *Amaranthus palmeri* S. Watson

【英文名】 Palmer amaranth

【分类地位】 中央种子目 Centrospermae,苋科 Amaranthaceae,苋属 *Amaranthus* L.,异株苋亚属 Subgen *Acnida* L.

【地理分布】 原产于美国西南部至墨西哥北部。现分布于亚洲的日本、中国(北京、天津局部分布,辽宁、山东、福建等地港口和进口加工区有零星分布),欧洲的瑞典、奥地利、德国、法国、丹麦、挪威、芬兰、英国,大洋洲的澳大利亚,美洲的美国、墨西哥。

【形态特征】 一年生草本,植株高 0.8m~2m(原产地可高达 3m)。茎直立、粗壮,具棱角,具绿色条纹,有时变淡红褐色,无毛或上部被稀疏柔毛,分枝斜升。叶片无毛,叶片卵形至菱状卵形,茎上部叶呈披针形,长 5cm~8cm,宽 2cm~4cm,先端钝、急尖或微凹,常具小突尖;基部楔形略下延,边缘全缘。穗状花序生于茎顶和侧枝顶部,直立或俯垂,长 10cm~25cm,宽 1cm~1.2cm,下部花序也见团簇状。苞片长 4cm~6cm,雄花中脉伸出呈芒刺状,雄花花被片 5,内侧花被片长 2.5mm~3mm,钝状至微凹,外侧花被片长 3.5mm~4mm,渐尖,具显著伸出的中脉;雄蕊 5;雌花苞片更坚硬,雌花花被片 5,略外展,不等长,最外一片具宽阔中脉,倒披针形,长 3mm~4mm,先端急尖,其余花被片匙形,长 2mm~2.5mm,先端截形至微凹,有时呈啮齿状;花柱 2。胞果近球形,长 1.5mm~2mm,果皮膜质,周裂。种子近圆形或宽椭圆形,直径 1mm~1.2mm,深红褐色,具光泽。(如图 7-35 所示)

图 7-35　长芒苋种子

【危害情况】在美国的危害情况为：以长芒苋为代表的异株苋种类杂草为害热带、亚热带地区种植的几乎所有重要作物，与作物争夺生长空间和资源，导致作物严重减产。同时，因其抗多种常用除草剂，目前已成为美国农业生产中（棉花和大豆）的主要问题，经济损失难以评估。

在美国堪萨斯州进行的实验表明，长芒苋在玉米田间每米栽培垄发生株数为0.5~8株时，则玉米作为青饲的减产量为1%~44%，作为谷物时的减产量为11%~74%。美国南部北卡罗来纳州番薯田内，每米栽培垄间长芒苋发生株数为0.5~6.5株时，则3种不同番薯品种的产量损失率分别为56%~94%、30%~85%、36%~81%。在阿肯色州大豆田内，每米栽培垄间长芒苋发生株数为0.33株、0.66株、1株、2株、3.33株、10株时，大豆减产量分别为17%、27%、32%、48%、64%和68%。在得克萨斯州棉田内，每9.1m栽培垄间长芒苋发生株数为1~10株时，棉花减产量为13%~54%。

长芒苋还是植物寄生虫的主要寄主，可传播虫害危害庄稼，可富集硝酸盐，家畜过量采食后会引起中毒。此外，长芒苋粗壮的茎秆也干扰作物的机械收割，造成较昂贵的治理成本。长芒苋抗多种除草剂特性也使其成为农田难以铲除的灾害性杂草之一。美国转基因大豆田、棉田常施用的除草剂草甘膦是长芒苋主要的抗性对象，常用除草剂的失效，也是导致其蔓延不能及时防治的主要原因。

【生物学特性】一年生草本，从种子发芽、生长、开花、结实至枯萎死亡，其寿命只有1~2年。种子具有3个月休眠期，最长在土壤中可存活数年。长芒苋适生于热带、亚热带和温带气候，常见于垃圾堆、河边、河床、港口、铁路、农田等生境。环境适应性强，喜光照，喜肥沃疏松土壤、耐盐碱地。苋属植物普遍是C4高光合效率植物，而且在强光、高温、低温等逆境条件下有较好的防御反应，能保持较高的光合作用。在高温高湿的环境中，许多除草剂已失去效用，长芒苋长势依旧并且迅速超过棉花。据统计，在棉田里，长芒苋在3d里就可生长5cm~13cm，几周就达30cm~47cm，而同期的棉花仅有13cm~20cm。

长芒苋雌株每株可产生20万~60万粒种子，且种子抗逆性强。

【传播途径】植株较高，在作物收获过程中易同作物一起收割，而混入农产品中通过调运扩散，或通过国际贸易跨境传播。此外，还可通过河流与风传播扩散，或通过鸟粪扩散。

【检验检疫方法】在检疫现场采集植株鉴定用样品，要求植株完整，形态学特征完好。花部鉴定用样品，要求处于果实成熟期、外形完整。种子鉴定用样品，要求发育成熟、籽粒饱满、外形完好。在将现场检疫抽取的送检样品充分混匀，制成平均样品。采用四分法制备试验样品，送检样品不足1kg的全部检测。

根据样品个体的直径确定套筛的规格，使样品充分分离，筛取目的样品倒入白瓷盘内，用镊子挑取杂草籽实，放入培养皿。混杂于植物原粮和种子中的苋属种子，一般在孔径为1.5mm筛子的筛下物中获得。当样品量少时，也可将全部样品放入白瓷盘中进行人工挑拣。将挑取的可疑植株或种子用肉眼或置于体视显微镜下，观察外部形态特征，依据苋属种子的形态特征对其进行种类鉴定。外观上难以鉴定时，可采用解剖法。

当可以用基因条形码筛查方法进行鉴定时，先制备植物总DNA，测定DNA浓度及纯度后保存至-20℃冰箱备用。利用通用引物进行ITS序列扩增。ITS序列长度620bp~640bp，在GenBank数据库或中国检疫性有害生物DNA条形码数据库中进行比对，若与数据库中异株苋亚属长芒苋ITS序列同源性大于97%，且在NJ树中聚在同一分支，则判定该杂草为异株苋亚属长芒苋，并结合形态特征进行最终判定。

25. 飞机草

【拉丁学名】*Chromolaena odorata*（L.）R. M. King et H. Rob.

【英文名】siam weed，bitterbush，Christmas bush，chromolaena，Archangel

【分类地位】桔梗目Campanulales，菊科Asteraceae，飞机草属*Chromolaena* DC.

【地理分布】亚洲：不丹、柬埔寨、马来西亚、文莱、泰国、印度、印度尼西亚、中国。非洲：安提瓜和巴布达、巴巴多斯、巴哈马、尼加拉瓜、萨尔瓦多、危地马拉、牙买加、圣基茨和尼维斯、刚果（布）、刚果（金）、毛里求斯、科特迪瓦、利比里亚、南非、尼日利亚、几内亚、加纳、多哥、中非、莫桑比克、津巴布韦。大洋洲：澳大利亚、巴布亚新几内亚、安的列斯群岛（阿鲁巴岛）。北美洲：巴拿马、伯利兹、多米尼加、哥斯达黎加、格林纳达、古巴、美国（得克萨斯州）、墨西哥、波多黎各、英属维尔京群岛。南美洲：巴西（圣保罗等 20 个州）、哥伦比亚、秘鲁、厄瓜多尔、玻利维亚、乌拉圭。

【形态特征】植株：多年生丛生性草本或亚灌木，高 2m~3m，根茎粗壮，茎直立，分枝伸展，茎枝被柔毛。叶对生，菱状卵形或卵状三角形，两面被白色茸毛及红褐色腺点，叶边缘有粗而不规则的齿刻，先端渐尖，基部阔楔形，两面粗糙，具明显 3 脉，叶柄长 1cm~2cm，被柔毛，叶片挤碎后散发刺激性的气味。

花序：头状花序多数，在枝顶排成伞房状，具长总花梗。总苞圆柱状，有 3~4 层紧贴的总苞片，总苞片卵形或线形，稍有毛，顶端钝或稍圆，背面有 3 条深绿色的纵棱。小花多数，花冠管状，淡黄色，基部稍膨大，顶端 5 齿裂，裂片三角状，柱头粉红色。

瘦果：纺锤形或狭线形，具 5 纵棱，长 5mm，棱上有短硬毛。花期 4~5 月及 9~12 月，果实成熟季节适逢干燥多风，种子细小而轻，上生有灰白色冠毛。千粒重很小，故扩散、蔓延迅速，并因瘦果具毛易附着在其他物体上而长距离传播。但种子休眠期很短，在土壤中不能长久存活。（如图 7-36 所示）

图 7-36 飞机草果实

【危害情况】飞机草是在我国危害特别严重的外来入侵物种之一，是世界公认的恶性有毒杂草。由于原产地中南美洲有大量的专性昆虫取食及病原菌侵染，飞机草在当地并没有造成危害。但是在其入侵地区，由于缺乏天敌的控制，飞机草生长繁茂，密集成处，具有极强的侵袭能力。它能迅速繁殖、扩散，通常以成片的单优势种群落出现，能通过遮阳作用排挤本地物种，严重影响了入侵地区农林牧业生产，并威胁到本土植物的生长及入侵地区的生物多样性资源，恶化环境。在我国西南地区，尤其是云南省，飞机草已经对当地宝贵的生物资源构成巨大威胁。因飞机草生物量高，在我国广东某林场每年对桉树追施的肥料多半被其利用，从而降低了桉树的生长量，造成较大的经济损失。飞机草干枯植株极易燃烧，成为火灾的隐患，然而火烧只能毁坏其地上部分，雨季来临后其根部又可发芽再生，成为火烧后第一种再生长的优势植物。飞机草在成功入侵后大暴发，生长难以控制，对生态系统造成不可逆转的破坏。对农业、森林、人、畜等造成严重的危害。

当飞机草高度达15cm及以上时，就能明显地影响其他草本植物的生长，并使昆虫拒食，严重破坏生态稳定。一般的牧草大都会受到较大影响，2~3年后草场就失去利用价值。据统计，仅四川省凉山州每年损失牧草就可使畜牧业经济损失达数千万元。

飞机草常以成片的单优势种群落出现，侵占宜林荒山和椰林、橡胶林等经济林地。在林区，飞机草亦能够沿着道路两侧逐渐向纵深处传播，占据每一块伐木迹地和林间空隙，影响林木的生长与更新。

飞机草入侵耕地后，造成农作物大面积减产。飞机草入侵耕地后，危害多种作物，造成粮食减产3%~11%，桑叶、花椒减产4%~8%，香蕉植株少2~3片叶、矮1m左右，幼树难以成林，经济林木推迟投产。据不完全统计，由于飞机草的危害，云南省大部分地区的农民每年要歉收两成以上的粮食，同时为防除和根除飞机草，每年每户要多投入100~500元的资金。

飞机草对畜牧业的危害。飞机草侵占草场，造成牧草严重减产，以致载畜量下降，有的乡村甚至出现无草放牧的现象。坡鹿、家畜等误食其嫩叶会引起中毒，给畜牧业造成极大的危害。

飞机草对人的危害。据研究报道，飞机草的叶摩擦人的皮肤会引起红肿、起泡，误食嫩叶会引起头晕、呕吐。人接触飞机草过多，会引起头痛、头晕，甚至更重的中毒症状。

【生物学特性】 飞机草的生态幅度较广，对环境要求不高，如未开垦的荒地、林地空白地带、路边、受干扰区域、废弃地带、防治不当的草地、作物田和种植网等均有分布。主要分布于北纬30°～南纬30°、海拔500m～1500m潮湿的热带、亚热带地区，在年均气温高于19℃以及最冷月均气温在12℃以上、年均降水量900mm～2000mm、相对湿度75%～90%的地带生长特别旺盛。

飞机草为喜热性杂草，不耐低温，气温降至1℃～2℃时叶密布冷斑，降至0℃时叶片受冻脱落。喜生于肥沃疏松的酸性土壤，不耐碱性土壤，对水分要求不严，较耐干旱。飞机草对光照要求较严，喜光而不耐阴，但苗期较耐阴。

飞机草花期4～5月（南半球）及9～12月（北半球）。飞机草对土壤要求不严格，但喜欢肥沃的生境，并且它的根表及根际周围有自由的有生物活性的固氮菌，这些固氮菌可协助飞机草进行固氮，因此飞机草在贫瘠的土地上也能生长。在海南岛一年开花2次，第一次4～5月，第二次9～10月。而在广州地区，飞机草一般在11月至次年2月开花，2～4月结实。

【传播途径】 飞机草既可进行有性繁殖又能进行无性繁殖，并且这两种繁殖方式的能力均较强。飞机草进行有性繁殖时，每棵植株产生的种子数高达7.2万～38.7万粒，种子极小且轻，千粒重仅0.17g～0.19g，适于随风传播，在风速1m/s时能飘至2.5m～3m高、5m～10m远的区域，并且其果实顶端的刺状冠毛能黏附在人、畜体表传播到风所不能及的角落。同时，飞机草也通过引种、货物运输、水流、交通工具进行长距离的传播扩散。

【检验检疫方法】 将现场检疫抽取的送检样品制备后可通过过筛或挑拣检验。羊毛、棉花等纤维类样品的实验室检测，需采用挑拣检验的方法进行。采用肉眼或借助扩大镜对纤维类样品进行挑拣。用肉眼或借助扩大镜将挑拣的杂草籽实进行分类鉴定，挑取疑似飞机草属的花序、瘦果。将疑似飞机草属的果实置于解剖镜下，观察花序、瘦果、冠毛、果脐等的外部形态特征。对主要形态特征不明显，从外观上难于鉴别时，可采用解剖法对种子进行解剖，观察其籽实内部横切面及其种胚等主要形态特征。

26. 宽叶高加利

【拉丁学名】 *Caucalis latifolia* L.

【英文名】 broadleaf false carrot

【分类地位】 伞形目 Umbelliflorae，伞形科 Apiaceae，欧芹属 *Caucalis* L.

【地理分布】 亚洲：伊朗、阿富汗、哈萨克斯坦、巴基斯坦、中国（新疆天山北部草原带）。欧洲：俄罗斯。非洲：摩洛哥、阿尔及利亚、坦桑尼亚、南非。

【形态特征】 一年生草本，植株高约30cm。茎叉状分枝，密被短柔毛和开展的灰白色刺毛。叶轮廓长圆形，1回羽状全裂，羽片狭长圆形，长1cm~2.5cm、宽0.5cm~1cm，无柄，或仅下部1对羽片有短柄，边缘锯齿状或有不规则的齿。复伞形花序有花2~5朵；小伞形花序有3~4朵两性结实花和3~4朵单性不孕花。花紫红色或玫瑰红色。果实为卵形分生果，两侧扁平，外果皮有粗糙的刺。（如图7-37所示）

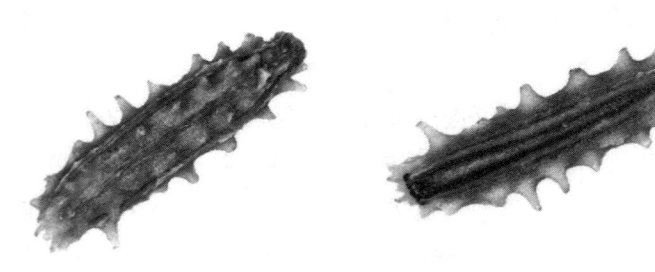

图7-37 宽叶高加利果实

【危害情况】 宽叶高加利种子的萌发时间与小麦相近，能与小麦竞争光、肥、水等资源，造成小麦减产，且生产上缺乏成熟有效的防除措施。收获后，宽叶高加利果实易混杂在小麦谷粒之中，很难清除，使小麦或面粉的质量与品质下降。

【生物学特性】 一年生草本，种子在秋季收春季萌发，但果实成熟时间基本相似，不过秋萌株的生活周期显著长于春萌株，春萌株只需要几个月的时间就能完成开花和结实。宽叶高加利主要生长在麦田、低山的荒地、路务等处。如果湿生于麦田，种子萌发时间与小麦相近。

【传播途径】 果实易混杂于小麦种子中随调运远距离传播。

【检验检疫方法】样品制备后,可根据情况进行过筛检验或人工挑选。将杂草籽实分类后,将疑似果实置于体视显微镜下,观察其果实表面的形态特征,并根据伞形科主要种的果实分类检索表、宽叶高加利植株形态和分果瓣形态特征进行种类鉴定。

附 录

附表 1　进境大豆双边议定书中需关注的检疫性有害生物

类别	中文名	拉丁学名	美国	巴西	阿根廷	乌克兰	加拿大	乌拉圭	俄罗斯	埃塞俄比亚	哈萨克斯坦	贝宁
真菌	大豆北方茎溃疡病菌	*Diaporthe phaseolorum* var. *caulivora*	√	√	√		√		√			
真菌	大豆南美猝死综合症病菌	*Fusarium tucumaniea*		√	√			√				
真菌	大豆北美猝死综合症病菌	*Fusarium virguliforme*	√		√			√				
真菌	大豆红叶斑病菌	*Phoma glycinicola*	√	√	√					√		
真菌	大豆拟茎点种子腐烂病菌	*Phomopsis longicolla*	√	√	√		√		√			
真菌	大豆疫霉病菌	*Phytophthora sojae* Kaufm. & Gerd.	√	√	√	√	√		√			
真菌	黑白轮枝菌	*Verticillium albo-atrum* Reinke & Berthier	√	√	√	√	√	√	√	√		
真菌	大丽轮枝菌	*Verticillium dahliae* Klebahn	√	√	√	√	√		√		√	
病毒	苜蓿花叶病毒	*Alfalfa mosaic virus*（AMV）	√	√	√	√	√		√	√		

续表1

类别	中文名	拉丁学名	美国	巴西	阿根廷	乌克兰	加拿大	乌拉圭	俄罗斯	埃塞俄比亚	哈萨克斯坦	贝宁
病毒	南芥菜花叶病毒	Arabis mosaic virus	√			√	√		√			
病毒	南方菜豆花叶病毒	Southern bean mosaic virus	√	√			√		√			√
病毒	烟草环斑病毒	Tobacco ringspot virus	√	√	√	√	√	√				
病毒	烟草线条病毒	Tobacco streak virus							√			
细菌	菜豆细菌性萎蔫病菌	Curtobacterium flaccumfaciens pv. flaccumfaciens (Hedges) Collins & Jones	√			√	√		√			
细菌	菜豆晕疫病菌	Pseudomonas savastanoi pv. phaseolicola	√	√	√	√	√		√	√		
线虫	鳞球茎线虫	Ditylenchus dipsaci (Kühn) Filipjev	√	√		√	√	√	√	√	√	
昆虫	鹰嘴豆象	Callosobruchus analis	√									
昆虫	灰豆象	Callosobruchus phaseoli (Gyllenhall)	√									
昆虫	菜豆象	Acanthoscelides obtectus (Say)				√			√	√		
昆虫	褐拟谷盗	Tribolium destructor Uyttenboogaart				√				√		
昆虫	谷斑皮蠹	Trogoderma granarium Everts				√						
昆虫	四纹豆象	Callosobruchus maculatus							√	√		
昆虫	暗豆象	Bruchidius atrolineatus								√		
昆虫	阔鼻谷象	Caulophilus oryzae									√	

250

续表2

类别	中文名	拉丁学名	美国	巴西	阿根廷	乌克兰	加拿大	乌拉圭	俄罗斯	埃塞俄比亚	哈萨克斯坦	贝宁
昆虫	斑皮蠹属（非中国种）	*Trogoderma* spp. (non-Chinese species)										√
杂草	硬毛刺苞菊	*Acanthospermum hispidum*							√	√		
杂草	具节山羊草	*Aegilops cylindrica*									√	
杂草	节节麦	*Aegilops tauschii* Coss.									√	
杂草	胜红蓟	*Ageratum conyzoides*								√		
杂草	黑蒴	*Alectra vogelii*								√		
杂草	绿穗苋	*Amaranthus hybridus*								√		
杂草	多年生豚草	*Ambrosia psilostacya*							√			
杂草	豚草	*Ambrosia artemisiifolia*				√		√	√			
杂草	豚草（属）	*Ambrosia* spp.									√	
杂草	三裂叶豚草	*Ambrosia trifida*				√			√			
杂草	阿洛葵	*Anoda cristata*							√			
杂草	法国野燕麦	*Avena ludoviciana*								√	√	
杂草	不实野燕麦	*Avena sterilis*								√	√	
杂草	硬雀麦	*Bromus rigidus*									√	
杂草	宽叶高加利	*Caucalis latifolia*									√	

251

续表3

类别	中文名	拉丁学名	美国	巴西	阿根廷	乌克兰	加拿大	乌拉圭	俄罗斯	埃塞俄比亚	哈萨克斯坦	贝宁
杂草	蒺藜草	*Cenchrus echinatus*						√				
杂草	长刺蒺藜草	*Cenchrus longispinus*						√				
杂草	疏花蒺藜草	*Cenchrus pauciflorus*						√				
杂草	蒺藜草属	*Cenchrus* spp.				√	√					
杂草	刺苞草	*Cenchrus tribuloides*						√				
杂草	匍匐矢车菊	*Centaurea repens*				√					√	
杂草	田蓟	*Cirsium arvense* (L.) Scopoli				√						
杂草	菟丝子属	*Cuscuta* spp.	√		√	√	√		√	√		
杂草	齿裂大戟	*Euphorbia dentata* Michx				√			√			
杂草	牛膝菊	*Galinsoga parviflora*						√				
杂草	提琴叶牵牛花	*Ipomoea pandurata* (L.) G. F. W. Mey					√					
杂草	小花假苍耳	*Iva axillaris* Pursh					√					
杂草	假苍耳	*Iva xanthifolia* Nutt.				√	√					
杂草	欧洲山萝卜	*Knautia arvensis* (L.) Coulter					√					
杂草	毒莴苣	*Lactuca serriola*									√	
杂草	野莴苣	*Lactuca pulchella* (Pursh) DC					√			√		
杂草	毒麦	*Lolium temulentum*					√		√		√	

252

续表4

类别	中文名	拉丁学名	美国	巴西	阿根廷	乌克兰	加拿大	乌拉圭	俄罗斯	埃塞俄比亚	哈萨克斯坦	贝宁
杂草	宽叶酢浆草	Oxalis latifolia								√		
杂草	欧洲千里光	Senecio vulgaris									√	
杂草	刺黄花稔	Sida spinosa							√			
杂草	刺萼龙葵	Solanum rostratum Dunal.				√	√		√			
杂草	拟刺茄	Solanum sisymbriifolium						√				
杂草	羽裂叶龙葵	Solanum triflorum					√		√			
杂草	北美刺龙葵	Solanum carolinense L.										
杂草	黑高粱	Sorghum almum	√		√							
杂草	假高粱（及其杂交种）	Sorghum halepense (L.) Pers. (Johnsongrass and its cross breeds)	√	√	√	√	√		√	√	√	
杂草	药蒲公英	Taraxacum officinale				√					√	
杂草	苍耳属（非中国种）	Xanthium spp. (non-Chinese species)				√	√				√	
杂草	苍耳属一种	Xanthium cavanillessi						√				
杂草	刺苍耳	Xanthium spinosum						√				

253

附录 2

我国口岸从进境大豆中检出的检疫性有害生物

类别	中文名	拉丁学名	美国	巴西	阿根廷	乌克兰	加拿大	乌拉圭	俄罗斯	埃塞俄比亚	哈萨克斯坦
真菌	大豆北方茎溃疡病菌	*Diaporthe phaseolorum* var. *caulivora*	√	√	√	√	√	√			
真菌	苹果壳色单隔孢溃疡病菌	*Botryosphaeria stevensii*			√						
真菌	咖啡浆果炭疽病菌	*Colletotrichum kahawae*	√	√							
真菌	大豆南方茎溃疡病菌	*Diaporthe phaseolorum* var. *meridionalis*	√	√	√		√				
真菌	十字花科蔬菜黑胫病菌	*Leptosphaeria maculans*					√				
真菌	大豆茎褐腐病菌	*Cadophora gregata*	√	√	√						
真菌	葡萄茎枯病菌	*Phoma glomerata*	√				√				
真菌	豌豆脚腐病菌	*Phoma pinodella*	√								
真菌	大豆疫霉病菌	*Phytophthora sojae*	√	√	√		√		√		
真菌	小麦矮腥黑穗病菌	*Tilletia controversa* Kuhn	√								
病毒	南芥菜花叶病毒	*Arabis mosaic virus*	√	√	√	√	√				
病毒	菜豆荚斑驳病毒	*Bean pod mottle virus*	√	√	√	√	√	√			

续表1

类别	中文名	拉丁学名	美国	巴西	阿根廷	乌克兰	加拿大	乌拉圭	俄罗斯	埃塞俄比亚	哈萨克斯坦
病毒	玉米褪绿斑驳病毒	Maize chlorotic mottle virus	√								
病毒	烟草环斑病毒	Tobacco ringspot virus	√	√							
病毒	花生矮化病毒	Peanut stunt virus	√								
病毒	南方菜豆花叶病毒	Southern bean mosaic virus	√	√	√		√				
病毒	番茄环斑病毒	Tomato ringspot virus	√		√						
病毒	小麦线条花叶病毒	Wheat streak mosaic virus	√								
细菌	菜豆细菌性萎蔫病菌	Curtobacterium flaccumfaciens pv. flaccumfaciens	√	√							
细菌	南瓜角斑病菌	Pseudomonas syringae	√								
细菌	水稻白叶枯病菌	Xanthomonas oryzae pv. oryzae	√								
线虫	草莓滑刃线虫	Aphelenchoides fragariae							√		
线虫	鳞球茎茎线虫	Ditylenchus dipsaci	√								
昆虫	具条实蝇	Bactrocera scutellata					√				
昆虫	豆象属（非中国种）	Bruchus spp. (non-Chinese species)	√		√		√				
昆虫	四纹豆象	Callosobruchus maculatus	√	√				√			
昆虫	阔鼻谷象	Caulophilus oryzae		√				√			

续表2

类别	中文名	拉丁学名	美国	巴西	阿根廷	乌克兰	加拿大	乌拉圭	俄罗斯	埃塞俄比亚	哈萨克斯坦
昆虫	地中海实蝇	*Ceratitis capitata*			√						
昆虫	南美叶甲	*Diabrotica speciosa*		√	√						
昆虫	美国白蛾	*Hyphantria cunea*		√							
昆虫	阿根廷茎象甲	*Listronotus bonariensis*		√	√						
昆虫	白缘象甲	*Naupactus leucoloma*		√	√						
昆虫	巴西豆象	*Zabrotes subfasciatus*	√								
杂草	具节山羊草	*Aegilops cylindrica*	√								
杂草	节节麦	*Aegilops squarrosa*		√							
杂草	长芒苋	*Amaranthus palmeri*	√	√	√		√	√			
杂草	西部苋	*Amaranthus rudis*	√	√	√		√	√			
杂草	糙果苋	*Amaranthus tuberculatus*	√	√	√		√	√			
杂草	豚草	*Ambrosia artemisiifolia*	√	√	√	√	√	√	√		
杂草	豚草属	*Ambrosia* sp.	√	√			√		√		
杂草	三裂叶豚草	*Ambrosia trifida*	√	√	√		√	√			
杂草	大阿米芹	*Ammi majus*			√			√			
杂草	法国野燕麦	*Avena ludoviciana*	√	√	√		√	√			

续表3

类别	中文名	拉丁学名	美国	巴西	阿根廷	乌克兰	加拿大	乌拉圭	俄罗斯	埃塞俄比亚	哈萨克斯坦
杂草	不实野燕麦	Avena sterilis	∨	∨	∨				∨		
杂草	橘小实蝇	Bactrocera dorsalis		∨							
杂草	硬雀麦	Bromus rigidus	∨	∨	∨		∨	∨			
杂草	豆象属（非中国种）	Bruchus spp.（non-Chinese species）					∨				
杂草	疣果匙荠	Bunias orientalis			∨			∨			
杂草	四纹豆象	Callosobruchus maculatus		∨				∨			
杂草	阔鼻谷象	Caulophilus oryzae		∨				∨			
杂草	蒺藜草属	Cenchrus americanus		∨							
杂草	美洲蒺藜草	Cenchrus ciliaris	∨	∨	∨	∨	∨				
杂草	刺蒺藜草	Cenchrus incertus		∨	∨						
杂草	光梗蒺藜草（异名，同疏花蒺藜草）	Cenchrus longispinus	∨	∨	∨			∨			
杂草	鼠尾蒺藜草	Cenchrus myosuroides		∨							
杂草	疏花蒺藜草	Cenchrus pauciflorus	∨	∨	∨			∨			
杂草	蒺藜草属（非中国种）	Cenchrus spp.（non-Chinese species）	∨	∨	∨		∨	∨			

257

续表4

类别	中文名	拉丁学名	美国	巴西	阿根廷	乌克兰	加拿大	乌拉圭	俄罗斯	埃塞俄比亚	哈萨克斯坦
杂草	少花蒺藜草	Cenchrus spinifex	√	√	√			√			
杂草	刺苞草	Cenchrus tribuloides	√	√	√		√	√			
杂草	匍匐矢车菊	Centaurea repens	√						√		
杂草	美丽猪屎豆	Crotalaria spectabilis	√	√	√		√	√			
杂草	南方菟丝子	Cuscuta australis	√	√							
杂草	田野菟丝子	Cuscuta campestris		√	√						
杂草	中国菟丝子	Cuscuta chinensis	√								
杂草	亚麻菟丝子	Cuscuta epilinum		√							
杂草	欧洲菟丝子	Cuscuta europaea	√	√							
杂草	日本菟丝子	Cuscuta japonica									
杂草	五角菟丝子	Cuscuta pentagona		√	√						
杂草	小粒菟丝子	Cuscuta planiflora		√	√						
杂草	菟丝子属	Cuscuta sp.	√		√				√		
杂草	南美叶甲	Diabrotica speciosa		√							
杂草	南方三棱果	Emex australis	√	√	√						
杂草	飞机草	Eupatorium odoratum	√	√	√			√			

续表5

类别	中文名	拉丁学名	美国	巴西	阿根廷	乌克兰	加拿大	乌拉圭	俄罗斯	埃塞俄比亚	哈萨克斯坦
杂草	锯齿大戟	Euphorbia dentata	√	√	√		√				
杂草	黄顶菊	Flaveria bidentis		√	√			√			
杂草	美国白蛾	Hyphantria cunea		√							
杂草	提琴叶牵牛花	Ipomoea pandurata	√	√	√						
杂草	假苍耳	Iva xanthifolia	√	√	√		√				
杂草	欧洲山萝卜	Knautia arvensis			√						
杂草	野莴苣	Lactuca pulchella	√								
杂草	毒莴苣	Lactuca serriola	√	√	√						
杂草	毒麦	Lolium temulentum	√	√	√		√				
杂草	多年生豚草	Ambrosia psilostacya	√	√	√		√				
杂草	微甘菊	Mikania micrantha	√	√	√						
杂草	锯齿列当	Orobanche crenaata			√						
杂草	皱匕果芥	Rapistrum rugosum	√	√	√			√			
杂草	臭千里光	Senecio jacobaea		√							
杂草	北美刺龙葵	Solanum carolinense	√	√	√						
杂草	银毛龙葵	Solanum elaeagnifolium	√	√	√						

259

续表6

类别	中文名	拉丁学名	美国	巴西	阿根廷	乌克兰	加拿大	乌拉圭	俄罗斯	埃塞俄比亚	哈萨克斯坦
杂草	刺萼龙葵	Solanum rostratum	√	√	√						
杂草	刺茄	Solanum torvum	√	√	√		√				
杂草	黑高粱	Sorghum almum	√	√	√		√	√			
杂草	假高粱（及其杂交种）	Sorghum halepense (L.) Pers. (Johnsongrass and its cross breeds)	√	√	√			√			
杂草	独脚金	Striga asiatica	√								
杂草	翅蒺藜	Tribulus alatus	√		√			√			
杂草	意大利苍耳	Xanthium italicum	√	√	√						
杂草	巴西苍耳	Xanthium brasilicum	√		√						
杂草	加拿大苍耳	Xanthium canadense	√		√		√	√			
杂草	南美苍耳	Xanthium cavanillesii	√		√		√	√			
杂草	蒺藜苍耳	Xanthium cenchroides	√	√	√						
杂草	北美苍耳	Xanthium chinese	√	√	√		√	√			
杂草	柱果苍耳	Xanthium cylindricum	√	√	√			√			
杂草	蝟实苍耳	Xanthium echinatum	√	√	√		√				
杂草	球状苍耳	Xanthium globosum	√	√	√						

续表7

类别	中文名	拉丁学名	美国	巴西	阿根廷	乌克兰	加拿大	乌拉圭	俄罗斯	埃塞俄比亚	哈萨克斯坦
杂草	狭果苍耳	Xanthium leptocarpum	√								
杂草	西方苍耳	Xanthium occidentale	√	√	√		√	√			
杂草	东方苍耳	Xanthium orientale			√						
杂草	卵果苍耳	Xanthium oviforme	√		√		√				
杂草	苍头苍耳	Xanthium pennsylvanicum	√	√	√	√	√	√	√		
杂草	河岸苍耳	Xanthium riparium	√	√							
杂草	苍耳属（非中国种）	Xanthium sp.（non-Chinese species）	√	√	√		√	√	√		
杂草	美丽苍耳	Xanthium speciosum	√	√	√						
杂草	刺苍耳	Xanthium spinosum	√	√	√		√	√			
杂草	欧洲苍耳	Xanthium strumarium	√	√	√		√	√	√		
杂草	沃氏苍耳	Xanthium wootonii	√	√	√						

附录 3

进境大麦双边议定书中需关注的检疫性有害生物

类别	中文名	拉丁学名	澳大利亚	法国	加拿大	乌克兰	阿根廷	丹麦	蒙古国	芬兰	乌拉圭	英国	美国	俄罗斯
真菌	小麦叶疫病菌	Alternaria triticina	√	√			√							√
真菌	麦类条斑病菌	Cephalosporium gramineum			√			√				√	√	
真菌	燕麦全蚀病菌	Gaeumannomyces graminis var. avenae	√									√	√	
真菌	小麦全蚀病菌	Gaeumannomyces graminis var. tritic	√	√	√	√	√	√	√	√	√	√		√
真菌	禾顶囊壳	Gaeumannomyces graminis (Sacc.) v. Arx & Oliver				√								
真菌	小麦基腐病菌	Pseudocercosporella herpotrichoides (Fron) Dei	√	√	√	√		√	√	√		√	√	√
真菌	稻叶鞘褐腐病	Pseudomonas fuscovaginae	√				√				√			√
真菌	核腔菌	Pyrenophora chaetomioides Speg.	√	√	√		√	√	√	√			√	√
真菌	褐斑长蠕孢	Pyrenophora tritici-repentis (Died) Drechsler	√	√	√	√		√	√	√	√	√	√	√
真菌	柱隔孢叶斑病	Ramularia collo-cygni					√			√	√	√	√	√

续表1

类别	中文名	拉丁学名	澳大利亚	法国	加拿大	乌克兰	阿根廷	丹麦	蒙古国	芬兰	乌拉圭	英国	美国	俄罗斯
真菌	麦类壳多胞斑点病菌	Stagonospora avenae f. sp. Triticea											√	
真菌	小麦矮腥黑穗病菌	Tilletia controversa Kuhn		√	√	√	√	√	√			√	√	√
真菌	禾草腥黑穗病菌	Tilletia fusca Ell. & Ev.								√				
真菌	小麦印度腥黑穗病菌	Tilletia indica Mitra							√				√	
病毒	南芥菜花叶病毒	Arabis mosaic virus	√	√	√			√		√		√	√	
病毒	大麦条纹花叶病毒（BSMV）	Barley stripe mosaic virus (BSMV)	√	√	√	√		√		√		√	√	√
病毒	小麦线条花叶病毒（WSMV）	Wheat streak mosaic virus (WSMV)	√		√	√						√	√	√
细菌	番茄溃疡病菌	Clavibacter michiganensis subsp. michiganensis	√	√	√	√				√	√	√		
线虫	剪股颖粒线虫	Anguina agrostis	√	√	√					√			√	√
线虫	小麦粒线虫	Anguina tritici	√	√			√						√	√
线虫	马铃薯金线虫	Globodera rostochiensis (Wollenweber) Behrens	√	√	√	√	√	√		√		√	√	√
线虫	甜菜胞囊线虫	Heterodera schachtii Schmidt	√	√	√	√	√	√			√	√	√	√
线虫	刻点斑皮线虫	Punctodera punctata (Thorne) Mulvey & Stone		√	√	√	√	√		√		√	√	√

续表2

类别	中文名	拉丁学名	澳大利亚	法国	加拿大	乌克兰	阿根廷	丹麦	蒙古国	芬兰	乌拉圭	英国	美国	俄罗斯
线虫	美洲剑线虫	*Xiphinema americanum*	√										√	
昆虫	阿根廷茎象甲	*Listronotus bonariensis*					√							
昆虫	斑皮蠹属	*Trogoderma* spp.	√						√					
昆虫	菜豆象	*Acanthosce lides obtectus*					√							
昆虫	谷斑皮蠹	*Trogoderma granarium* Everts		√	√	√								
昆虫	谷象	*Sitophilus granarius* (Linnaeus)		√	√	√					√			
昆虫	黑角负泥虫	*Oulema melanopus*							√	√				
昆虫	黑森瘿蚊	*Mayetiola destructor* (Say)		√		√		√	√	√		√		
昆虫	红火蚁	*Solenopsis invicta* Buren	√											
昆虫	花斑皮蠹	*Trogoderma variabile* Ballion								√		√		
昆虫	欧洲麦茎蜂	*Cephuspygmaeus* (Linnaeus)						√				√		
昆虫	瑞典麦秆蝇	*Oscinella frit* (Linnaeus)						√	√					
昆虫	嗜虫书虱	*Liposcelis entomophila* (Enderlein)								√				
杂草	拟芫荽属一种	*Aethusa cynapium* L.						√						
杂草	豚草	*Ambrosia artemisiifolia*	√			√	√				√			
杂草	豚草属	*Ambrosia* spp.							√					

264

续表3

类别	中文名	拉丁学名	澳大利亚	法国	加拿大	乌克兰	阿根廷	丹麦	蒙古国	芬兰	乌拉圭	英国	美国	俄罗斯
杂草	三裂叶豚草	Ambrosia trifida L.				√								
杂草	大阿米芹	Ammi majus					√				√			
杂草	琴颈草属一种	Amsinckia micrantha Suksd.						√						
杂草	阿披拉草	Apera spica-venti (L.) P. Beauv.						√						
杂草	细茎野燕麦	Avena barbata					√				√			
杂草	法国野燕麦	Avena ludoviciana Durien	√			√								
杂草	不实野燕麦	Avena sterilis	√			√					√			
杂草	硬雀麦	Bromus rigidus	√				√							
杂草	不实雀麦	Bromus sterilis						√		√		√		
杂草	荠厉独行菜	Cardaria draba										√		
杂草	蒺藜草	Cenchrus echinatus					√							
杂草	蒺藜草属一种	Cenchrus myosuroides					√				√			
杂草	少花蒺藜草	Cenchrus pauciflorus					√							
杂草	蒺藜草属（非中国种）	Cenchrus spp. (non-Chinese species)			√									
杂草	匍匐矢车菊	Centaurea repens	√			√			√					
杂草	墙生藜	Chenopodium murale					√	√						

265

续表4

类别	中文名	拉丁学名	澳大利亚	法国	加拿大	乌克兰	阿根廷	丹麦	蒙古国	芬兰	乌拉圭	英国	美国	俄罗斯
杂草	田蓟	*Cirsium arvense*								√		√		
杂草	茅叶蓟	*Cirsium vulgare*							√		√			
杂草	菟丝子属	*Cuscuta* spp.												
杂草	菟丝子属（非中国种）	*Cuscuta* spp.（non-Chinese species）			√									
杂草	匍匐冰草	*Elymus repens* (L.) Gould								√				
杂草	南方三棘果	*Emex australis*	√									√		
杂草	芹叶牻牛儿苗	*Erodium cicutarium*						√						
杂草	药用球果紫堇	*Fumaria officinalis* L.						√						
杂草	野芝麻	*Galeopsis tetrahit* L.						√						
杂草	提琴叶牵牛花	*Ipomoea pandurata* (L.) G. F. W. Mey			√									
杂草	小花假苍耳	*Iva axillaris* Pursh			√									
杂草	假苍耳	*Iva xanthiifolia* Nutt.			√									
杂草	欧洲山萝	*Knautia arvensis* (L.) Coulter			√									
杂草	野莴苣	*Lactuca pulchella* (Pursh) DC			√									
杂草	毒莴苣	*Lactuca serriola* L.	√				√							
杂草	毒麦	*Lolium temulentum*	√				√		√		√	√		

续表5

类别	中文名	拉丁学名	澳大利亚	法国	加拿大	乌克兰	阿根廷	丹麦	蒙古国	芬兰	乌拉圭	英国	美国	俄罗斯
杂草	母菊	*Matricaria recutita* L.						√						
杂草	田野勿忘草	*Myosotis arvensis* (L.) Hill						√						
杂草	小籽虉草	*Phalaris minor*									√				
杂草	奇异虉草	*Phalaris paradoxa*											√		
杂草	野欧白芥	*Sinapis arvensis* L.						√						
杂草	北美刺龙葵	*Solanum carolinense* L.			√									
杂草	刺萼龙葵	*Solanum rostratum* Dunal			√									
杂草	假高粱（及其杂交种）	*Sorghum halepense* (L.) Pers. (Johnsongrass and its cross breeds)	√		√		√							
杂草	大爪草	*Spergula arvensis* L.								√				
杂草	独脚金	*Striga asiatica* (L.) O. Kuntze				√						√		
杂草	药用蒲公英	*Taraxacum officinale* Weber				√				√		√		
杂草	三肋果	*Tripleurospermum perforatum*						√						
杂草	匍地堇菜	*Viola arvensis* Murray						√						
杂草	刺苍耳	*Xanthium spinosum* L.	√											
杂草	苍耳属（非中国种）	*Xanthium* spp. (non-Chinese species)			√									

267

附录 4 我国口岸从进境大麦中检出的检疫性有害生物

类别	中文名	拉丁学名	澳大利亚	法国	加拿大	乌克兰	阿根廷	丹麦	蒙古国	芬兰	乌拉圭	英国
真菌	大豆北方茎溃疡病菌	*Diaporthe phaseolorum* var. *caulivora*		√	√	√	√					
真菌	十字花科蔬菜黑胫病菌	*Leptosphaeria maculans*	√		√							
真菌	大豆疫霉病菌	*Phytophthora sojae*				√						
真菌	麦类壳多胞斑点病菌	*Stagonospora avenae* f. sp. *Triticea*		√	√							
真菌	大丽轮枝病菌	*Verticillium dahliae*		√								
病毒	菜豆荚斑驳病毒	Bean pod mottle virus				√						
昆虫	豆象属（非中国种）	*Bruchus* spp. (non-Chinese species)	√									
昆虫	四纹豆象	*Callosobruchus maculatus*	√									
昆虫	红火蚁	*Solenopsis invicta*	√	√				√				
昆虫	美国白蛾	*Hyphantria cunea*			√							
杂草	具节山羊草	*Aegilops cylindrica*	√	√	√							
杂草	节节麦	*Aegilops squarrosa*	√	√								
杂草	长芒苋	*Amaranthus palmeri*		√	√	√						

续表1

类别	中文名	拉丁学名	澳大利亚	法国	加拿大	乌克兰	阿根廷	丹麦	蒙古国	芬兰	乌拉圭	英国
杂草	西部苋	*Amaranthus rudis*	√			√						
杂草	糙果苋	*Amaranthus tuberculatus*	√	√	√	√						
杂草	豚草	*Ambrosia artemisiifolia*	√	√	√	√						
杂草	三裂叶豚草	*Ambrosia trifida*	√	√	√							
杂草	大阿米芹	*Ammi majus*				√						
杂草	法国野燕麦	*Avena ludoviciana*	√	√	√	√	√					
杂草	不实野燕麦	*Avena sterilis*	√	√	√	√						
杂草	硬雀麦	*Bromus rigidus*	√	√	√	√	√	√				
杂草	疣果匙荠	*Bunias orientalis*				√		√				
杂草	刺蒺藜草	*Cenchrus echinatus*	√	√	√	√						
杂草	长刺蒺藜草	*Cenchrus longispinus*	√	√	√	√						
杂草	疏花蒺藜草	*Cenchrus pauciflorus*	√		√	√						
杂草	蒺藜草属（非中国种）	*Cenchrus* sp. (non-Chinese species)	√			√						
杂草	少花蒺藜草	*Cenchrus spinifex*				√						
杂草	刺苞草	*Cenchrus tribuloides*	√		√	√						
杂草	匍匐矢车菊	*Centaurea repens*	√	√	√							

269

续表2

类别	中文名	拉丁学名	澳大利亚	法国	加拿大	乌克兰	阿根廷	丹麦	蒙古国	芬兰	乌拉圭	英国
杂草	美丽猪屎豆	Crotalaria spectabilis	√									
杂草	中国兔丝子	Cuscuta chinensis				√						
杂草	南方三棘果	Emex australis	√	√	√							
杂草	刺亦模	Emex spinosa	√									
杂草	飞机草	Chromolaena odorata				√						
杂草	齿裂大戟	Euphorbia dentata	√	√	√	√	√					
杂草	黄顶菊	Flaveria bidentis				√						
杂草	假苍耳	Iva xanthifolia		√	√	√						
杂草	野莴苣	Lactuca pulchella	√									
杂草	毒莴苣	Lactuca serriola	√									
杂草	毒麦	Lolium temulentum	√	√	√							
杂草	皱匕果芥	Rapistrum rugosum	√	√	√	√						
杂草	刺萼龙葵	Solanum rostratum		√								
杂草	黑高粱	Sorghum almum	√	√	√	√	√					
杂草	假高粱（及其杂交种）	Sorghum halepense （L.） Pers. (Johnsongrass and its cross breeds)	√	√		√	√					
杂草	翅蒺藜	Tribulus alatus	√			√						

续表3

类别	中文名	拉丁学名	澳大利亚	法国	加拿大	乌克兰	阿根廷	丹麦	蒙古国	芬兰	乌拉圭	英国
杂草	加拿大苍耳	Xanthium canadense				√						
杂草	南美苍耳	Xanthium cavanillesii	√	√	√	√						
杂草	北美苍耳	Xanthium chinese	√	√	√	√						
杂草	柱果苍耳	Xanthium cylindricum	√	√	√							
杂草	蝟实苍耳	Xanthium echinatum	√		√							
杂草	西方苍耳	Xanthium occidentale				√						
杂草	宾州苍耳	Xanthium pensylvanicum				√						
杂草	河岸苍耳	Xanthium riparium	√	√								
杂草	苍耳属（非中国种）	Xanthium sp. (non-Chinese species)	√	√	√	√		√				
杂草	刺苍耳	Xanthium spinosum	√	√	√	√	√	√				
杂草	欧洲苍耳	Xanthium strumarium	√	√		√						

附录 5

进境小麦双边议定书中需关注的检疫性有害生物

类别	中文名	拉丁学名	澳大利亚	加拿大	美国	法国	哈萨克斯坦	俄罗斯	英国	匈牙利	蒙古国	立陶宛
真菌	小麦叶疫病菌	*Alternaria triticina* Prasada	√				√	√				
真菌	燕麦全蚀病菌	*Gaeumannomyces graminis* var. *avenae*			√	√			√			√
真菌	马铃薯疫霉绯腐病菌	*Phytophthora erythroseptica* Pethybridge	√	√	√	√	√	√	√			
真菌	小麦基腐病菌	*Pseudocercosporella herpotrichoides* (Fron) Deighton	√					√	√	√	√	√
真菌	油棕猝倒病菌	*Pythium splenden*	√		√	√			√			√
真菌	小麦矮腥黑穗病菌	*Tilletia controversa* Kuhn		√	√	√	√	√		√	√	
真菌	小麦印度腥黑穗病菌	*Tilletia indica* Mitra			√		√	√				
病毒	大麦条纹花叶病毒	*Barley stripe mosaic virus*	√	√	√	√	√	√	√			
病毒	小麦线条花叶病毒	*Wheat streak mosaic virus*	√	√	√		√	√	√	√		√
线虫	鳞球茎茎线虫	*Ditylenchus dipsaci* (Kuhn) Filipjev	√		√		√	√	√			√
线虫	横带长针线虫	*Longidorus elongatus*					√					
昆虫	菜豆象	*Acanthoscelides obtectus* (Say)								√		

续表1

类别	中文名	拉丁学名	澳大利亚	加拿大	美国	法国	哈萨克斯坦	俄罗斯	英国	匈牙利	蒙古国	立陶宛
昆虫	阔鼻谷象	Caulophilus oryzae (Gyllenhal)					√					
昆虫	麦扁盾蝽	Eurygaster integriceps					√					
昆虫	马铃薯叶甲	Lepinotarsa decemlineata (Say)					√					
昆虫	黑森瘿蚊	Mayetiola destructor (Say)		√	√	√			√		√	
昆虫	黑角负泥虫	Oulema melanopus L.									√	
昆虫	大谷蠹	Prostephanus truncatus (Horn)		√	√							
昆虫	红火蚁	Solenopsis invicta Buren	√									
昆虫	谷斑皮蠹	Trogoderma granarium Everts		√	√	√	√	√	√	√	√	
昆虫	斑皮蠹属	Trogoderma spp.	√					√		√		
昆虫	花斑皮蠹	Trogoderma variabile	√				√	√		√		
杂草	豚草	Ambrosia artemisiifolia L.					√	√			√	
杂草	多年生豚草	Ambrosia psilostacya						√			√	
杂草	三裂叶豚草	Ambrosia trifida L.								√		
杂草	大阿米	Ammi majus L.					√					
杂草	小花牛舌草	Anchusa officinalis L.					√					
杂草	法国野燕麦	Avena ludoviciana Durien	√									

273

续表2

类别	中文名	拉丁学名	澳大利亚	加拿大	美国	法国	哈萨克斯坦	俄罗斯	英国	匈牙利	蒙古国	立陶宛
杂草	不实野燕麦	*Avena sterilis* L.	√									
杂草	硬雀麦	*Bromus rigidus* Roth.	√									
杂草	蒺藜草属（非中国种）	*Cenchrus* spp.（non-Chinese species）		√								
杂草	匍匐矢车菊	*Centaurea repens*	√				√	√			√	
杂草	田蓟	*Cirsium arvensis* L.						√		√		
杂草	菟丝子	*Cuscuta* spp.									√	
杂草	菟丝子属（非中国种）	*Cuscuta* spp.（non-Chinese species）		√								
杂草	南方三棘果	*Emex australis* Steinh.	√									
杂草	提琴叶牵牛花	*Ipomoea pandurata* (L.) G. F. W. Mey		√								
杂草	小花假苍耳	*Iva axillaris* Pursh		√								
杂草	假苍耳	*Iva xanthiifolia* Nutt.		√								
杂草	欧洲山萝	*Knautia arvensis* (L.) Coulter		√								
杂草	毒莴苣	*Lactuca serriola* L.	√									
杂草	野莴苣	*Lactuca pulchella* (Pursh) DC		√								
杂草	毒麦	*Lolium temulentum* L.	√	√	√	√	√	√	√		√	
杂草	臭千里光	*Senecio jacobaea* L.								√		

续表3

类别	中文名	拉丁学名	澳大利亚	加拿大	美国	法国	哈萨克斯坦	俄罗斯	英国	匈牙利	蒙古国	立陶宛
杂草	北美刺龙葵	*Solanum carolinense* L.		√								
杂草	刺萼龙葵	*Solanum rostratum* Dunal		√			√					
杂草	黑高粱	*Sorghum almum* Parodi			√							
杂草	假高粱（及其杂交种）	*Sorghum halepense* (L.) Pers. (Johnsongrass and its cross breeds)	√	√	√	√	√	√				
杂草	刺苍耳	*Xanthium spinosum* L.	√							√		
杂草	苍耳属（非中国种）	*Xanthium* spp. (non-Chinese species)		√								

附录6

我国口岸从进境小麦中检出的检疫性有害生物

类别	中文名	拉丁学名	澳大利亚	加拿大	美国	法国	哈萨克斯坦	俄罗斯	英国	匈牙利	蒙古国	立陶宛
真菌	十字花科蔬菜黑胫病菌	Leptosphaeria maculans	√									
真菌	小麦矮腥黑穗病菌	Tilletia controversa Kuhn		√	√							
真菌	葱类黑粉病菌	Urocystis cepulae	√		√							
真菌	小麦线条花叶病毒	Wheat streak mosaic virus			√							
昆虫	马铃薯甲虫	Leptinotarsa decemlineata			√							
昆虫	日本金龟子	Popillia japonica	√		√							
昆虫	红火蚁	Solenopsis invicta			√		√					
杂草	具芒山羊草	Aegilops cylindrica			√							
杂草	节节麦	Aegilops squarrosa		√	√							
杂草	长芒苋	Amaranthus palmeri			√	√						
杂草	西部苋	Amaranthus rudis	√		√							
杂草	豚草	Ambrosia artemisiifolia			√							
杂草	多年生豚草	Ambrosia psilostacya			√							

续表1

类别	中文名	拉丁学名	澳大利亚	加拿大	美国	法国	哈萨克斯坦	俄罗斯	英国	匈牙利	蒙古国	立陶宛
杂草	三裂叶豚草	Ambrosia trifida	√	√	√							
杂草	细茎野燕麦	Avena barbata	√									
杂草	法国野燕麦	Avena ludoviciana	√	√	√	√	√					
杂草	不实野燕麦	Avena sterilis	√	√			√					
杂草	硬雀麦	Bromus rigidus	√	√	√	√	√					
杂草	野豌豆象	Bruchus brachialis			√							
杂草	疣果匙荠	Bunias orientalis	√									
杂草	宽叶高加利	Caucalis latifolia	√									
杂草	刺蒺藜草	Cenchrus echinatus	√	√	√							
杂草	长刺蒺藜草	Cenchrus longispinus		√	√							
杂草	疏花蒺藜草	Cenchrus pauciflorus			√							
杂草	蒺藜草属	Cenchrus sp.	√									
杂草	美丽猪屎豆	Crotalaria spectabilis	√									
杂草	南方菟丝子	Cuscuta australis					√					
杂草	中国菟丝子	Cuscuta chinensis	√									
杂草	南方三棘果	Emex australis	√		√							
杂草	刺亦模	Emex spinosa	√									

续表2

类别	中文名	拉丁学名	澳大利亚	加拿大	美国	法国	哈萨克斯坦	俄罗斯	英国	匈牙利	蒙古国	立陶宛
杂草	齿裂大戟	Euphorbia dentata	√		√							
杂草	假苍耳	Iva xanthifolia			√							
杂草	野莴苣	Lactuca pulchella	√		√							
杂草	毒莴苣	Lactuca serriola	√		√							
杂草	毒麦	Lolium temulentum			√							
杂草	薇甘菊	Mikania micrantha			√							
杂草	皱匕果芥	Rapistrum rugosum	√	√	√							
杂草	北美刺龙葵	Solanum carolinense			√							
杂草	刺萼龙葵	Solanum rostratum Dunal			√							
杂草	黑高粱	Sorghum almum	√		√		√					
杂草	假高粱（及其杂交种）	Sorghum halepense （L.） Pers. （Johnsongrass and its cross breeds）	√	√	√			√				
杂草	翅蒺藜	Tribulus alatus	√									
杂草	狭果苍耳	Xanthium leptocarpum	√									
杂草	西方苍耳	Xanthium occidentale	√									
杂草	宾州苍耳	Xanthium pensylvanicum	√		√							

续表3

类别	中文名	拉丁学名	澳大利亚	加拿大	美国	法国	哈萨克斯坦	俄罗斯	英国	匈牙利	蒙古国	立陶宛
杂草	苍耳属（非中国种）	Xanthium sp. (non-Chinese species)	√		√							
杂草	刺苍耳	Xanthium spinosum	√		√							
杂草	欧洲苍耳	Xanthium strumarium	√		√							

附表7 进境高粱双边议定书中需关注的检疫性有害生物

类别	中文名	拉丁学名	澳大利亚	美国	缅甸	阿根廷	尼日利亚
真菌	瓜类芽霉菌	Choanephora cucurbitarum	√	√			√
真菌	非洲麦角菌	Claviceps africana	√	√		√	√
真菌	高粱胶尾孢	Gloeocercospora sorghi	√	√		√	
真菌	草螺菌属	Herbaspirillum rubisubalbicans					√
真菌	高粱根腐病菌	Periconia circinata (M. Mangin) Sacc.	√	√			
真菌	高粱霜霉病菌	Peronosclerospora sorghi	√	√	√		√
真菌	玉米霜霉病菌（非中国种）	Peronosclerospora spp. (non-Chinese species)					√
病毒	玉米花叶病毒	Maize mosaic virus, MMV		√			√
昆虫	高粱瘿蚊	Contarinia sorghicola (Coquillett)	√	√	√	√	
昆虫	稻飞虱	Delphacodes kuscheli				√	
昆虫	大谷蠹	Prostephanus truncatus (Horn)	√	√	√		
昆虫	谷象	Sitophilus granarius				√	
昆虫	谷斑皮蠹	Trogoderma granarium Everts	√	√	√		
杂草	硬毛刺苞菊	Acanthospermum hispidum				√	

续表1

类别	中文名	拉丁学名	澳大利亚	美国	缅甸	阿根廷	尼日利亚
杂草	豚草	Ambrosia artemisiifolia				√	
杂草	有距单花苋	Anoda cristata				√	
杂草	细茎野燕麦	Avena barbata				√	
杂草	宽叶臂形草	Brachiaria platyphylla				√	
杂草	蒺藜草属	Cenchrus echinatus				√	
杂草	蒺藜草属	Cenchrus myosuroides				√	
杂草	疏花蒺藜草	Cenchrus pauciflorus				√	
杂草	匍匐矢车菊	Centaruea repens				√	
杂草	墙生藜	Chenopodium murale					
杂草	欧洲蓟	Cirsium vulgare					
杂草	曼陀罗属	Datura spp.	√	√	√		
杂草	圆叶牵牛	Ipomoea purpurea				√	
杂草	毒莴苣	Lactuca serriola				√	
杂草	巴西拟鸭舌癀	Richardia brasiliensis				√	
杂草	银毛龙葵	Solanum elaeagnifolium				√	
杂草	黑高粱	Sorghum almum Parodi	√	√		√	
杂草	假高粱	Sorghum halepense (L.) Pers.	√	√	√	√	
杂草	独脚金	Striga asiatica (L.) O. Kuntze			√		
杂草	南美苍耳	Xanthium cavanillesii				√	

附录 8　我国口岸从进境高粱中检出的检疫性有害生物

类别	中文名	拉丁学名	澳大利亚	美国	缅甸	阿根廷
真菌	葡萄茎枯病菌	*Phoma glomerata*		√		
昆虫	红火蚁	*Solenopsis invicta*		√		
昆虫	谷斑皮蠹	*Trogoderma granarium* Everts			√	
杂草	具节山羊草	*Aegilops cylindrica*	√	√		
杂草	长芒苋	*Amaranthus palmeri*	√	√		
杂草	西部苋	*Amaranthus rudis*	√	√		
杂草	糙果苋	*Amaranthus tuberculatus*		√		
杂草	豚草	*Ambrosia artemisiifolia*	√	√		
杂草	绵毛豚草	*Ambrosia grayi*		√		
杂草	多年生豚草	*Ambrosia psilostacya*		√		
杂草	豚草属	*Ambrosia* sp.		√		
杂草	三裂叶豚草	*Ambrosia trifida*	√	√		
杂草	法国野燕麦	*Avena ludoviciana*	√	√		
杂草	硬雀麦	*Bromus rigidus*	√	√		
杂草	蒺藜草属 *americanus* 种	*Cenchrus americanus*		√		

续表1

类别	中文名	拉丁学名	澳大利亚	美国	缅甸	阿根廷
杂草	美洲蒺藜草	*Cenchrus ciliaris*		√		
杂草	刺蒺藜草	*Cenchrus echinatus*	√	√		
杂草	长刺蒺藜草	*Cenchrus longispinus*	√	√		
杂草	疏花蒺藜草	*Cenchrus pauciflorus*		√		
杂草	蒺藜草属（非中国种）	*Cenchrus* sp. (non-Chinese species)		√		
杂草	少花蒺藜草	*Cenchrus spinifex*		√		
杂草	刺苞草	*Cenchrus tribuloides*		√		
杂草	美丽猪屎豆	*Crotalaria spectabilis*	√			
杂草	菟丝子属	*Cuscuta* sp.	√			
杂草	南方三棘果	*Emex australis*	√	√		
杂草	齿裂大戟	*Euphorbia dentata*	√	√		
杂草	假苍耳	*Iva xanthifolia*	√			
杂草	毒莴苣	*Lactuca serriola*	√			
杂草	毒麦	*Lolium temulentum*		√		
杂草	皱匕果芥	*Rapistrum rugosum*	√			
杂草	北美刺龙葵	*Solanum carolinense*		√		
杂草	银毛龙葵	*Solanum elaeagnifolium*		√		
杂草	刺萼龙葵	*Solanum rostratum*		√		
杂草	刺茄	*Solanum torvum*		√		

283

续表2

类别	中文名	拉丁学名	澳大利亚	美国	缅甸	阿根廷
杂草	黑高粱	Sorghum almum	√	√		
杂草	假高粱（及其杂交种）	Sorghum halepense (L.) Pers. (Johnsongrass and its cross breeds)	√	√		
杂草	翅蒺藜	Tribulus alatus		√		
杂草	巴西苍耳	Xanthium brasilicum		√		
杂草	加拿大苍耳	Xanthium canadense	√	√		
杂草	南美苍耳	Xanthium cavanillesii	√	√		
杂草	蒺藜苍耳	Xanthium cenchroides	√			
杂草	柱果苍耳	Xanthium cylindricum		√		
杂草	瘤实苍耳	Xanthium echinatum		√		
杂草	球状苍耳	Xanthium globosum		√		
杂草	西方苍耳	Xanthium occidentale		√		
杂草	东方苍耳	Xanthium orientale		√		
杂草	宾州苍耳	Xanthium pensylvanicum	√	√		
杂草	苍耳属（非中国种）	Xanthium sp. (non-Chinese species)	√	√		
杂草	刺苍耳	Xanthium spinosum	√	√		
杂草	欧洲苍耳	Xanthium strumarium	√	√		

附录9 进境油菜籽双边议定书中需关注的检疫性有害生物

类别	中文名	拉丁学名	加拿大	澳大利亚	俄罗斯	蒙古国
真菌	小麦矮腥黑穗病菌	*Tilletia controversa* Kuhn	√			
真菌	甘蓝枯萎病	*Fusarium oxysporum* f. sp. *conglutinans*	√	√	√	
真菌	油菜白斑病	*Pyrenopeziza brassicae*	√	√		
真菌	大丽轮枝病菌	*Verticillium dahliae*	√	√	√	
真菌	油茎基溃疡病菌	*Leptosphaeria maculans* (Desm.) Ces. et De Not.	√	√	√	√
细菌	十字花科细菌性黑斑病	*Pseudomonas syringae* pv. *maculicola* (McCulloch) Young et al.	√	√	√	√
线虫	甜菜胞囊线虫	*Heterodera schachtii* Schmidt	√	√	√	
昆虫	白菜籽龟象	*Ceutorhynchus assimilis*	√			
昆虫	斑皮蠹（非中国种）	*Trogoderma* spp. (non-Chinese species)			√	
昆虫	大豆夜蛾	*Chrysodeixis includens*	√			
昆虫	豆象属（非中国种）	*Bruchus* spp. (non-Chinese species)			√	
昆虫	甘蓝薄翅螟	*Crocidolomia pavonana*		√		

续表1

类别	中文名	拉丁学名	加拿大	澳大利亚	俄罗斯	蒙古国
昆虫	谷斑皮蠹	*Trogoderma granarium* Everts	√			√
昆虫	谷象	*Sitophilus granarius*（Linnaeus）	√		√	
昆虫	黑森瘿蚊	*Mayetiola destructor*（Say）	√			√
昆虫	三叶斑潜蝇	*Liriomyza trifolii*				
昆虫	银纹夜蛾	*Chrysodeixis includens*		√		
杂草	豚草	*Ambrosia artemisiifolia* L.	√			√
杂草	多年生豚草	*Ambrosia psilostacya*				√
杂草	豚草（属）	*Ambrosia* spp.			√	
杂草	三裂叶豚草	*Ambrosia trifida* L.			√	√
杂草	法国野燕麦	*Avena ludoviciana* Durien	√			
杂草	蒺藜草属（非中国种）	*Cenchrus* spp.（non-Chinese species）			√	
杂草	铺散矢车菊	*Centaurea diffusa* Lamarck			√	
杂草	匍匐矢车菊	*Centaurea repens* L.	√			
杂草	田蓟	*Cirsium arvense*			√	
杂草	菟丝子属	*Cuscuta* spp.	√			
杂草	菟丝子属（非中国种）	*Cuscuta* spp.（non-Chinese species）		√		
杂草	南方三棘果	*Emex australis*				

续表2

类别	中文名	拉丁学名	加拿大	澳大利亚	俄罗斯	蒙古国
杂草	提琴叶牵牛花	*Ipomoea pandurata* (L.) G. F. W. Mey	√			
杂草	小花假苍耳	*Iva axillaris* Pursh	√			
杂草	假苍耳	*Iva xanthiifolia* Nutt.	√			
杂草	欧洲山萝	*Knautia arvensis* (L.) Coulter	√			
杂草	野莴苣	*Lactuca pulchella* (Pursh) DC	√			
杂草	毒麦	*Lolium temulentum* L.	√	√	√	√
杂草	列当属	*Orobanche* spp.			√	
杂草	臭千里光	*Senecio jacobaea*	√			
杂草	欧洲千里光	*Senecio vulgaris*		√		
杂草	谷象	*Sitophilus granaries* (L.)	√		√	
杂草	北美刺龙葵	*Solanum carolinense* L.	√		√	
杂草	刺萼龙葵	*Solanum rostratum* Dunal	√		√	
杂草	假高粱（及其杂交种）	*Sorghum halepense* (L.) Pers. (Johnsongrass and its cross breeds)	√		√	
杂草	苍耳属（非中国种）	*Xanthium* sp. (non-Chinese species)	√			

附录10 我国口岸从进境油菜籽中检出的检疫性有害生物

类别	中文名	拉丁学名	澳大利亚	俄罗斯	加拿大	蒙古国
真菌	十字花科蔬菜黑胫病菌	*Leptosphaeria maculans*	√			
细菌	十字花科细菌性黑斑病	*Pseudomonas syringae* pv. *maculicola* (McCulloch) Young et al.		√	√	√
线虫	甜菜胞囊线虫	*Heterodera schachtii* Schmidt	√	√	√	
昆虫	日本金龟子	*Popillia japonica*			√	
杂草	长芒苋	*Amaranthus palmeri*			√	
杂草	西部苋	*Amaranthus rudis*			√	
杂草	糙果苋	*Amaranthus tuberculatus*			√	
杂草	豚草	*Ambrosia artemisiifolia*			√	
杂草	豚草属	*Ambrosia* sp.			√	
杂草	三裂叶豚草	*Ambrosia trifida*			√	
杂草	细茎野燕麦	*Avena barbata*			√	
杂草	法国野燕麦	*Avena ludoviciana*		√	√	
杂草	不实野燕麦	*Avena sterilis*		√	√	
杂草	硬雀麦	*Bromus rigidus*		√	√	

续表1

类别	中文名	拉丁学名	澳大利亚	俄罗斯	加拿大	蒙古国
杂草	疣果匙荠	*Bunias orientalis*	√			
杂草	刺蒺藜草	*Cenchrus echinatus*			√	
杂草	美丽猪屎豆	*Crotalaria spectabilis*			√	
杂草	南方三棘果	*Emex australis*		√	√	
杂草	假苍耳	*Iva xanthifolia*				
杂草	野莴苣	*Lactuca pulchella*		√		
杂草	毒莴苣	*Lactuca serriola*			√	
杂草	皱匕果芥	*Rapistrum rugosum*		√	√	
杂草	黑高粱	*Sorghum almum*	√			
杂草	假高粱（及其杂交种）	*Sorghum halepense* (L.) Pers. (Johnsongrass and its cross breeds)			√	
杂草	加拿大苍耳	*Xanthium canadense*			√	
杂草	柱果苍耳	*Xanthium cylindricum*			√	
杂草	西方苍耳	*Xanthium occidentale*			√	
杂草	卵果苍耳	*Xanthium oviforme*			√	
杂草	苍耳属（非中国种）	*Xanthium* sp. (non-Chinese species)		√	√	
杂草	刺苍耳	*Xanthium spinosum*		√	√	

附录 11 进境玉米双边议定书中需关注的检疫性有害生物

类别	中文名	拉丁学名	美国	阿根廷	乌克兰	保加利亚	老挝	巴西	墨西哥	俄罗斯	泰国
真菌	高粱紫斑病	*Cercospora sorghi*	√								√
真菌	枝孢菌	*Cladosporium griseo-olivaccum*			√						
真菌	巨大麦角菌	*Claviceps gigantea*							√		
真菌	大豆北方茎溃疡病菌	*Diaporthe phaseolorum* var. *caulivora*	√	√		√		√			
真菌	菲律宾霜霉病菌	*Peronosclerospora philippinensis* (West.) Shaw	√							√	
真菌	甘蔗霜霉病菌	*Peronosclerospora sacchari* (Miyake) Shaw						√		√	
真菌	高粱霜霉病菌	*Peronosclerospora sorghi*	√	√				√		√	
真菌	霜霉病菌（非中国种）	*Peronosclerospora* sp. (non-Chinese species)					√				
真菌	大豆拟茎点种子腐烂病菌	*Phomopsis longicolla*	√	√				√	√	√	
真菌	大豆疫霉病菌	*Phytophthora sojae*	√	√	√	√		√	√	√	
真菌	黑白轮枝病菌	*Verticillium albo-atrum*	√	√	√	√		√	√	√	
真菌	大丽轮枝病菌	*Verticillium dahliae*	√	√	√	√		√	√	√	

续表1

类别	中文名	拉丁学名	美国	阿根廷	乌克兰	保加利亚	老挝	巴西	墨西哥	俄罗斯	泰国
病毒	玉米褪绿斑驳病毒	Maize chlorotic mottle virus	√	√				√			
病毒	玉米矮花叶病毒	Maize dwarf mosaic virus	√	√	√	√			√	√	
病毒	甘蔗花叶病毒	Sugarcane mosaic virus				√			√		
病毒	烟草环斑病毒	Tobacco ringspot virus	√	√	√			√	√	√	
病毒	烟草线条病毒	Tobacco streak virus	√	√				√	√	√	
病毒	小麦线条花叶病毒	Wheat streak mosaic virus	√		√	√			√	√	
细菌	玉米红化病植原体	Candidatus Phytoplasma solan				√					
细菌	番茄细菌性萎蔫病菌	Clavibacter michiganensis subsp. michiganensis Davis et al.	√		√	√		√	√	√	
细菌	菜豆细菌性萎蔫病菌	Curtobacterium flaccumfaciens pv. flaccumfaciens	√		√			√	√	√	
细菌	菊细菌性软腐病菌	Erwinia chrysanthemi	√		√			√	√	√	
细菌	玉米细菌性枯萎病菌	Pantoae stewartii subsp. Stewartii	√		√			√	√	√	√
细菌	菜豆晕疫病菌	Pseudomonas savastanoi pv. phaseolicola	√	√		√		√	√		
细菌	甘蔗白色条纹病菌	Xanthomonas albilineans	√	√				√	√		√
昆虫	菜豆象	Acanthoscelides obtectus (Say)			√	√		√	√	√	
昆虫	豆象属（非中国种）	Bruchus spp. (non-Chinese species)				√					
昆虫	干果露尾甲	Carpophilus hemipterus					√				

续表2

类别	中文名	拉丁学名	美国	阿根廷	乌克兰	保加利亚	老挝	巴西	墨西哥	俄罗斯	泰国
昆虫	阔鼻谷象	*Caulophilus oryzae* (Gyllenhal)							√		
昆虫	锈赤扁谷盗	*Cryptolestes ferrugineus*				√	√				
昆虫	微扁谷盗	*Cryptolestes pusilloides*					√				
昆虫	玉米根萤叶甲	*Diabrotica virgifera virgifera* LeConte				√					
昆虫	小蔗螟	*Diatraea saccharalis*						√			
昆虫	谷实夜蛾	*Helicoverpa zea*						√	√		
昆虫	粉唒虫	*Liposcelis bostrychophila*		√	√						
昆虫	阿根廷茎象甲	*Listronotus bonariensis*		√				√			
昆虫	白缘象甲	*Naupactus leucoloma*						√			
昆虫	欧洲玉米螟	*Ostrinia nubilalis* (Hübner)			√	√			√		
昆虫	墨西哥棉铃象	*Pharaxonotha kirschi*			√						
昆虫	印度谷螟	*Plodia interpunctella*				√			√		
昆虫	大谷蠹	*Prostephanus truncatus* (Horm)	√			√			√		√
昆虫	澳洲蛛甲	*Ptinus tectus* Boieldieu				√					
昆虫	高粱蛀茎夜蛾	*Sesamia cretica* Lederer				√					
昆虫	谷象	*Sitophilus granaries*		√	√	√			√	√	
昆虫	玉米叶象	*Tanymecus dilaticollis* Gyllenhal				√					
昆虫	褐拟谷盗	*Tribolium destructor* Uyttenboogaart			√					√	√

续表3

类别	中文名	拉丁学名	美国	阿根廷	乌克兰	保加利亚	老挝	巴西	墨西哥	俄罗斯	泰国
昆虫	墨西哥斑皮蠹	Trogoderma anthrenoides									
昆虫	谷斑皮蠹	Trogoderma granarium Everts	√		√	√			√	√	√
昆虫	肾斑皮蠹	Trogoderma inclusum			√					√	
昆虫	巴西豆象	Zabrotes subfasciatus			√	√		√		√	
杂草	硬毛刺苞菊	Acanthospermum hispidum		√						√	
杂草	豚草	Ambrosia artemisiifolia		√	√	√		√	√	√	
杂草	三裂叶豚草	Ambrosia trifida L.		√	√	√			√	√	
杂草	有距单花葵	Anoda cristata		√					√		
杂草	不实燕麦	Avena sterilis L.		√		√			√	√	
杂草	宽叶臂形草	Brachiaria platyphylla		√					√		
杂草	篦齿独行菜	Cardaria draba			√		√	√			
杂草	刺蒺藜草	Cenchrus echinatus			√			√		√	
杂草	海岸蒺藜草	Cenchrus incertus			√						
杂草	长刺蒺藜草	Cenchrus longispinus							√		
杂草	蒺藜草	Cenchrus pauciflorus		√					√		
杂草	匍匐矢车菊	Centaruea repens			√					√	
杂草	飞机草	Chromolaena odorata					√		√		
杂草	田蓟	Cirsium arvense				√			√		

293

续表4

类别	中文名	拉丁学名	美国	阿根廷	乌克兰	保加利亚	老挝	巴西	墨西哥	俄罗斯	泰国
杂草	披碱草属	*Elymus repens* (L.) Gould			√						
杂草	齿裂大戟	*Euphorbia dentata* Michx			√					√	
杂草	白苞猩猩草	*Euphorbia heterophylla*						√			
杂草	圆叶牵牛	*Ipomoea purpurea*									
杂草	毒莴苣	*Lactuca serriola*		√							
杂草	鱼黄草	*Merremia aegyptia*						√			
杂草	皱匕果芥	*Rapistrum rugosum*		√				√			
杂草	北美刺龙葵	*Solanum carolinensev*									
杂草	银毛龙葵	*Solanum elaeagnifolium*						√	√		
杂草	黑高粱	*Sorghum almum* Parodi	√					√			
杂草	假高粱	*Sorghum halepense* (L.) Pers.	√	√	√	√		√		√	√
杂草	印加孔雀草	*Tagetes minuta*									
杂草	沙漠似马齿苋	*Trianthema portulacastrum*						√	√		
杂草	车前叶臂形草	*Urochloa plantaginea*						√	√		
杂草	刺苍耳	*Xanthium spinosum*			√					√	

附录

附表 12 我国口岸从进境玉米中检出的检疫性有害生物

类别	中文名	拉丁名	美国	阿根廷	乌克兰	泰国	柬埔寨	保加利亚	老挝	巴西	墨西哥	俄罗斯
真菌	大豆北方茎溃疡病菌	Diaporthe phaseolorum var. caulivora	√	√				√		√		√
细菌	向日葵茎溃疡病菌	Diaporthe helianthi	√		√							
病毒	菜豆荚斑驳病毒	Bean pod mottle virus	√	√								
病毒	玉米褪绿斑驳病毒	Maize chlorotic mottle virus				√						
病毒	小麦线条花叶病毒	Wheat streak mosaic virus			√							
线虫	松材线虫	Bursaphelenchus xylophilus	√									
昆虫	四纹豆象	Callosobruchus maculatus					√					
昆虫	红火蚁	Solenopsis invicta	√									
昆虫	谷斑皮蠹	Trogoderma granarium Everts	√									
杂草	具节山羊草	Aegilops cylindrica	√									
杂草	长芒苋	Amaranthus palmeri	√		√			√				
杂草	西部苋	Amaranthus rudis	√		√							
杂草	糙果苋	Amaranthus tuberculatus	√		√							

295

续表1

类别	中文名	拉丁名	美国	阿根廷	乌克兰	泰国	柬埔寨	保加利亚	老挝	巴西	墨西哥	俄罗斯
杂草	豚草	*Ambrosia artemisiifolia*	√		√			√				√
杂草	多年生豚草	*Ambrosia psilostacya*	√		√							
杂草	豚草属	*Ambrosia* sp.	√		√							√
杂草	三裂叶豚草	*Ambrosia trifida*	√		√			√				
杂草	法国野燕麦	*Avena ludoviciana*	√					√				
杂草	硬雀麦	*Bromus rigidus*						√				
杂草	刺蒺藜草	*Cenchrus echinatus*	√		√							
杂草	长刺蒺藜草	*Cenchrus longispinus*	√									
杂草	疏花蒺藜草	*Cenchrus pauciflorus*		√	√							
杂草	蒺藜草属（非中国种）	*Cenchrus* sp. (non-Chinese species)		√	√							
杂草	刺苞草	*Cenchrus tribuloides*	√									
杂草	菟丝子属	*Cuscuta* sp.	√									
杂草	飞机草	*Chromolaena odorata*						√				
杂草	齿裂大戟	*Euphorbia dentata*	√			√						
杂草	提琴叶牵牛花	*Ipomoea pandurata*	√									
杂草	假苍耳	*Iva xanthifolia*	√		√							

续表2

类别	中文名	拉丁名	美国	阿根廷	乌克兰	泰国	柬埔寨	保加利亚	老挝	巴西	墨西哥	俄罗斯
杂草	瓜列当	Orobanche aegyptiaca	√									
杂草	皱匕果芥	Rapistrum rugosum						√				
杂草	北美剌龙葵	Solanum carolinense	√									
杂草	刺萼龙葵	Solanum rostratum	√		√							
杂草	刺茄	Solanum torvum			√							
杂草	黑高粱	Sorghum almum	√	√	√	√		√		√		
杂草	假高粱（及其杂交种）	Sorghum halepense (L.) Pers. (Johnsongrass and its cross breeds)	√	√	√	√		√				
杂草	白苍耳	Xanthium albinum			√							
杂草	加拿大苍耳	Xanthium canadense	√		√			√				
杂草	南美苍耳	Xanthium cavanillesii			√							
杂草	蒺藜苍耳	Xanthium cenchroides			√							
杂草	北美苍耳	Xanthium chinese	√									
杂草	柱果苍耳	Xanthium cylindricum	√					√				
杂草	蜡叶苍耳	Xanthium echinatum	√		√							
杂草	球状苍耳	Xanthium globosum	√		√							
杂草	西方苍耳	Xanthium occidentale	√		√							

续表3

类别	中文名	拉丁名	美国	阿根廷	乌克兰	泰国	柬埔寨	保加利亚	老挝	巴西	墨西哥	俄罗斯
杂草	东方苍耳	*Xanthium orientale*			√			√				
杂草	卵果苍耳	*Xanthium oviforme*	√		√			√				
杂草	宾州苍耳	*Xanthium pennsylvanicum*	√		√			√				
杂草	河岸苍耳	*Xanthium riparium*			√							
杂草	直刺苍耳	*Xanthium ripicola*	√	√	√			√				
杂草	苍耳属（非中国种）	*Xanthium sp.* (non-Chinese species)	√		√			√				
杂草	刺苍耳	*Xanthium spinosum*	√		√			√			√	
杂草	欧洲苍耳	*Xanthium strumarium*	√									
杂草	沃氏苍耳	*Xanthium wootonii*										

附件 13

进出境粮食检验检疫监督管理办法

(2016 年 1 月 20 日国家质量监督检验检疫总局令第 177 号公布 根据 2018 年 4 月 28 日海关总署令第 238 号《海关总署修改部分规章的决定》第一次修正 根据 2018 年 5 月 29 日海关总署第 240 号令《海关总署关于修改部分规章的决定》第二次修正 根据 2018 年 11 月 23 日海关总署第 243 号令《海关总署关于修改部分规章的决定》第三次修正)

第一章 总 则

第一条 根据《中华人民共和国进出境动植物检疫法》及其实施条例、《中华人民共和国食品安全法》及其实施条例、《中华人民共和国进出口商品检验法》及其实施条例、《农业转基因生物安全管理条例》《国务院关于加强食品等产品安全监督管理的特别规定》等法律法规的规定，制定本办法。

第二条 本办法适用于进出境（含过境）粮食检验检疫监督管理。

本办法所称粮食，是指用于加工、非繁殖用途的禾谷类、豆类、油料类等作物的籽实以及薯类的块根或者块茎等。

第三条 海关总署统一管理全国进出境粮食检验检疫监督管理工作。

主管海关负责所辖区域内进出境粮食的检验检疫监督管理工作。

第四条 海关总署及主管海关对进出境粮食质量安全实施风险管理，包括在风险分析的基础上，组织开展进出境粮食检验检疫准入，包括产品携带有害生物风险分析、监管体系评估与审查、确定检验检疫要求、境外生产企业注册登记等。

第五条 进出境粮食收发货人及生产、加工、存放、运输企业应当依法从事生产经营活动，建立并实施粮食质量安全控制体系和疫情防控体系，对进出境粮食质量安全负责，诚实守信，接受社会监督，承担社会责任。

第二章 进境检验检疫

第一节 注册登记

第六条 海关总署对进境粮食境外生产、加工、存放企业（以下简称境外生产加工企业）实施注册登记制度。

境外生产加工企业应当符合输出国家或者地区法律法规和标准的相关要求，并达到中国有关法律法规和强制性标准的要求。

实施注册登记管理的进境粮食境外生产加工企业，经输出国家或者地区主管部门审查合格后向海关总署推荐。海关总署收到推荐材料后进行审查确认，符合要求的国家或者地区的境外生产加工企业，予以注册登记。

境外生产加工企业注册登记有效期为4年。

需要延期的境外生产加工企业，由输出国家或者地区主管部门在有效期届满6个月前向海关总署提出延期申请。海关总署确认后，注册登记有效期延长4年。必要时，海关总署可以派出专家到输出国家或者地区对其监管体系进行回顾性审查，并对申请延期的境外生产加工企业进行抽查。

注册登记的境外生产加工企业向中国输出粮食经检验检疫不合格，情节严重的，海关总署可以撤销其注册登记。

第七条 向我国出口粮食的境外生产加工企业应当获得输出国家或者地区主管部门的认可，具备过筛清杂、烘干、检测、防疫等质量安全控制设施及质量管理制度，禁止添加杂质。

根据情况需要，海关总署组织专家赴境外实施体系性考察，开展疫情调查、生产、加工、存放企业检查及预检监装等工作。

第二节 检验检疫

第八条 海关总署对进境粮食实施检疫准入制度。

首次从输出国家或者地区进口某种粮食，应当由输出国家或者地区官方主管机构向海关总署提出书面申请，并提供该种粮食种植及储运过程中发生有害生物的种类、为害程度及防控情况和质量安全控制体系等技术资料。特殊情况下，可以由进口企业申请并提供技术资料。海关总署可以组织开展进境粮食风险分析、实地考察及对外协商。

海关总署依照国家法律法规及国家技术规范的强制性要求等，制定进境粮食的具体检验检疫要求，并公布允许进境的粮食种类及来源国家或者地区名单。

对于已经允许进境的粮食种类及相应来源国家或者地区，海关总署将根据境外疫情动态、进境疫情截获及其他质量安全状况，组织开展进境粮食具体检验检疫要求的回顾性审查，必要时派专家赴境外开展实地考察、预检、监装及对外协商。

第九条 进境粮食应当从海关总署指定的口岸入境。指定口岸条件及管理规范由海关总署制定。

第十条 海关总署对进境粮食实施检疫许可制度。进境粮食货主应当在签订贸易合同前，按照《进境动植物检疫审批管理办法》等规定申请办理检疫审批手续，取得《中华人民共和国进境动植物检疫许可证》（以下简称《检疫许可证》），并将国家粮食质量安全要求、植物检疫要求及《检疫许可证》中规定的相关要求列入贸易合同。

因口岸条件限制等原因，进境粮食应当运往符合防疫及监管条件的指定存放、加工场所（以下简称指定企业），办理《检疫许可证》时，货主或者其代理人应当明确指定场所并提供相应证明文件。

未取得《检疫许可证》的粮食，不得进境。

第十一条 海关按照下列要求，对进境粮食实施检验检疫：

（一）中国政府与粮食输出国家或者地区政府签署的双边协议、议定书、备忘录以及其他双边协定确定的相关要求；

（二）中国法律法规、国家技术规范的强制性要求和海关总署规定的检验检疫要求；

（三）《检疫许可证》列明的检疫要求。

第十二条 货主或者其代理人应当在粮食进境前向进境口岸海关报检，并按要求提供以下材料：

（一）粮食输出国家或者地区主管部门出具的植物检疫证书；

（二）产地证书；

（三）贸易合同、提单、装箱单、发票等贸易凭证；

（四）双边协议、议定书、备忘录确定的和海关总署规定的其他单证。

进境转基因粮食的，还应当取得《农业转基因生物安全证书》。海关对《农业转基因生物安全证书》电子数据进行系统自动比对验核。

鼓励货主向境外粮食出口商索取由输出国家或者地区主管部门，或者由第三方检测机构出具的品质证书、卫生证书、适载证书、重量证书等其他单证。

第十三条 进境粮食可以进行随航熏蒸处理。

现场查验前，进境粮食承运人或者其代理人应当向进境口岸海关书面申报进境粮食随航熏蒸处理情况，并提前实施通风散气。未申报的，海关不实施现场查验；经现场检查，发现熏蒸剂残留物，或者熏蒸残留气体浓度超过安全限量的，暂停检验检疫及相关现场查验活动；熏蒸剂残留物经有效清除且熏蒸残留气体浓度低于安全限量后，方可恢复现场查验活动。

第十四条 使用船舶装载进境散装粮食的，海关应当在锚地对货物表层实施检验检疫，无重大异常质量安全情况后船舶方可进港，散装粮食应当在港口继续接受检验检疫。

需直接靠泊检验检疫的，应当事先征得海关的同意。

以船舶集装箱、火车、汽车等其他方式进境粮食的，应当在海关指定的查验场所实施检验检疫，未经海关同意不得擅自调离。

第十五条 海关应当对进境粮食实施现场检验检疫。现场检验检疫包括：

（一）货证核查。核对证单与货物的名称、数（重）量、出口储存加工企业名称及其注册登记号等信息。船舶散装的，应当核查上一航次装载货物及清仓检验情况，评估对装载粮食的质量安全风险；集装箱装载的，应当核查集装箱箱号、封识等信息。

（二）现场查验。重点检查粮食是否水湿、发霉、变质，是否携带昆虫及杂草籽等有害生物，是否有混杂粮谷、植物病残体、土壤、熏蒸剂残渣、种衣剂污染、动物尸体、动物排泄物及其他禁止进境物等。

（三）抽取样品。根据有关规定和标准抽取样品送实验室检测。

（四）其他现场查验活动。

第十六条 海关应当按照相关工作程序及标准，对现场查验抽取的样品及发现的可疑物进行实验室检测鉴定，并出具检验检疫结果单。

实验室检测样品应当妥善存放并至少保留3个月。如检测异常需要对外出证的，样品应当至少保留6个月。

第十七条 进境粮食有下列情形之一的，应当在海关监督下，在口岸锚地、港口或者指定的检疫监管场所实施熏蒸、消毒或者其他除害处理：

（一）发现检疫性有害生物或者其他具有检疫风险的活体有害昆虫，且可能造成扩散的；

（二）发现种衣剂、熏蒸剂污染、有毒杂草籽超标等安全卫生问题，且有有效技术处理措施的；

（三）其他原因造成粮食质量安全受到危害的。

第十八条 进境粮食有下列情形之一的，作退运或者销毁处理：

（一）未列入海关总署进境准入名单，或者无法提供输出粮食国家或者地区主管部门出具的《植物检疫证书》等单证的，或者无《检疫许可证》的；

（二）有毒有害物质以及其他安全卫生项目检测结果不符合国家技术规范的强制性要求，且无法改变用途或者无有效处理方法的；

（三）检出转基因成分，无《农业转基因生物安全证书》，或者与证书不符的；

（四）发现土壤、检疫性有害生物以及其他禁止进境物且无有效检疫处理方法的；

（五）因水湿、发霉等造成腐败变质或者受到化学、放射性等污染，无法改变用途或者无有效处理方法的；

（六）其他原因造成粮食质量安全受到严重危害的。

第十九条 进境粮食经检验检疫后，海关签发入境货物检验检疫证明等相关单证；经检验检疫不合格的，由海关签发《检验检疫处理通知书》、相关检验检疫证书。

第二十条 海关对进境粮食实施检疫监督。进境粮食应当在具备防疫、处理等条件的指定场所加工使用。未经有效的除害处理或加工处理，进境粮食不得直接进入市场流通领域。

进境粮食装卸、运输、加工、下脚料处理等环节应当采取防止撒漏、密封等防疫措施。进境粮食加工过程应当具备有效杀灭杂草籽、病原菌等有害生物的条件。粮食加工下脚料应当进行有效的热处理、粉碎或者焚烧等除害处理。

海关应当根据进境粮食检出杂草等有害生物的程度、杂质含量及其他质量安全状况，并结合拟指定加工、运输企业的防疫处理条件等因素，确定进境粮食的加工监管风险等级，并指导与监督相关企业做好疫情控制、监测等安全防控措施。

第二十一条 进境粮食用作储备、期货交割等特殊用途的，其生产、加工、存放应当符合海关总署相应检验检疫监督管理规定。

第二十二条 因科研、参展、样品等特殊原因而少量进境未列入海关总署准入名单内粮食的，应当按照有关规定提前申请办理进境特许检疫审批并取得《检疫许可证》。

第二十三条 进境粮食装卸、储存、加工涉及不同海关的，各相关海关应当加强沟通协作，建立相应工作机制，及时互相通报检验检疫情况及监管信息。

对于分港卸货的进境粮食，海关应当在放行前及时相互通报检验检疫情况。需要对外方出证的，相关海关应当充分协商一致，并按相关规定办理。

对于调离进境口岸的进境粮食，口岸海关应当在调离前及时向指运地海关开具进境粮食调运联系单。

第二十四条 境外粮食需经我国过境的，货主或者其代理人应当提前向海关总署或者主管海关提出申请，提供过境路线、运输方式及管理措施等，由海关总署组织制定过境粮食检验检疫监管方案后，方可依照该方案过境，并接受主管海关的监督管理。

过境粮食应当密封运输，杜绝撒漏。未经主管海关批准，不得开拆包装或者卸离运输工具。

第三章 出境检验检疫

第一节 注册登记

第二十五条 输入国家或者地区要求中国对向其输出粮食生产、加工、存放企业（以下简称出境生产加工企业）注册登记的，直属海关负责组织注册登记，并向海关总署备案。

第二十六条 出境粮食生产加工企业应当满足以下要求：

（一）具有法人资格，在工商行政管理部门注册，持有《企业法人营业执照》；

（二）建立涉及本企业粮食业务的全流程管理制度并有效运行，各台账记录清晰完整，能准确反映入出库粮食物流信息，具备可追溯性，台账保存期限不少于2年；

（三）具有过筛清杂、烘干、检测、防疫等质量安全控制设施以及有效的质量安全和溯源管理体系；

（四）建立有害生物监控体系，配备满足防疫需求的人员，具有对虫、鼠、鸟等的防疫措施及能力；

（五）不得建在有碍粮食卫生和易受有害生物侵染的区域。仓储区内不得兼营、生产、存放有毒有害物质。库房和场地应当硬化、平整、无积水。粮食分类存放，离地、离墙，标识清晰。

第二节　检验检疫

第二十七条　装运出境粮食的船舶、集装箱等运输工具的承运人、装箱单位或者其代理人，应当在装运前向海关申请清洁、卫生、密固等适载检验。未经检验检疫或者检验检疫不合格的，不得装运。

第二十八条　货主或者其代理人应当在粮食出境前向储存或者加工企业所在地海关报检，并提供贸易合同、发票、自检合格证明等材料。

贸易方式为凭样成交的，还应当提供成交样品。

第二十九条　海关按照下列要求对出境粮食实施现场检验检疫和实验室项目检测：

（一）双边协议、议定书、备忘录和其他双边协定；

（二）输入国家或者地区检验检疫要求；

（三）中国法律法规、强制性标准和海关总署规定的检验检疫要求；

（四）贸易合同或者信用证注明的检疫要求。

第三十条　对经检验检疫符合要求，或者通过有效除害或者技术处理并经重新检验检疫符合要求的，海关按照规定签发《出境货物换证凭单》。输入国家或者地区要求出具检验检疫证书的，按照国家相关规定出具证书。输入国家或者地区对检验检疫证书形式或者内容有新要求的，经海关总署批准后，方可对证书进行变更。

经检验检疫不合格且无有效除害或者技术处理方法的，或者虽经过处理但经重新检验检疫仍不合格的，海关签发《出境货物不合格通知单》，粮食不得出境。

第三十一条　出境粮食检验有效期最长不超过2个月；检疫有效期原则定为21天，黑龙江、吉林、辽宁、内蒙古和新疆地区冬季（11月至次年2月底）可以酌情延长至35天。超过检验检疫有效期的粮食，出境前应当重新报检。

第三十二条　产地与口岸海关应当建立沟通协作机制，及时通报检验检疫情况等信息。

出境粮食经产地检验检疫合格后，出境口岸海关按照相关规定查验，重点检查货证是否相符、是否感染有害生物等。查验不合格的，不予放行。

出境粮食到达口岸后拼装的，应当重新报检，并实施检疫。出境粮食到达口岸后因变更输入国家或者地区而有不同检验检疫要求的，应当重新报检，并实施检验检疫。

第四章　风险及监督管理

第一节　风险监测及预警

第三十三条　海关总署对进出境粮食实施疫情监测制度，相应的监测技术指南由海关总署制定。

海关应当在粮食进境港口、储存库、加工厂周边地区、运输沿线粮食换运、换装等易洒落地段等，开展杂草等检疫性有害生物监测与调查。发现疫情的，应当及时组织相关企业采取应急处置措施，并分析疫情来源，指导企业采取有效的整改措施。相关企业应当配合实施疫情监测及铲除措施。

根据输入国家或者地区的检疫要求，海关应当在粮食种植地、出口储存库及加工企业周边地区开展疫情调查与监测。

第三十四条　海关总署对进出境粮食实施安全卫生项目风险监控制度，制定进出境粮食安全卫生项目风险监控计划。

第三十五条　海关总署及主管海关建立粮食质量安全信息收集报送系统，信息来源主要包括：

（一）进出境粮食检验检疫中发现的粮食质量安全信息；

（二）进出境粮食贸易、储存、加工企业质量管理中发现的粮食质量安全信息；

（三）海关实施疫情监测、安全卫生项目风险监控中发现的粮食质量安全信息；

（四）国际组织、境外政府机构、国内外行业协会及消费者反映的粮食质量安全信息；

（五）其他关于粮食质量安全风险的信息。

第三十六条　海关总署及主管海关对粮食质量安全信息进行风险评估，确定相应粮食的风险级别，并实施动态的风险分级管理。依据风险评估结果，调整进出境粮食检验检疫管理及监管措施方案、企业监督措施等。

第三十七条　进出境粮食发现重大疫情和重大质量安全问题的，海关总署及主管海关依照相关规定，采取启动应急处置预案等应急处置措施，并发布警示通报。当粮食安全风险已不存在或者降低到可接受的水平时，海关总署及主管海关应当及时解除警示通报。

第三十八条　海关总署及主管海关根据情况将重要的粮食安全风险信息向地方政府、农业和粮食行政管理部门、国外主管机构、进出境粮食企业等相关机构和单位进行通报，并协同采取必要措施。粮食安全信息公开应当按照相关规定程序进行。

第二节　监督管理

第三十九条　拟从事进境粮食存放、加工业务的企业可以向所在地主管海关提出指定申请。

主管海关按照海关总署制定的有关要求，对申请企业的申请材料、工艺流程等进行检验评审，核定存放、加工粮食种类、能力。

从事进境粮食储存、加工的企业应当具备有效的质量安全及溯源管理体系，符合防疫、处理等质量安全控制要求。

第四十条　海关对指定企业实施检疫监督。

指定企业、收货人及代理人发现重大疫情或者公共卫生问题时，应当立即向所在地海关报告，海关应当按照有关规定处理并上报。

第四十一条　从事进出境粮食的收发货人及生产、加工、存放、运输企业应当建立相应的粮食进出境、接卸、运输、存放、加工、下脚料处理、发运流向等生产经营档案，做好质量追溯和安全防控等详细记录，记录至少保存 2 年。

第四十二条　进境粮食存在重大安全质量问题，已经或者可能会对人体健康或者农林牧渔业生产生态安全造成重大损害的，进境粮食收货人应当主动召回。采取措施避免或者减少损失发生，做好召回记录，并将召回和处理情况向所在地海关报告。

收货人不主动召回的，由直属海关发出责令召回通知书并报告海关总署。必要时，海关总署可以责令召回。

第四十三条　海关总署及主管海关根据质量管理、设施条件、安全风险防控、诚信经营状况，对企业实施分类管理。针对不同级别的企业，在粮食进境检疫审批、进出境检验检疫查验及日常监管等方面采取相应的检验检疫监管措施。具体分类管理规范由海关总署制定。

第五章　法律责任

第四十四条　有下列情形之一的，由海关按照《进出境动植物检疫法实施条例》规定处 5000 元以下罚款：

（一）未报检的；

（二）报检的粮食与实际不符的。

有前款第（二）项所列行为，已取得检疫单证的，予以吊销。

第四十五条　进境粮食未依法办理检疫审批手续或者未按照检疫审批规定执行的，由海关按照《进出境动植物检疫法实施条例》规定处 5000 元以下罚款。

第四十六条　擅自销售、使用未报检或者未经检验的列入必须实施检验的进出口商品目录的进出境粮食，由海关按照《进出口商品检验法实施条例》规定，没收非法所得，并处商品货值金额5%以上20%以下罚款。

第四十七条　进出境粮食收发货人生产、加工、存放、运输企业未按照本办法第四十一条的规定建立生产经营档案并作好记录的，由海关责令改正，给予警告；拒不改正的，处3000元以上1万元以下罚款。

第四十八条　有下列情形之一的，由海关按照《进出境动植物检疫法实施条例》规定，处3000元以上3万元以下罚款：

（一）未经海关批准，擅自将进境、过境粮食卸离运输工具，擅自将粮食运离指定查验场所的；

（二）擅自开拆过境粮食的包装，或者擅自开拆、损毁动植物检疫封识或者标志的。

第四十九条　列入必须实施检验的进出口商品目录的进出境粮食收发货人或者其代理人、报检人员不如实提供进出境粮食真实情况，取得海关有关证单，或者不予报检，逃避检验，由海关按照《进出口商品检验法实施条例》规定，没收违法所得，并处商品货值金额5%以上20%以下罚款。

第五十条　伪造、变造、买卖或者盗窃检验证单、印章、标志、封识、货物通关单或者使用伪造、变造的检验证单、印章、标志、封识，尚不够刑事处罚的，由海关按照《进出口商品检验法实施条例》规定，责令改正，没收违法所得，并处商品货值金额等值以下罚款。

第五十一条　有下列违法行为之一，尚不构成犯罪或者犯罪情节显著轻微依法不需要判处刑罚的，由海关按照《进出境动植物检疫法实施条例》规定，处2万元以上5万元以下的罚款：

（一）引起重大动植物疫情的；

（二）伪造、变造动植物检疫单证、印章、标志、封识的。

第五十二条　依照本办法规定注册登记的生产、加工、存放单位，进出境的粮食经检疫不合格，除依照本办法有关规定作退回、销毁或者除害处理外，情节严重的，由海关按照《进出境动植物检疫法实施条例》规定，注销注册登记。

第五十三条　擅自调换海关抽取的样品或者海关检验合格的进出境粮食的，由海关按照《进出口商品检验法实施条例》规定，责令改正，给予警告；情节严重的，并处商品货值金额10%以上50%以下罚款。

第五十四条　提供或者使用未经海关适载检验的集装箱、船舱、飞机、车辆等运载工具装运出境粮食的，由海关按照《进出口商品检验法实施条例》规定，处10万元以下罚款。

提供或者使用经海关检验不合格的集装箱、船舱、飞机、车辆等运载工具装运出境粮食的，由海关按照《进出口商品检验法实施条例》规定，处20万元以下罚款。

第五十五条 有下列情形之一的，由海关处 3000 元以上 1 万元以下罚款：

（一）进境粮食存在重大安全质量问题，或者可能会对人体健康或农林牧渔业生产生态安全造成重大损害的，没有主动召回的；

（二）进境粮食召回或者处理情况未向海关报告的；

（三）进境粮食未在海关指定的查验场所卸货的；

（四）进境粮食有本办法第十七条所列情形，拒不做有效的检疫处理的。

第五十六条 有下列情形之一的，由海关处 3 万元以下罚款：

（一）进出境粮食未按规定注册登记或者在指定场所生产、加工、存放的；

（二）买卖、盗窃动植物检疫单证、印章、标识、封识，或者使用伪造、变造的动植物检疫单证、印章、标识、封识的；

（三）使用伪造、变造的输出国家或者地区官方检疫证明文件的；

（四）拒不接受海关检疫监督的。

第五十七条 海关工作人员滥用职权，故意刁难，徇私舞弊，伪造检验检疫结果，或者玩忽职守，延误检验出证，依法给予行政处分；构成犯罪的，依法追究刑事责任。

第六章 附 则

第五十八条 进出境用作非加工而直接销售粮食的检验检疫监督管理，由海关总署另行规定。

第五十九条 以边贸互市方式的进出境小额粮食，参照海关总署相关规定执行。

第六十条 本办法由海关总署负责解释。

第六十一条 本办法自 2016 年 7 月 1 日起施行。国家质检总局 2001 年 12 月发布的《出入境粮食和饲料检验检疫管理办法》（国家质检总局令第 7 号）同时废止。此前进出境粮食检验检疫监管规定与本办法不一致的，以本办法为准。

附录 14

进出境转基因产品检验检疫管理办法

（2004年5月24日国家质量监督检验检疫总局令第62号公布　根据2018年3月6日国家质量监督检验检疫总局令第196号《国家质量监督检验检疫总局关于废止和修改部分规章的决定》第一次修正　根据2018年4月28日海关总署令第238号《海关总署关于修改部分规章的决定》第二次修正　根据2018年11月23日海关总署令第243号《海关总署关于修改部分规章的决定》第三次修正　根据2023年3月9日海关总署令第262号《海关总署关于修改部分规章的决定》第四次修正）

第一章　总　则

第一条　为加强进出境转基因产品检验检疫管理，保障人体健康和动植物、微生物安全，保护生态环境，根据《中华人民共和国进出口商品检验法》《中华人民共和国食品安全法》《中华人民共和国进出境动植物检疫法》及其实施条例、《农业转基因生物安全管理条例》等法律法规的规定，制定本办法。

第二条　本办法适用于对通过各种方式（包括贸易、来料加工、邮寄、携带、生产、代繁、科研、交换、展览、援助、赠送以及其他方式）进出境的转基因产品的检验检疫。

第三条　本办法所称"转基因产品"是指《农业转基因生物安全管理条例》规定的农业转基因生物及其他法律法规规定的转基因生物与产品。

第四条　海关总署负责全国进出境转基因产品的检验检疫管理工作，主管海关负责所辖地区进出境转基因产品的检验检疫以及监督管理工作。

第二章　进境检验检疫

第五条　海关总署对进境转基因动植物及其产品、微生物及其产品和食品实行申报制度。

第六条　货主或者其代理人在办理进境报检手续时，应当在《入境货物报检单》的货物名称栏中注明是否为转基因产品。申报为转基因产品的，除按规定提供有关单证外，还应当取得法律法规规定的主管部门签发的《农业转基因生物安全证书》或者相关批准文件。海关对《农业转基因生物安全证书》电子数据进行系统自动比对验核。

第七条 对列入实施标识管理的农业转基因生物目录（国务院农业行政主管部门制定并公布）的进境转基因产品，如申报是转基因的，海关应当实施转基因项目的符合性检测，如申报是非转基因的，海关应进行转基因项目抽查检测；对实施标识管理的农业转基因生物目录以外的进境动植物及其产品、微生物及其产品和食品，海关可根据情况实施转基因项目抽查检测。

海关按照国家认可的检测方法和标准进行转基因项目检测。

第八条 经转基因检测合格的，准予进境。如有下列情况之一的，海关通知货主或者其代理人作退货或者销毁处理：

（一）申报为转基因产品，但经检测其转基因成分与《农业转基因生物安全证书》不符的；

（二）申报为非转基因产品，但经检测其含有转基因成分的。

第九条 进境供展览用的转基因产品，须凭法律法规规定的主管部门签发的有关批准文件进境，展览期间应当接受海关的监管。展览结束后，所有转基因产品必须作退回或者销毁处理。如因特殊原因，需改变用途的，须按有关规定补办进境检验检疫手续。

第三章 过境检验检疫

第十条 过境转基因产品进境时，货主或者其代理人须持规定的单证向进境口岸海关申报，经海关审查合格的，准予过境，并由出境口岸海关监督其出境。对改换原包装及变更过境线路的过境转基因产品，应当按照规定重新办理过境手续。

第四章 出境检验检疫

第十一条 对出境产品需要进行转基因检测或者出具非转基因证明的，货主或者其代理人应当提前向所在地海关提出申请，并提供输入国家或者地区官方发布的转基因产品进境要求。

第十二条 海关受理申请后，根据法律法规规定的主管部门发布的批准转基因技术应用于商业化生产的信息，按规定抽样送转基因检测实验室作转基因项目检测，依据出具的检测报告，确认为转基因产品并符合输入国家或者地区转基因产品进境要求的，出具相关检验检疫单证；确认为非转基因产品的，出具非转基因产品证明。

第五章 附 则

第十三条 对进出境转基因产品除按本办法规定实施转基因项目检测和监管外，其他检验检疫项目内容按照法律法规和海关总署的有关规定执行。

第十四条 承担转基因项目检测的实验室必须通过国家认证认可监督管理部门的能力验证。

第十五条 对违反本办法规定的，依照有关法律法规的规定予以处罚。

第十六条 本办法由海关总署负责解释。

第十七条 本办法自公布之日起施行。

附录 15

进境动植物检疫审批管理办法

（2002年8月2日国家质量监督检验检疫总局令第25号公布 根据2015年11月25日国家质量监督检验检疫总局令第170号《国家质量监督检验检疫总局关于修改〈进境动植物检疫审批管理办法〉的决定》第一次修正 根据2018年4月28日海关总署令第238号《海关总署关于修改部分规章的决定》第二次修正 根据2018年5月29日海关总署令第240号《海关总署关于修改部分规章的决定》第三次修正 根据2023年3月9日海关总署令第262号《海关总署关于修改部分规章的决定》第四次修正）

第一章 总 则

第一条 为进一步加强对进境动植物检疫审批的管理工作，防止动物传染病、寄生虫病和植物危险性病虫杂草以及其他有害生物的传入，根据《中华人民共和国进出境动植物检疫法》（以下简称进出境动植物检疫法）及其实施条例的有关规定，制定本办法。

第二条 本办法适用于对进出境动植物检疫法及其实施条例以及国家有关规定需要审批的进境动物（含过境动物）、动植物产品和需要特许审批的禁止进境物的检疫审批。

海关总署根据法律法规的有关规定以及国务院有关部门发布的禁止进境物名录，制定、调整并发布需要检疫审批的动植物及其产品名录。

第三条 海关总署统一管理本办法所规定的检疫审批工作。

由海关总署负责实施的检疫审批事项，海关总署可以委托直属海关负责受理申请并开展初步审查。

海关总署授权直属海关实施的检疫审批事项，由直属海关负责检疫审批的受理、审查和决定。

第二章 申 请

第四条 申请办理检疫审批手续的单位（以下简称申请单位）应当是具有独立法人资格并直接对外签订贸易合同或者协议的单位。

过境动物的申请单位应当是具有独立法人资格并直接对外签订贸易合同或者协议的单位或者其代理人。

第五条　申请单位应当在签订贸易合同或者协议前，向审批机构提出申请并取得《检疫许可证》。

过境动物在过境前，申请单位应当向海关总署提出申请并取得《检疫许可证》。

第六条　申请单位应当提供下列材料：

（一）输入动物需要隔离检疫的，应当提交有效的隔离场使用证；

（二）输入进境后需要指定生产、加工、存放的动植物及其产品，应当提交生产、加工、存放单位信息以及符合海关要求的生产、加工、存放能力证明材料；

（三）办理动物过境的，应当说明过境路线，并提供输出国家或者地区官方检疫部门出具的动物卫生证书（复印件）和输入国家或者地区官方检疫部门出具的准许动物进境的证明文件；

（四）因科学研究等特殊需要，引进进出境动植物检疫法第五条第一款所列禁止进境物的，必须提交书面申请，说明其数量、用途、引进方式、进境后的防疫措施、科学研究的立项报告及相关主管部门的批准立项证明文件。

第三章　审核批准

第七条　海关对申请单位检疫审批申请进行审查的内容包括：

（一）申请单位提交的材料是否齐全，是否符合本办法第四条、第六条的规定；

（二）输出和途经国家或者地区有无相关的动植物疫情；

（三）是否符合中国有关动植物检疫法律法规和部门规章的规定；

（四）是否符合中国与输出国家或者地区签订的双边检疫协定（包括检疫协议、议定书、备忘录等）；

（五）进境后需要对生产、加工过程实施检疫监督的动植物及其产品，审查其运输、生产、加工、存放及处理等环节是否符合检疫防疫及监管条件，根据生产、加工企业的加工能力核定其进境数量；

（六）可以核销的进境动植物产品，应当按照有关规定审核其上一次审批的《检疫许可证》的使用、核销情况。

第八条　海关认为必要时，可以组织有关专家对申请进境的产品进行风险分析，申请单位有义务提供有关资料和样品进行检测。

第九条　海关总署及其授权的直属海关自受理申请之日起二十日内作出准予许可或者不予许可决定。二十日内不能作出决定的，经海关总署负责人或者授权的直属海关负责人批准，可以延长十日，并应当将延长期限的理由告知申请单位。

法律、行政法规另有规定的，从其规定。

第四章　许可单证的管理和使用

第十条　《检疫许可证》的有效期为十二个月或者一次有效。

第十一条　按照规定可以核销的进境动植物产品，在许可数量范围内分批进口、多次报检使用《检疫许可证》的，进境口岸海关应当在《检疫许可证》所附检疫物进境核销表中进行核销登记。

第十二条　有下列情况之一的，申请单位应当重新申请办理《检疫许可证》：

（一）变更进境检疫物的品种或者超过许可数量百分之五以上的；

（二）变更输出国家或者地区的；

（三）变更进境口岸、指运地或者运输路线的。

第十三条　国家依法发布禁止有关检疫物进境的公告或者禁令后，海关可以撤回已签发的《检疫许可证》。

根据本办法第十一条规定许可数量全部核销完毕或者《检疫许可证》有效期届满未延续的，海关应当依法办理检疫审批的注销手续。

其他依法应当撤回、撤销、注销检疫审批的，海关按照相关法律法规办理。

第十四条　申请单位取得许可证后，不得买卖或者转让。口岸海关在受理报检时，必须审核许可证的申请单位与检验检疫证书上的收货人、贸易合同的签约方是否一致，不一致的不得受理报检。

第五章　附　　则

第十五条　申请单位违反本办法规定的，由海关依据有关法律法规的规定予以处罚。

第十六条　海关及其工作人员在办理进境动植物检疫审批工作时，必须遵循公开、公正、透明的原则，依法行政，忠于职守，自觉接受社会监督。

海关工作人员违反法律法规及本办法规定，滥用职权，徇私舞弊，故意刁难的，由其所在单位或者上级机构按照规定查处。

第十七条　本办法由海关总署负责解释。

第十八条　本办法自 2002 年 9 月 1 日起施行。

参考文献

[1] 吕珂昕.《2021年世界粮食和营养状况》报告发布饥饿和营养不良人数增加[J]. 中国食品，2021（20）：158.

[2] 全球应对粮食危机网络发布最新一期年度报告[J]. 世界农业，2020（05）：131.

[3] FAO在东非及也门抗击沙漠蝗虫取得进展[J]. 世界农业，2020（06）：121-122.

[4] 2020年中央一号文件全文[J]. 新农业，2020（04）：6-13.

[5] 本刊综合. 耕地保护与粮食安全——中央一号文件中的关键词和硬举措[J]. 中国农业综合开发，2021（03）：12-16.

[6] 朱晶，李天祥. 构建更高质量的粮食安全保障体系[N]. 粮油市场报，2021-03-16（B03）.

[7] 杨青. 农产品进口关税配额政策梳理[J]. 中国海关，2021（07）：40-42.

[8] 杜志雄，高鸣，韩磊. 供给侧进口端变化对中国粮食安全的影响研究[J]. 中国农村经济，2021（01）：15-30.

[9] 周明华，游忠明，吴新华，等."国门生物安全"概念辨析[J]. 植物检疫，2016，30（06）：6-12.

[10] 林轶平. 新海关粮食口岸"三体联动"国门生物安全防控体系探究[J]. 口岸卫生控制，2020，25（03）：31-34.

[11] 黄冠胜. 国际植物检疫规则与中国进出境植物检疫[M]. 北京：中国质检出版社，2014：61-63.

[12] 严进，吴品珊. 中国进境植物检疫性有害生物——菌物卷[M]. 北京：中国农业出版社，2013：7.

[13] 中华人民共和国国家质量监督检验检疫总局. 中华人民共和国出入境检验检疫行业标准 大豆茎溃疡病菌检疫鉴定方法 TaqMan MGB探针实时荧光PCR检测方法：SN/T 3399-2012[S]. 北京：中国标准出版

社，2013：7.

[14] 沈浩，戴婷婷，吴翠萍，等．基于环介导等温扩增技术检测大豆北方茎溃疡病菌 [J]．南京农业大学学报，2015，38（2）：255-260.

[15] 中华人民共和国国家质量监督检验检疫总局，中国国家标准化管理委员会．中华人民共和国出入境检验检疫行业标准　进出境植物及植物产品检疫抽样方法：SN/T 2122—2008 [S]．北京：中国标准出版社，2015：12.

[16] 魏亚东，黄国明，刘跃庭．中华人民共和国出入境检验检疫行业标准：SN/T 1375—20 玉米细菌性枯萎病菌检疫鉴定方法 [S]．北京：中国标准出版社，2004.

[17] 张乐，冯洁，田茜，2017．玉米细菌性枯萎病菌 [M] //赵文军，冯建军．中国进境植物检疫性有害生物—细菌卷．北京：中国农业出版社：116-123.

[18] OEPP/EPPO，2016. Diagnostic PM 7/60（2）Pantoea stewartii subsp. Stewartii [J]. Bulletin OEPP/EPPO Bulletin，46（2）：226–236.

[19] 中华人民共和国国家质量监督检验检疫总局，中国国家标准化管理委员会．中华人民共和国国家标准　玉米褪绿斑驳病毒检疫鉴定方法：GB/T 31810—2015 [S]．北京：中国标准出版社，2015：9.

[20] 李明福，相宁，朱水芳．中国进境植物检疫性有害生物——病毒卷 [M]．北京：中国农业出版社，2013：7.

[21] 李敬娜，王乃顺，宋伟，等．玉米褪绿斑驳病毒研究进展及防治策略 [J]．生物技术通报，2018，34（2）：121-127.

[22] 龚海燕，张永江，张治宇，等．进境玉米种子携带玉米褪绿斑驳病毒的检测与鉴定 [J]．植物病理学报，2010，40（4）：426-429.

[23] 王强．玉米褪绿斑驳病毒侵染性克隆构建及致病机理初步研究 [D]．杭州：浙江大学，2015.

[24] 饶玉燕，尤扬，朱水芳，等．玉米褪绿斑驳病毒入侵损失指标体系及直接经济损失评估 [J]．植物检疫，2010，24（2）：5-8.

[25] 中华人民共和国国家质量监督检验检疫总局，中国国家标准化管理委员会．中华人民共和国国家标准　小麦线条花叶病毒检疫鉴定方法：GB/T 28103—2011 [S]．北京：中国标准出版社，2012：4.

[26] 洪健，李德堡，周雪平.植物病毒分类图谱［M］.北京：科学出版社，2001，109-110.

[27] 刘常宏.小麦抗条点花叶病毒鉴定的症状学与 ELISA 测定技术［J］.西北农业学报，1995，4（3）：58-62.

[28] 谢浩.小麦线条花叶病毒的发生与防治［J］.新疆农垦科技，1983，03：5-10.

[29] 谢浩，王志民，李维琪，等.新疆小麦线条花叶病毒（WSMV）的研究［J］.植物病理学报，1982，12（01）：7-12.

[30] Brakke M K, Wheat streak mosaic virus. C. M. I. /A. A. B. , Descriptions of plant viruses, Common whealth Mycological Insitiute. Kew, England, 1971, (48), 4.

[31] 曹玉佩.小麦粒线虫病要科学诊断和防治［J］.北京农业，2012，25：43.